机械设计基础

主　编　曾礼平　丁孺琦　李　刚
副主编　钟礼东　沈晓玲　朱文才
　　　　刘前结

东南大学出版社
SOUTHEAST UNIVERSITY PRESS
·南京·

内容简介

本书以培养学生基本的机械设计能力为目的,根据普通高等院校"机械设计基础"课程的教学基本要求,并结合近年来教学改革的实际情况及编者的教学经验编写。全书共十七章,包括绪论、机械设计基础总论、平面机构运动简图与自由度、平面连杆机构、凸轮机构、其他常见机构、齿轮传动、蜗杆传动、轮系、带传动与链传动、螺纹连接、轴毂连接、轴、轴承、联轴器和离合器、弹簧和机械的调速与平衡。本书每章都配有相应习题,以供学生练习及巩固提高。

本书可作为普通高等院校机械类或近机械类本、专科专业的教材,也可作为机械工程领域技术人员或其他工程技术人员的参考用书。

图书在版编目(CIP)数据

机械设计基础 / 曾礼平,丁孺琦,李刚主编. —南京:东南大学出版社,2024.5
ISBN 978-7-5766-1362-9

Ⅰ. ①机… Ⅱ. ①曾… ②丁… ③李… Ⅲ. ①机械设计 Ⅳ. ①TH122

中国国家版本馆 CIP 数据核字(2024)第 058330 号

责任编辑:弓佩　责任校对:韩小亮　封面设计:毕真　责任印制:周荣虎

机械设计基础
Jixie Sheji Jichu

主　　编	曾礼平　丁孺琦　李　刚
出版发行	东南大学出版社
出 版 人	白云飞
社　　址	南京四牌楼 2 号　邮编:210096
网　　址	http://www.seupress.com
经　　销	全国各地新华书店
印　　刷	南京玉河印刷厂
开　　本	787 mm×1 092 mm　1/16
印　　张	18.75
字　　数	410 千字
版 印 次	2024 年 5 月第 1 版第 1 次印刷
书　　号	ISBN 978-7-5766-1362-9
定　　价	53.00 元

本社图书若有印装质量问题,请直接与营销部联系。电话(传真):025-83791830。

　　为了适应我国现代化建设高速发展和培养高质量的适应新世纪的人才的需要,编者根据普通高等院校"机械设计基础"课程教学基本要求,并结合近年来教学改革的实际情况,编写了这本适用于机械类或近机械类本、专科专业的教材。

　　本书编写特色如下:

　　1. 适当将机械原理和机械零件设计的相关内容有机结合在一起,使全书结构紧凑、内容精炼。

　　2. 在保证基本内容完整的前提下,精简压缩了一部分内容,简化了公式的推导。

　　3. 对于传统的一些基本理论进行了凝练缩减,突出实用性。

　　4. 力求采用最新标准和规范,有利于教学,便于学生和教师使用。

　　本书内容丰富,作为教材使用时参考课时为48课时,老师们也可根据不同专业的实际情况选择内容,并对课时进行调整。

　　参加本书编写工作的人员是来自于华东交通大学的曾礼平、丁孺琦、李刚、钟礼东、沈晓玲、朱文才、刘前结、孟飞、宋小科、周生通、肖毅华、陈楠和郑州工业应用技术学院的牛红恩、韦翠翠。第一章由沈晓玲编写,第二章第一至三节由刘前结编写,第二章第四、五节由朱文才编写,第三章第一、二节由周生通编写,第三章第三节由陈楠编写,第四章第一节由肖毅华编写,第四章第二、三节由宋小科编写,第五、七、八、十一、十三、十四章由曾礼平编写,第六、十章由丁孺琦编写,第九章由牛红恩编写,第十二章由韦翠翠编写,第十五章由李刚编写,第十六章由钟礼东编写,第十七章由孟飞编写。本书的编写得到了华东交通大学教材(专著)出版基金的资助,还得到了江西省高等学校教学改革研究项目[基于"同课异构"及任务驱动创新能力培养的"机械设计基础"课程教学改革与实践(项目编号:JXJG-23-5-25)]的支持。

　　本书由曾礼平、丁孺琦和李刚担任主编,钟礼东、沈晓玲、朱文才、刘前结担任副主编。三位主编负责全书的统稿。重庆大学程敏教授和华东交通大学胡国良教授对本书进行了详细的审阅,并提出了一些宝贵意见和建议,在此向他们致以衷心的感谢。

　　在编写过程中,编者参考和引用了很多文献资料,在此向相关老师、专家和学者表示感谢。

　　由于编者水平所限,书中难免有错误和不妥之处,恳切希望读者批评指正。

编者
2023 年 10 月

目录

第一章　绪论 ··· 1
　　第一节　机械的组成 ··· 1
　　第二节　本书的主要内容 ··· 3
　　习题 ··· 3

第二章　机械设计基础总论 ··· 4
　　第一节　机械设计的基本要求和一般程序 ······································· 4
　　第二节　机械零件的工作能力、计算准则及设计步骤 ······················· 6
　　第三节　机械零件的常用材料及热处理工艺 ··································· 12
　　第四节　机械零件的工艺性和标准化 ·· 16
　　第五节　机械现代设计方法简介 ··· 17
　　习题 ·· 19

第三章　平面机构运动简图与自由度 ··· 20
　　第一节　机构的组成 ··· 20
　　第二节　平面机构运动简图 ·· 21
　　第三节　平面机构的自由度 ·· 25
　　习题 ·· 31

第四章　平面连杆机构 ·· 33
　　第一节　平面四杆机构的基本形式及演化 ····································· 33
　　第二节　平面四杆机构的基本特性 ··· 41
　　第三节　平面四杆机构的运动设计 ··· 44
　　习题 ·· 48

第五章　凸轮机构 ·· 50
　　第一节　凸轮机构的分类 ··· 51

第二节　从动件常用运动规律 ··· 53
第三节　盘形凸轮轮廓曲线设计 ··· 57
第四节　凸轮机构的基本尺寸要求 ··· 63
习题 ··· 66

第六章　其他常见机构 ·· 68
第一节　间歇运动机构 ·· 68
第二节　螺旋传动机构 ·· 73
习题 ··· 78

第七章　齿轮传动 ·· 79
第一节　齿轮传动的基本理论 ··· 80
第二节　渐开线标准直齿圆柱齿轮的基本参数及几何尺寸 ············· 84
第三节　渐开线标准直齿圆柱齿轮啮合传动分析 ························ 88
第四节　渐开线齿轮的切削加工 ··· 91
第五节　齿轮传动的失效形式、设计准则、精度以及齿轮材料与热处理 ········ 95
第六节　直齿圆柱齿轮的强度计算 ·· 100
第七节　斜齿圆柱齿轮传动 ··· 109
第八节　直齿锥齿轮传动 ·· 118
第九节　齿轮结构设计 ··· 122
习题 ··· 124

第八章　蜗杆传动 ··· 127
第一节　蜗杆传动的特点和类型 ··· 127
第二节　蜗杆传动的主要参数和几何尺寸 ································· 130
第三节　蜗杆传动的转动方向和滑动速度 ································· 133
第四节　蜗杆传动的失效形式、材料和结构 ······························ 134
第五节　蜗杆传动的受力分析和强度计算 ································· 135
第六节　蜗杆传动的效率、润滑和热平衡计算 ··························· 137
习题 ··· 140

第九章　轮系 ··· 141
第一节　定轴轮系及传动比 ··· 141
第二节　周转轮系及传动比 ··· 144

第三节　混合轮系及传动比 ……………………………………………… 147
　　第四节　轮系的功用 ……………………………………………………… 148
　　习题 ………………………………………………………………………… 151

第十章　带传动与链传动 …………………………………………………… 152
　　第一节　带传动的类型和应用 …………………………………………… 152
　　第二节　带传动工作情况分析 …………………………………………… 153
　　第三节　普通V带传动的设计计算 ……………………………………… 158
　　第四节　V带轮结构 ……………………………………………………… 167
　　第五节　V带传动的张紧装置 …………………………………………… 168
　　第六节　同步带简介 ……………………………………………………… 170
　　第七节　链传动简介 ……………………………………………………… 170
　　习题 ………………………………………………………………………… 173

第十一章　螺纹连接 …………………………………………………………… 175
　　第一节　螺纹类型和参数 ………………………………………………… 175
　　第二节　螺纹副的受力分析、效率和自锁 ……………………………… 179
　　第三节　螺纹连接和螺纹连接件 ………………………………………… 182
　　第四节　螺栓连接的强度计算 …………………………………………… 189
　　第五节　螺纹连接件常用材料和许用应力 ……………………………… 195
　　第六节　设计螺纹连接时应注意的问题 ………………………………… 197
　　习题 ………………………………………………………………………… 202

第十二章　轴毂连接 …………………………………………………………… 204
　　第一节　键连接 …………………………………………………………… 204
　　第二节　花键连接 ………………………………………………………… 207
　　第三节　销连接 …………………………………………………………… 208
　　习题 ………………………………………………………………………… 209

第十三章　轴 …………………………………………………………………… 211
　　第一节　轴的分类 ………………………………………………………… 211
　　第二节　轴的材料 ………………………………………………………… 212
　　第三节　轴的结构设计 …………………………………………………… 213
　　第四节　轴的强度和刚度计算 …………………………………………… 219
　　习题 ………………………………………………………………………… 227

第十四章　轴承 229
第一节　滑动轴承 229
第二节　滚动轴承 234
第三节　滚动轴承的选择计算 238
第四节　滚动轴承装置的设计 243
习题 251

第十五章　联轴器和离合器 253
第一节　概述 253
第二节　联轴器 254
第三节　离合器 258
习题 261

第十六章　弹簧 262
第一节　弹簧的作用和类型 262
第二节　圆柱形螺旋弹簧的结构和几何尺寸 263
第三节　圆柱形螺旋弹簧的制造、材料和许用应力 265
第四节　圆柱形螺旋弹簧的设计 267
第五节　其他类型弹簧简介 274
习题 277

第十七章　机械的调速与平衡 278
第一节　机械的运转及速度波动的调节 278
第二节　回转件的平衡 285
习题 290

参考文献 292

第一章 绪 论

机械工业肩负着为国民经济各个部门提供技术装备的重要任务,国家的工业、农业、国防和科学技术的现代化程度也都与机械工业的发展程度密切相关。机器的设计、制造和应用水平是体现一个国家现代化程度的标志之一。大量的设计制造和各种先进机器的广泛使用是促进国民经济发展,加速我国社会主义现代化建设的重要内容。人们之所以设计和创造了各种各样的机器(如内燃机、汽车、飞机、起重机、机器人、洗衣机、机床、火车和电风扇等),是为了满足生产或生活需要,机器可用来代替人工或减轻人的劳动强度,可用来从事人类无法从事或难以从事的各种复杂或危险的劳动。在现代社会中,人们的工作质量和生活质量都与机器密切相关。本章主要介绍一些与机械有关的基本概念。

第一节 机械的组成

一、机器、机构和机械

图 1.1 所示为某单缸内燃机结构示意图,单缸内燃机由气缸体、曲轴、连杆、活塞、进气阀、排气阀、带轮、皮带、凸轮、弹簧等组成。燃料燃烧产生的高压气体推动活塞做往复移动,连杆将活塞的平动转变为曲轴的连续转动,便把燃料的化学能转变成机械能。

机器的种类很多,它们构造相异,性能与用途也各不相同。机器包括动力机器、工作机器、信息机器三类,其中动力机器能实现能量的转换,如内燃机、蒸汽机、电动机等;工作机器能完成有用的机械功,如机床等;信息机器能完成信息的传递与变换,如复印机、传真机等。从机器的组成、运动的确定性及功能转换关系来看,机器具有以下三个共同的特征:

(1) 是一种人为制造加工出来的实物组合体;

(2) 组成机器的各部分之间都具有确定的相对运动;

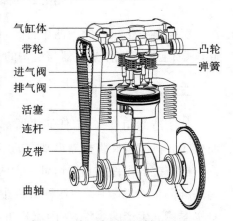

图 1.1 单缸内燃机结构示意图

（3）可用来完成有用的机械功（如机械手代替人的工作）、转换机械能（如内燃机将热能转换成机械能）、处理信息（如计算机对文档、数据的处理或传输）。

图1.1所示的内燃机中，活塞、连杆、曲轴、气缸体组成了连杆机构，带轮、皮带和气缸体形成了带传动，这些由两个或两个以上独立运动个体通过活动连接形成的系统称为机构，它是实现运动和力的传递与变换的装置。不同机构具有三个共同特征：

（1）是一种人为制造加工出来的实物组合体；

（2）组成机构的各部分之间都具有确定的相对运动；

（3）用来传递力或实现运动的转换。

机构分为常用机构和专用机构，机器中普遍使用的机构称为常用机构，如连杆机构、凸轮机构、齿轮机构等；只用于特定场合的机构称为专用机构，如钟表的擒纵机构。此外，从运动的角度来看，机构是由若干个可以相对运动的部分组装而成的，这些独立运动的部分称为构件，它是机器中最小的运动单元。构件可以是单一的零件，如图1.2所示曲轴，也可以是由几个零件组成的刚性结构，如图1.3所示的连杆，连杆是由连杆体1、连杆盖4、螺栓2、螺母3、轴瓦5、轴套6等多个零件组成的。

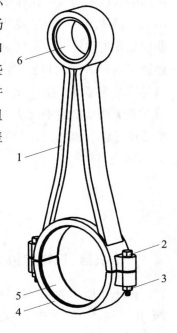

图1.2 曲轴　　　　　　　　　图1.3 连杆

机构具备了机器的前两个特征，仅从结构和运动的观点来看，机器与机构并无区别，因此，习惯上把机械作为机器与机构的总称。

二、零件与部件

从制造的角度来看，任何机器都是由若干个机械零件（如螺钉、螺母、齿轮、轴等）装配而成的。机械零件是机器最基本的组成要素，它是最小的制造单元。

机械中的零件按其用途可分为两类：一类是通用零件，它是以国家标准或者国际标准为基准而生产的零件，在各种机械中会经常使用到，如齿轮、轴、螺钉等。另一类是根据自身机器标准生产的零件，在国家标准或国际标准中均无对应产品，这些零件出现在某些专用机械中，称为专用零件，如汽轮机的叶片、内燃机的活塞、织布机中的梭子等。

另外，我们还常把一组协同工作的零件所组成的独立制造或独立装配的组合体称作部件，如减速器、联轴器、滚动轴承等。

三、机器的组成

随着近代科学技术的发展，机器与机构的概念也有了相应的变化。在某些情况下，机构中除刚体外，液体和气体也参与运动的变换。有些机器中还包含了使其内部各机构正常动作的控制系统和信息处理与传递系统等。一部完整的机器常由动力部分、传动部分、执行部分、控制部分和辅助系统等组成，如图1.4所示。

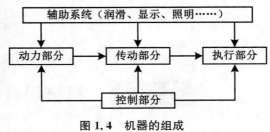

图 1.4　机器的组成

总之，现代机器不仅可以代替人的体力劳动和脑力劳动，传递运动和动力，还具有变换或传递能量、物料和信息的功能。

第二节　本书的主要内容

本书主要介绍整台机器机械部分设计的基本知识，重点讨论机械系统中常用机构和通用零件的工作原理、结构特点以及它们的设计理论和方法，同时介绍相关的国家标准和规范，以及某些标准零件的选择原则和选择方法。

机械设计基础是一门综合应用数学、力学、机械制图、工程材料及加工工艺基础等基本理论知识和机械制造等生产实践知识的技术基础课程。虽然研究的是常用机构和通用零件，但常用机构和通用零件的设计理论和方法对于专用机构和零件的设计也具有一定的指导意义。

习　题

1. 机器、机构与机械有什么区别？各举出两个实例。
2. 机器具有哪些共同的特征？如何理解这些特征？
3. 零件与构件有什么区别？用实例进行说明，并列举多个常用的通用机械零件。
4. 简单举例说明一台机器的各个组成部分。

第二章 机械设计基础总论

第一节 机械设计的基本要求和一般程序

一、机械设计的基本要求

机械设计是一种创造性的实践活动,它要求所设计的产品在完成规定功能的前提下性能好、效率高、成本低、造型美观,在规定的时间内安全可靠、操作方便、便于维护等。尽管机械的种类繁多,用途、结构和性能各不相同,但机械设计的基本要求大致相同,应满足以下要求:

1. 使用要求

人们设计和制造出各类机械的目的是满足生产和生活上的需要,因此,机械必须具有预定的使用功能。这主要靠正确地选择机械的工作原理,正确地设计或选用原动机、传动机构和执行机构,以及合理配置辅助系统来保证。

2. 可靠性要求

可靠性要求是指在规定的使用时间(寿命)内和预定的环境条件下,对机械能够正常工作的概率的要求。机械的可靠性是机械的一种固有属性,机械出厂时已经存在的可靠性称为该机械的固有可靠性,考虑到人为因素,我们将已出厂的机械在工作中正确地完成预定功能的概率称为该机械的使用可靠性。机械设计者应对机械的可靠性进行分析与评估。在市场竞争日益激烈的今天,可靠性高的产品,不仅可为用户节省开支,巩固产品的信誉和品牌知名度,而且有助于提高市场竞争力。产品是否可靠,已成为决定企业能否生存和持续发展的重要因素。为使机械在预定的使用期限内保持正常工作,必须选择适当的零件材料和结构尺寸,以保证零件有足够的强度、刚度、耐磨性、耐热性、振动稳定性等。

3. 工艺性要求

机械的构造和零件的几何形状应与生产条件和规模相适应,要合理地选择毛坯的种类和形状,零件的形状应尽量简单,加工面应尽量少,以便于加工。此外,还要使零件装配与拆卸的工作量尽量少。

4. 经济性要求

为使机械具有较高的性价比,在保证工作可靠的前提下,应尽量选择市场供应充分的材料,采用先进的设计理论和设计方法,设计合理的零件结构,以降低机械的制造成本。

5. 操作方便、安全性和环境保护方面的要求

在设计机械时,应从使用者角度出发,努力使机械操作方便、省力,使其不易疲劳,并针对其安全隐患,采取严格的防护措施。还应当避免或降低机械使用过程中引发的环境污染,应使机械设计向绿色设计和绿色制造方向发展。

6. 通用性要求

通用性要求即标准化、通用化、系列化的要求,标准化程度是衡量一个国家生产技术和管理水平的重要标志之一。标准化工作是我国现行的一项很重要的技术政策,因此,机械设计中的全部行为都要满足标准化的要求。所以在机械设计时除了应尽量选用标准件外,自制件的某些尺寸参数也应参照标准规范来确定。

7. 其他特殊要求

除了以上要求外,在设计机械时,还应考虑不同用户的特殊要求。在实际设计时,面面俱到恐怕难以实现,这就要求设计者要分清主次,要充分满足主要要求,兼顾次要要求。例如,机床的设计以性能好为主要要求;起重机械、矿山机械和冶金机械的设计以保证安全性为主要要求;飞机的设计以质量轻、飞行阻力小、运载能力大为主要要求;流动使用的机械(如钻探机械)有便于安装和拆卸的主要要求;大型机械有便于运输的主要要求等。

二、机械设计的一般程序

一个新的机械产品的诞生,从模糊的感觉到某种需求,经过调查分析萌生设计念头,通过分析与综合以明确设计要求开始,历经设计、制造、实验、鉴定,直到产品定型,这是一个复杂细致的工作过程。在实际设计过程中,这几个阶段往往会交叉进行,所以,设计人员要广泛听取用户和工艺人员的意见,善于把设计信息以图形、文字和语言等各种形式表达出来,并与同事沟通,及时发现和解决设计过程中出现的各种问题。

机械设计的一般过程如图 2.1 所示。

1. 拟订计划

拟订计划是设计工作的必要前提,只有在充分调查研究和分析的基础上,才能拟订出合适可行的设计任务书。设计任务书大体上应包括:机械的功能、技术经济指标、主要参考资料或样机、制造关键技术、必要的试验项目等内容。

2. 方案设计

实现产品功能是产品设计的核心,体现同一功能的原理方案可以是多种多样的。在这一阶段通过方案构思、方案的综合及评价决策,确定较理想的原理性设计方案。产品功能原理方案决定了产品的性能和成本,关系到产品的水平和竞争力,是这一设计阶段的关键。

3. 技术设计

技术设计的主要内容包括总体设计和零件设计两方面。先从确定总体结构方案草图出发,再到完成具体零件设计,绘制出正式的机械总装配图、部件装配图和零件工作图。

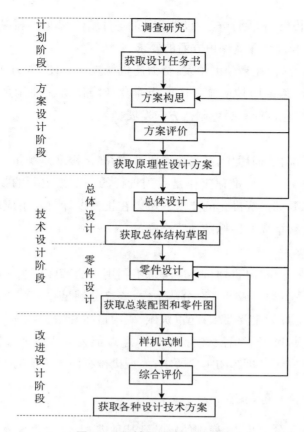

图 2.1 机械设计的一般过程

4. 改进设计

完成上述设计工作后,接着要进行样机试制,这一过程中随时都会因工艺原因修改原设计。在产品推向市场一段时间后,有时还需根据用户反馈意见修改原设计或进行改型设计。

改进设计完成后需编制技术文件,需编制的技术文件有机械设计计算说明书、使用说明书、标准件明细表及易损件(或备用件)清单等。

实际设计工作中,上述设计过程往往是相互交叉或相互平行的,并不是一成不变的。例如,计算和绘图,装配图和零件图绘制等就常常是相互交叉进行的。

第二节 机械零件的工作能力、计算准则及设计步骤

机械零件因某种原因不能正常工作称为失效。在不发生失效的条件下,零件安全工作的限度,称为工作能力。通常,此限度是对载荷而言的,所以习惯上亦称承载能力。

零件失效常见的形式有断裂、过大的弹性变形和塑性变形、工作表面的过度磨损、打

滑、过热、连接松动、运动精度达不到要求等。应当注意,零件的失效和损坏是两个不同的概念。例如:装有齿轮的转轴,工作时若弹性变形过大,不但会影响齿轮的正确啮合,而且会加速轴承的磨损,大大降低轴承的旋转精度,严重时会发生轴承抱死、机器停转等事故。此时,转轴并未损坏,但却不能正常工作了,即失效了。反之,如果零件已被破坏,就一定不能正常工作,即损坏的零件一定是失效的。对于某一个具体的零件,其失效形式由其工作条件和受载情况决定。针对各种不同失效形式,用于判定零件工作能力的条件,称为工作能力计算准则。这些准则主要包括强度、刚度、耐磨性、振动稳定性等条件。

一、强度

机器在理想的平稳工作条件下作用在零件上的载荷称为名义载荷,它是根据名义功率由力学公式计算出的作用在零件上的载荷。考虑实际载荷随时间作用的不均匀性,载荷在零件上分布的不均匀性,以及其他影响因素对名义载荷进行修正而得到的载荷称为计算载荷。计算载荷等于载荷系数 K 与名义载荷 F 的乘积,机械零件的设计计算一般按计算载荷进行。

$$F_{ca}=KF \tag{2.1}$$

式中:F_{ca}——计算载荷;

K——载荷系数,它考虑了各种干扰因素的影响;

F——名义载荷。

按照名义载荷用力学公式求得的应力称为名义应力,按照计算载荷求得的应力称为计算应力。强度条件是机械零件最基本的计算准则。为使零件能正常工作,设计时必须满足如下强度条件:

$$\begin{cases}\sigma \leqslant [\sigma]=\dfrac{\sigma_{\lim}}{S}\\ \tau \leqslant [\tau]=\dfrac{\tau_{\lim}}{S}\end{cases} \tag{2.2}$$

式中:σ、τ——分别为危险截面处的最大正应力和最大切应力;

$[\sigma]$、$[\tau]$——分别为材料的许用正应力和许用切应力;

$\sigma_{\lim}$、$\tau_{\lim}$——分别为材料的极限正应力和极限切应力;

S——安全系数。

由式(2.2)可知,许用应力主要用来确定零件材料的极限应力和安全系数。材料的极限应力一般都是在简单应力状态下用实验方法测得的。用式(2.2)可直接计算出在简单应力状态下工作的零件的强度条件;对于在复杂应力状态下工作的零件,则应根据材料力学中所述的强度理论确定其强度条件。

极限应力的确定与应力的种类有关,按照随时间变化的情况,应力可分为静应力和变应力。常见的应力状态如图2.2所示。

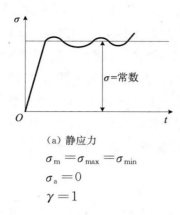
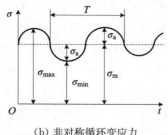

(a) 静应力
$\sigma_m = \sigma_{max} = \sigma_{min}$
$\sigma_a = 0$
$\gamma = 1$

(b) 非对称循环变应力
$\sigma_m = \dfrac{\sigma_{max} + \sigma_{min}}{2}$
$\sigma_a = \dfrac{\sigma_{max} - \sigma_{min}}{2}$
$\gamma = \dfrac{\sigma_{min}}{\sigma_{max}}$

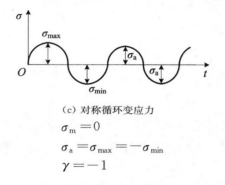
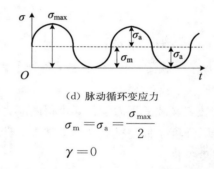

(c) 对称循环变应力
$\sigma_m = 0$
$\sigma_a = \sigma_{max} = -\sigma_{min}$
$\gamma = -1$

(d) 脉动循环变应力
$\sigma_m = \sigma_a = \dfrac{\sigma_{max}}{2}$
$\gamma = 0$

注：σ_a 表示应力幅；σ_m 表示平均应力；σ_{max} 表示最大应力；σ_{min} 表示最小应力；γ 表示应力循环特性。

图 2.2 应力的种类

不随时间变化的（或变化缓慢的）应力称为静应力[图 2.2(a)]。在静应力下工作的零件主要失效形式是断裂或塑性变形。对于塑性材料，取材料的屈服极限 σ_s 作为极限应力，对于脆性材料，取材料的强度极限 σ_b 作为极限应力，则许用应力分别为

$$[\sigma] = \dfrac{\sigma_s}{S} \tag{2.3}$$

$$[\sigma] = \dfrac{\sigma_b}{S} \tag{2.4}$$

随时间变化的应力称为变应力。具有循环周期的变应力称为循环变应力，图 2.2(b)所示应力为一般的非对称循环变应力，图中的 T 为应力循环周期。图 2.2(c)所示应力为对称循环变应力；图 2.2(d)所示应力为脉动循环变应力。

在变应力下工作的零件主要失效形式是疲劳断裂。当应力为对称循环变应力时，取材

料的对称循环疲劳极限 σ_{-1} 作为极限应力；当应力为脉动循环变应力时,取材料的脉动循环疲劳极限 σ_0 作为极限应力；当应力为非对称循环变应力时,可通过疲劳试验或极限应力图确定材料的疲劳极限。当应力为一般变应力时,可近似取与之相近的 σ_{-1} 和 σ_0 作为材料的极限应力。

在变应力下,零件的疲劳断裂不同于一般静力断裂,它是损伤到一定程度,即裂纹扩展到一定程度后发生的突然断裂。所以,疲劳断裂与应力循环次数(使用寿命或期限)密切相关。故根据材料力学,可把表示应力 σ 与应力循环次数 N 之间关系的曲线称为疲劳曲线,如图 2.3 所示。

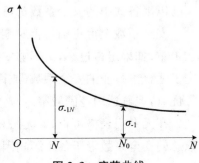

图 2.3 疲劳曲线

可以看出,应力越小,试件能经受的循环次数就越多。从大多数黑色金属材料的疲劳试验可知,当循环次数 N 超过某一数值 N_0 以后,曲线趋于水平,即可认为在"无限次"循环时试件将不会断裂。N_0 为应力循环基数,对应于 N_0 的应力称为材料的疲劳极限,用 σ_{-1} 表示对称循环变应力作用下的弯曲疲劳极限。

疲劳曲线的左半部 ($N < N_0$) 可近似用下列方程式表示：

$$\sigma_{-1N}^m N = \sigma_{-1}^m N_0 = C \tag{2.5}$$

式中：σ_{-1N} ——对应于循环次数 N 的弯曲疲劳极限；

C ——常数；

m ——随应力状态变化的幂指数,例如受弯的钢制零件 $m = 9$。

根据式(2.5)求得对应于循环次数 N 的弯曲疲劳极限：

$$\sigma_{-1N} = \sigma_{-1} \sqrt[m]{\frac{N_0}{N}} \tag{2.6}$$

变应力下,除了要取材料的疲劳极限作为极限应力,还应考虑零件的切口和沟槽等截面突变、绝对尺寸和表面状态等影响,为此,需引入有效应力集中系数 k_σ、尺寸系数 ε_σ 和表面状态系数 β 等。则当应力对称循环变化时,材料许用应力为

$$[\sigma_{-1}] = \frac{\varepsilon_\sigma \beta \sigma_{-1}}{k_\sigma S} \tag{2.7}$$

当应力脉动循环变化时,材料许用应力为

$$[\sigma_0] = \frac{\varepsilon_\sigma \beta \sigma_0}{k_\sigma S} \tag{2.8}$$

式中 k_σ、ε_σ 和 β 等值可在材料力学或有关设计手册中查得。

以上应力为"无限寿命"下零件的许用应力。若零件在整个使用期限内,其循环总次数 N 小于循环基数 N_0,可根据式(2.6)求得对应于 N 的疲劳极限 σ_{-1N},将其代入式(2.7),可得"有限寿命"下零件的许用应力。由于 $\sigma_{-1N} > \sigma_{-1}$,故采用 σ_{-1N} 可得到较大的许用应力,从而减少零件的体积和重量。

以上各式中的安全系数都可用查表法或部分系数法来确定。

安全系数定得正确与否对零件尺寸有很大的影响。如果安全系数定得过大,则会使结构笨重;如果定得过小,又不够安全。通过长期的生产实践,各个不同的机械制造部门都制定了适合本行业的安全系数(或许用应力)表格供查取,安全系数表格具有简单、具体、可靠等优点,但其适用范围较窄。

在无专门表格可查,即无法直接确定安全系数的情况下,可采用部分系数法。此时,可取总的安全系数等于各个影响因素系数的连乘积,即

$$S = S_1 S_2 S_3 \tag{2.9}$$

式中:S_1——考虑载荷及应力计算的准确性,$S_1 = 1.1 \sim 1.5$;

S_2——考虑材料的力学性能的均匀性,对于锻钢或轧制零件,$S_2 = 1.5 \sim 2.5$;

S_3——考虑零件的重要性,$S_3 = 1 \sim 1.5$。

二、刚度

刚度是指零件在载荷作用下抵抗弹性变形的能力。某些零件(如机床轴、高速蜗杆轴等)如刚度不足将会产生过大的弹性变形,这会影响机器的正常工作。设计时零件应满足的刚度条件如下:

$$\begin{cases} y \leqslant [y] \\ \theta \leqslant [\theta] \\ \varphi \leqslant [\varphi] \end{cases} \tag{2.10}$$

式中:y、θ、φ——分别为零件工作时的挠度、转角、扭角;

$[y]$、$[\theta]$、$[\varphi]$——分别为许用挠度、许用转角、许用扭角。

提高零件刚度的措施有:增大截面尺寸、改进零件结构、减小支点间距离等。

三、耐磨性

在各种机械中,凡是具有相对运动趋势的接触表面间都存在摩擦。摩擦将导致零件表面材料逐渐丧失或迁移,即形成磨损。磨损会影响机器的效率,降低工作的可靠性,甚至促使机器提前报废。据统计,世界上约有 1/3 的能源消耗在摩擦上;在各种报废的机械零件中,约有 80% 是因磨损而报废的。因此,在设计零件时就应预先考虑如何避免或减轻磨损,以保证机器达到设计寿命,这就要求零件有抗磨损的能力,即耐磨性。

一个零件的磨损过程大致可分为如图 2.4 所示的三个阶段,即磨合磨损阶段、稳定磨损

阶段和剧烈磨损阶段。

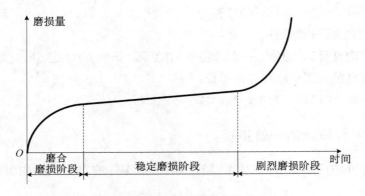

图 2.4　机器的磨损量与工作时间的关系(磨损曲线)

（1）磨合磨损阶段：新机器或刚大修完的机器在运转初期通过逐渐增加载荷，迅速磨去零件制造时遗留下来的波峰尖部。随着波峰高度的降低，摩擦副的实际接触面积加大，磨损速度逐渐减缓，零件进入稳定磨损阶段。

（2）稳定磨损阶段：零件在平稳而缓慢的速度下磨损，这个阶段摩擦条件保持相对恒定。这个阶段的长短决定着零件使用寿命的长短。

（3）剧烈磨损阶段：零件经过稳定磨损阶段后，其表面遭到破坏，两摩擦零件间的间隙增大，运转时出现噪声和振动。这样就不能保证良好的润滑状态，摩擦副的温度会急剧上升，摩擦速度也急剧增大，此时必须停机，更换零件。

上述三个阶段是正常情况下零件磨损经历的阶段。在使用和设计机器时，要力求缩短磨合磨损期，尽量延长稳定磨损期，推迟剧烈磨损期的到来，这对延长机器的使用寿命有着十分重要的意义。

磨损的分类方法有两种：一种是根据磨损结果分类，着重对磨损表面外观的描述，如点蚀磨损、胶合磨损、擦伤磨损等；另一种则是根据磨损机理分类，主要有磨粒磨损、粘着磨损、疲劳磨损、腐蚀磨损等。

（1）磨粒磨损：由外界进入摩擦表面的硬质颗粒或硬表面上的凸峰在摩擦过程中引起表层材料脱落的现象为磨粒磨损。

（2）粘着磨损：摩擦表面的接触实际上是高低不平的微凸体接触。高速轻载时的温升使得接触区润滑油膜破裂，低速重载时不易形成润滑油膜，这些都将导致接触处发生粘着。在此情况下，两表面相对滑动，粘着撕脱，材料从一个表面迁移到另一个表面，这种现象称为粘着磨损，也称为胶合。

（3）疲劳磨损：疲劳点蚀产生在零件表层，属于表面磨损范畴，故也称为疲劳磨损。

（4）腐蚀磨损：在摩擦过程中，材料与周围介质发生化学反应或电化学反应引起的磨损称为腐蚀磨损。

磨损是一个相当复杂的现象，影响的因素也很多，除疲劳磨损外，目前尚无可靠的计算

磨损的方法,通常可采用下列措施减少磨损:

(1) 选用减摩、耐磨性能较好的材料;

(2) 对摩擦表面进行润滑;

(3) 进行耐磨性计算,通常是限制摩擦面间的压强 p 和 pv(压强和速度的乘积)值;

(4) 提高零件的加工精度和表面质量;

(5) 完善密封,正确使用和做好维护等。

四、机械零件设计的一般步骤

(1) 根据零件的使用要求(如功率、转速等)选择零件的类型及结构形式,并拟定计算简图;

(2) 分析作用在零件上的载荷(拉、压力,剪切力);

(3) 根据零件的工作条件,按照相应的设计准则确定许用应力;

(4) 分析零件的主要失效形式,按照相应的设计准则确定零件的基本尺寸;

(5) 按照结构工艺性、标准化的要求,设计零件的结构并确定其尺寸;

(6) 绘制零件的工作图,拟定必要的技术条件,编写计算说明书。

在实际工作中,有时采用与上述设计步骤相反的校核计算,即先参照已有的实物或图样,根据经验采用类比法初步确定零件的结构尺寸,再根据载荷应力分析确定有关设计准则,并验算零件中的工作应力(或计算应力)是否小于或等于许用应力,或者验算其安全系数是否大于或等于许用安全系数。

第三节 机械零件的常用材料及热处理工艺

在机械制造中,最常用的制造零件的材料是钢和铸铁,其次是有色金属合金。非金属材料如塑料、橡胶等在一定的场合也具有独特的使用价值。

一、金属材料

1. 钢

钢是含碳量小于2%的铁碳合金。钢具有较高的强度、韧性和塑性,一般可用热处理方法改善其力学性能和加工性能。钢制零件的毛坯可用锻造、冲压、焊接或铸造等方法取得,钢制零件应用极为广泛。

钢的种类很多,可按不同的方法对其分类,按照化学成分可分为碳素钢和合金钢;按含碳量可分为低碳钢、中碳钢和高碳钢;按钢的质量可分为普通碳素钢和优质碳素钢等。

(1) 普通碳素结构钢

普通碳素结构钢对碳、磷、硫和其他残余元素含量的限制较宽松,一般在热轧状态后使用,其价格较低,便于大量生产和使用。普通碳素结构钢牌号表示方法为,用"屈"的汉语拼音大写字母 Q 表示普通碳素结构钢,用数字表示此类钢的屈服强度。如 Q235,Q 表示普通碳素钢,235 表示其屈服强度 $\sigma_s=235$ MPa,该类钢通常用于焊接、铆接、栓接工程结构用热轧钢板、钢带、型钢和钢棒等。

(2) 优质碳素结构钢

和普通碳素结构钢相比,优质碳素结构钢的硫、磷及其他非金属夹杂物的含量较低。钢的性质主要取决于含碳量,含碳量越高则钢的强度越高,塑性越低。优质碳素结构钢的牌号用含碳的万分数表示,如 45 号钢表示其平均含碳量为 0.45%。根据含碳量和用途的不同,这类钢大致又分为三类:

① 低碳钢:钢中碳的质量分数小于 0.25%,低碳钢具有很好的深冲性和焊接性,其被广泛地用于冲压件、焊接件,常用于制作螺钉、螺母、垫圈、轴、气门导杆和焊接构件等。此外,可对低碳钢进行渗碳处理,通过渗碳淬火可使低碳钢零件表面硬而耐磨,心部韧而耐冲击,如齿轮、活塞销及链轮等零件。

② 中碳钢:钢中碳的质量分数在 0.25%~0.6%,多在调质状态下使用,调质后,其具有较好的综合力学性能,既有较高的强度,又有一定的塑性和韧性,常用于制作受力较大的螺栓、螺母、键、齿轮和轴等零件。其中最常用的为 45 钢。

③ 高碳钢:钢中碳的质量分数大于 0.6%,具有高的强度和弹性,多用于制作普通的板弹簧、螺旋弹簧或钢丝绳等。

(3) 合金结构钢

合金结构钢是在钢中加入合金元素冶炼而成,钢中添加合金元素的作用在于改善钢的性能。例如,镍能提高钢的强度而不降低其韧性;铬能提高钢的硬度、高温强度、耐腐蚀性,还能提高高碳钢的耐磨性;锰能提高钢的耐磨性、强度和韧性;铝的作用类似于锰,其影响更大些;钒能提高钢的韧性及强度;硅可提高钢的弹性极限和耐磨性,但会降低其韧性。合金元素对钢的影响是很复杂的,特别是当为了改善钢的性能需要同时加入几种合金元素时,应当注意,合金钢的优良性能不仅取决于化学成分,还在更大程度上取决于适当的热处理的方式。

(4) 铸钢

无论是碳素钢还是合金钢,如制造零件毛坯时采用的是铸造方法,那么这种钢叫铸钢。

选择钢材时,应在满足使用要求的条件下,尽量采用价格便宜、供应充分的碳素钢,必须采用合金钢时也应优先选用硅、锰、硼、钒类合金钢,因为我国这类资源较为丰富。

2. 铸铁

含碳量大于 2% 的铁碳合金称为铸铁。铸铁具有适当的易熔性,良好的液态流动性,因而可铸成形状复杂的零件。此外,它的减振性、耐磨性、切削性(指灰铸铁)均较好,且成本低,在机械制造中应用甚广。常用的铸铁有灰铸铁、球墨铸铁、可锻铸铁等。在上述铸铁中,以灰铸铁应用最广,球墨铸铁次之。

(1)灰铸铁:灰铸铁是应用最广的一种铸铁。碳以片状石墨形状存在于铁的基体中,其断口呈灰色,故称灰铸铁。灰铸铁的抗压强度高于抗拉强度,切削性能好,但不宜承受冲击载荷。常用于制造受压状态下工作的零件,如机器底座、机架等。灰铸铁牌号的表示方法是在符号"HT"后加注抗拉强度的一组数字,如HT200,其抗拉强度为200 MPa。

(2)球墨铸铁:球墨铸铁的碳以球状石墨形式存在于铁的基体中,故其力学性能得到了显著提高。除伸长率和韧性稍低外,球墨铸铁其他力学性能基本与钢接近,同时其兼有灰铸铁的优点,但球墨铸铁的铸造工艺要求较高,品质不易控制。球墨铸铁一般可用于制造曲轴、齿轮等,其成本低于锻钢件。球墨铸铁牌号的表示方法是在符号"QT"后加注两组数字,如QT400-15,表示抗拉强度为400 MPa,伸长率为15%。

常用钢铁材料的力学性能见表2.1。

表2.1 常用钢铁材料的牌号及力学性能

材料		力学性能		
名称	牌号	抗拉强度 σ_b/MPa	屈服强度 σ_s/MPa	硬度/HBS
普通碳素结构钢	Q215 Q235 Q275	335~410 375~460 490~610	215 235 275	
优质碳素结构钢	20 35 45	410 530 600	245 315 355	156 197 241
合金结构钢	18Cr2Ni4WA 35SiMn 40Cr 40CrNiMoA 20CrMnTi	1180 883 981 981 1079	835 735 785 835 850	260 229 207 269 217
铸钢	ZG230-450 ZG270-500 ZG310-570	450 500 570	230 270 310	≥130 ≥143 ≥153
灰铸铁	HT150 HT200 HT250	145 195 240		150~200 170~220 190~240
球墨铸铁	QT450-10 QT500-7 QT600-3 QT700-2	450 500 600 700	310 320 370 420	160~210 170~230 190~270 225~305

3. 铜合金

铜合金有青铜与黄铜之分。黄铜是铜和锌的合金，含有少量的锰、铝、镍等，它具有很好的塑性及流动性，故可进行碾压和铸造。青铜可分为含锡青铜和不含锡青铜两类，它们的减摩性和抗腐蚀性均较好，也可碾压和铸造。

二、非金属材料

机械制造中用到的非金属材料有很多，主要有橡胶、塑料、陶瓷、木材及复合材料等。

橡胶富于弹性，能吸收较多的冲击能量，常用于制作联轴器或减振器的弹性元件、带传动的胶带等。硬橡胶可用于制造用水润滑的轴承衬。

塑料的比重小，易于制成形状复杂的零件，而且各种不同塑料具有不同的特点，如不同的耐蚀性、绝热性、绝缘性、减摩性、摩擦系数等，所以，近年来其在机械制造中的应用日益广泛。以木屑、石棉纤维等作填充物，用热固性树脂压结而成的塑料称为结合塑料，可用于制作仪表支架、手柄等受力不大的零件。以布、石棉、薄木板等层状填充物为基体，用热固性树脂压结而成的塑料称为层压塑料，可用于制作无声齿轮、轴承衬和摩擦片等。

复合材料是由两种或两种以上具有明显不同的物理和力学性能的材料复合而成的一种新型材料。例如，用金属、塑料、陶瓷等材料作为基材，用纤维强度很高的玻璃、石墨、硼等非金属材料作为纤维，用纤维和基材可复合成各种纤维增强复合材料，这些材料又称纤维增强塑料，可用于制造薄壁压力容器、汽车外壳等。复合材料的主要优点是有较高的强度和弹性模量，而质量又特别小。然而，复合材料的价格较贵，目前复合材料多用于航空、航天等高科技领域。

上面所述仅是机械中常用的一些材料知识的概略说明，各种材料的化学成分和力学性能可在相关的国家标准、行业标准和机械设计手册中查得。

材料选择是设计机械零件的重要环节之一，也是一个复杂的技术经济问题。通常应考虑零件的使用方面要求（如强度、刚度、导热性、耐磨性、抗腐蚀性等）、工艺性方面要求（从毛坯到成品都要便于制造）和经济方面要求（既考虑货源供应，又要价廉物美），拟出几种不同方案，经过综合分析比较，最后确定最合适的材料。

三、热处理工艺简介

热处理是将金属结构放在一定的介质中加热到适宜的温度，并在此温度中保持一定时间后，又以不同速度冷却的一种工艺过程。

金属热处理是机械制造中的重要工艺之一。热处理具有如下特点：在固态下，一般不改变工件的形状和整体的化学成分，只改变工件的内部组织，能改善工件的内在质量，提高零件的机械性能和使用寿命。所以在机械制造中很多零件要进行热处理。钢的热处理可分为整体热处理（包括退火、正火、淬火、回火）和表面热处理（主要有表面淬火、渗碳淬火）。常用的热处理方法如表 2.2 所示。

表 2.2 常用的热处理方法

名称	说明	应用
退火	退火是把工件(或者毛坯)加热到临界温度(约 723℃)以上 30～50℃,保温一段时间,然后随炉慢慢冷却	用于清除锻件、铸件、焊接件零件的内应力,细化晶粒,调整组织,改善机械性能
正火	正火是把工件(或者毛坯)加热到临界温度以上 30～50℃,保温一段时间,然后在空气中冷却	用于处理低碳钢、中碳钢等零件的热处理工艺。可细化晶粒,调整组织,改善机械性能
淬火	淬火是把工件(或者毛坯)加热到临界温度以上 30～50℃,保温一段时间,然后在液体中快速冷却	用于提高零件的硬度和耐磨性,但是淬火后的零件材料会变脆,存在着很大的内应力,需要再进行回火
回火	回火是把工件(或者毛坯)加热到临界温度以下,保温一段时间,然后在空气中冷却。根据回火的温度不同,可以分为低温回火(150～250℃)、中温回火(350～500℃)、高温回火(500～650℃)	用于消除淬火零件的脆性和内应力,提高零件材料的塑性和韧性,回火后,材料的硬度、塑性和韧性主要取决于回火温度和回火时间
调质	一般习惯将淬火加高温回火相结合的热处理称为调质处理	调质可使钢制零件获得强度、硬度和塑性、韧性都较好的综合机械性能。常用于重要结构零件,如齿轮及轴类等
表面淬火	表面淬火是指通过快速加热,对工件表层进行淬火,以改变其表层力学性能的热处理工艺。根据加热方法的不同,可分为火焰表面淬火和高频表面淬火	使零件表面有高的硬度和耐磨性,而心部保持原有的强度和韧性,常用于处理有较高技术要求的齿轮等零件
渗碳淬火	渗碳淬火是把低碳钢或低碳合金钢的零件放入渗碳剂中,加热保温较长时间,使碳原子渗入钢的表层,然后再淬火和回火	有效地提高钢的硬度、耐磨性和疲劳强度,使零件心部韧性和塑性高。用于重负荷、受冲击的零件

第四节　机械零件的工艺性和标准化

一、机械零件的工艺性

如果零件的结构既能满足使用要求,又能在具体生产条件下使制造和装配时所耗的时间、工作量及费用最少,那么这种结构就符合工艺性。

想要正确设计零件的结构,设计人员必须熟悉各种零件制造工艺和工艺要求,必须考虑加工、装配和维修等方面的工艺要求,要虚心听取工艺技术员的意见,使零件的结构更合理。从零件的工艺性出发,零件结构设计有如下三个基本要求:

1. 选择合理的毛坯种类

毛坯种类的选择不仅会影响毛坯制造技术及费用,而且也与零件的机械加工技术和加工质量密切相关。零件毛坯可用铸造、锻造、冲压及焊接等方法制造。选择毛坯种类时,要考虑零件的要求、尺寸和形状,还要考虑生产条件及生产的批量等因素。例如,形状较复杂、批量生产的毛坯,一般可用铸件;单件小批生产的零件、大型零件及样机试制,可采用焊接件,其优点是制造简单,生产周期短,节省材料,重量较轻。

2. 零件的结构要简单合理

零件的结构造型要尽可能简单,要便于制造和装配。例如,尽量采用最简单的圆柱面、平面构成零件的轮廓,各面之间最好互相垂直或平行,这样既便于机械加工,又能保证加工精度。铸件在拔模方向应留适当的结构斜度和圆角,以利于拔模和提高质量。需要热处理的零件,要注意避免出现裂纹、淬火变形现象等;进行零件结构设计时要避免尖角,避免薄厚悬殊等。

3. 选择合理的制造精度和表面质量

零件的加工精度要求过高或表面粗糙度过小,都会增加制造成本,所以应该根据需要,确定合适的制造精度和表面质量。

二、机械零件的标准化

机械产品标准化是促进机械技术和产业发展的重要技术基础,机械产品标准化主要包括技术要求的统一,零部件的标准化、系列化和通用化。标准化是指将产品(特别是零部件)的质量、规格、性能及结构等方面的技术指标作统一规定,并将这些规定作为标准来执行。系列化是指对同一产品,在同一基本结构或基本条件下规定出若干不同的尺寸系列。通用化是指在不同种类的产品或不同规格的同类产品中尽量采用同一结构和尺寸的零部件。标准化的零件称为标准件,如螺栓、螺母、滚动轴承等。对于机械零件的设计工作来说,标准化是很重要的。例如,对滚动轴承进行标准化、系列化和通用化后,设计者在设计时只需根据相关的设计手册进行选择和设计,这样能节省工作量,缩短设计周期,提高设计质量;对于轴承生产厂家来说,标准件便于组织规模化和专门化生产,易于保证产品质量,能节约材料,降低成本;设备使用厂家使用标准件能提高互换性,便于维修。

我国的标准已经形成一个庞大的体系,主要有国家标准、行业标准和企业标准三级。为了与国际接轨,我国的某些标准正在迅速向国际标准靠拢。常见的机械方面的标准代号有 GB、JB、ISO 等,它们分别代表中华人民共和国国家标准、机械工业标准、国际标准化组织标准。相关标准已由机械设计手册摘编收录,可供相关人员查取。作为机械设计者,必须熟悉标准,并认真执行各项标准。

第五节 机械现代设计方法简介

机械现代设计方法是伴随着现代科学技术的发展、社会的进步、生产力的高速增长而产生的。机械现代设计方法是结合当代各种先进的科学方法,逐渐形成的一门多元的新兴交叉学科。与传统设计相比，它具有创造性、探究性、优化性、综合性等特点，它的形成使机械设计领域产生了突破性的变革。目前机械现代设计方法较多，下面就较常用的方法加以简要介绍。

1. 优化设计

优化设计是指根据最优化原理，建立数学模型，采用最优化数学方法，以人机配合方式或自动搜索方式，在计算机上应用计算程序进行半自动或自动设计，选出工程设计中最佳设计方案的一种现代设计方法。近些年来，优化设计还与可靠性设计、模糊设计等设计方法结合起来，形成了可靠性优化设计、模糊优化设计等新的优化设计方法。

2. 计算机辅助设计

计算机辅助设计简称CAD，它是利用计算机运算快速准确、存储量大、逻辑判断功能强等特点进行设计信息处理，并通过人机交互形式完成机械产品设计工作的一种设计方法。一个完备的CAD系统由科学计算、图形系统和数据库三方面组成。CAD与计算机辅助制造（CAM）相结合可形成CAD/CAM系统。

3. 机械可靠性设计

机械可靠性设计是将概率论、数理统计、失效物理和机械学相结合而形成的一种设计方法。其主要特点是将传统设计方法中视为单值而实际上具有多值性的设计变量（如载荷、应力、寿命等）看成服从某种分布规律的随机变量，用概率统计方法确定符合机械产品可靠性指标要求的零部件和整机的主要参数和结构尺寸。

4. 机械系统设计

机械系统设计是应用系统的观点进行机械产品设计的一种方法。一般传统设计只注重机械内部系统设计，且以改善零部件的特性为重点，对于各零部件之间，内部与外部系统之间的相互作用和影响考虑较少。机械系统设计遵循系统的观点，研究内、外系统和各子系统之间的相互关系，通过各子系统的协调工作，取长补短地来实现整个系统最佳的功能。

5. 机械动态设计

机械动态设计是根据机械产品的动载工况，以及该产品的动态性能要求与设计准则，按动力学方法进行反复分析计算、优化与试验的一种设计方法。该方法的基本思路是：把机械产品看成是一个内部情况不明的黑箱，通过外部观察，根据其功能将黑箱与周围不同的信息联系起来进行分析，求出机械产品的动态特性参数，然后进一步寻求它们的机理和结构。

6. 有限单元法

有限单元法是指将连续的介质（如零件、结构等）看作由有限个节点处连接起来的有限个小块（称为单元）所组成，然后对每个单元，通过取定的插值函数，将其内部每一点的位移（或应力）用单元节点的位移（或应力）来表示，再根据介质整体的协调关系，建立包括所有节点的未知量的联立方程组，最后用计算机求解该联立方程组，以获得所需的解答。当单元足够"小"时，可以得到十分精确的解答。

除了上面介绍的几种目前常用的设计方法,现代设计还包括其他的一些方法,如机械并行设计、机械模糊设计、价值分析设计、模块化设计和人机学设计等。随着科学技术的发展和社会的不断进步,新的现代设计方法将不断涌现。

习 题

1. 机械设计的基本要求有哪些?
2. 在机械设计过程中采用标准零件的益处有哪些?
3. 机械零件的主要计算准则有哪些?
4. 已知某机器工作时,其一个零件受循环变应力的作用,最大应力为 500 MPa,最小应力为 0,则应力幅、平均应力分别为多少?应力循环特性是什么?
5. 某材料的对称循环疲劳极限 $\sigma_{-1}=600$ MPa,若此时其应力循环基数 $N_0=4\times10^6$,指数 $m=9$,试求循环次数分别为 50 000 和 200 000 时的疲劳极限。

第三章　平面机构运动简图与自由度

如前文所述,机构是一个构件系统,为了传递运动和力,机构中的各构件之间应具有相对运动,但任意拼凑的构件系统不一定能发生相对运动,即使能够运动,也不一定具有确定的相对运动。讨论机构满足什么条件构件间才具有确定的相对运动,对于分析现有机构或设计新机构都非常重要。

由于实际构件的外形和结构往往比较复杂,为了便于分析和研究,通常需用简单的线条和符号来绘制机构运动简图。

所有构件都在相互平行的平面内运动的机构称为平面机构,否则称为空间机构,本章只讲述平面机构。

第一节　机构的组成

一、运动副

机构中的各构件不是彼此孤立的,而是以一定的方式互相连接,但这种连接不应是刚性的,而应保证构件之间仍能产生某种相对运动。一般把能使两个构件直接接触而又能有一定相对运动的连接称为运动副。

两构件组成的运动副可通过点、线或面的接触来实现。构件上参与接触的点、线和面称为运动副元素。运动副的类型很多,按照接触特性,通常把运动副分为低副和高副。

1. 低副

两构件通过面接触组成的运动副称为低副。根据两构件间的相对运动形式的不同,低副可分为转动副和移动副两种。

（1）转动副

若组成运动副的两构件只能在一个平面内绕同一轴线做相对转动,这种运动副称为转动副或铰链,如图 3.1(a)所示。

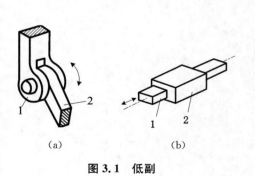

图 3.1　低副

（2）移动副

若组成运动副的两个构件只能沿某一轴线相对移动,这种运动副称为移动副,如图 3.1(b)所示。

2. 高副

两构件通过点或线接触组成的运动副称为高副。组成平面高副的两构件间的相对运动是沿接触处切线方向的相对移动和在平面内的相对转动,如图 3.2(a)、(b)所示,构件 1 与构件 2 在接触点 A 处组成的运动副都是高副。

此外,构成运动副的两构件之间的相对运动为平面运动的运动副称为平面运动副。

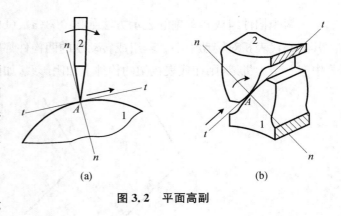

图 3.2　平面高副

二、运动链和机构

由两个或两个以上的构件通过运动副连接所构成的相对可动的系统称为运动链。显然,由两个构件所组成的运动副就是最简单的运动链。若把运动链中的某一个构件加以固定或相对固定,当其中一个或几个构件按给定的已知运动规律相对于机架做独立运动时,其余构件也随之做确定的运动,则这个运动链就成为机构。

机构中固结于定参考系的构件称为机架,按给定的已知运动规律相对于机架独立运动的构件称为原动件或主动件,随原动件运动的其他活动构件称为从动件。因此,从动件的运动规律取决于原动件的运动规律、机构的结构与构件的尺寸。

综上所述,任何机构都是若干个构件通过运动副的连接而组成的,其中有一个固定或相对固定的构件作为机架,机构中一个或几个原动件的驱动,会使其余的构件做确定的运动。

第二节　平面机构运动简图

无论是分析已有机构还是设计新机构,都要从分析机构的运动着手。机构中各从动件的运动情况与构件的外形、组成构件的零件数目、连接方式、断面形状和尺寸、运动副的具体构造无关,而是由原动件的运动规律、运动副的类型和数目、各运动副的相对位置及尺寸决定的。

不考虑实际机构中与运动无关的因素,用简单线条和符号表示构件和运动副,并按一定比例确定各运动副的位置,表示出机构各构件间相对运动关系的图形,称为机构运动简图。有时只需表明机构的结构状况,可不严格按比例绘制简图,这样的简图通常称为机构示意图。

一、运动副的表示方法

两个构件组成转动副的表示方法如图3.3(a)、(b)、(c)所示,图中的圆圈表示转动副,其圆心代表相对转动中心。若组成转动副的两构件都是活动件,则用图3.3(a)表示。若其中有一个为机架,则在代表机架的构件上加阴影线,如图3.3(b)和(c)所示。

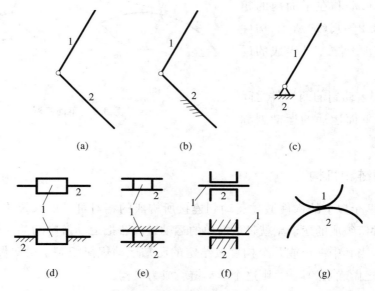

图3.3 平面运动副的表示方法

两个构件组成移动副的表示方法如图3.3(d)、(e)、(f)所示。移动副的导路必须与相对移动方向一致。同样,图中画了阴影线的构件表示机架。

两个构件组成高副时,在简图中应当画出两构件接触处的曲线轮廓,如图3.3(g)所示。

二、构件的表示方法

在机构运动简图上表达构件的方法是:将同一构件上所有运动副元素用简单的线条连成一体,如图3.4所示。图3.4(a)表示一个参与组成两个转动副的构件;图3.4(b)表示参与组成一个转动副和一个移动副的构件。在一般情况下,参与组成三个转动副的构件可用三角形表示,为了表明三角形是一个刚性整体,常在三角形内加剖面线或在三个角上涂以焊接的标记,如图3.4(c)所示;如果三个转动副中心在一条直线上,则可用图3.4(d)所示图形表示。参与组成三个以上运动副的构件可用多边形表示。对于机械中常用的构件和零件,有时还可采用惯用画法,例如用粗实线或点画线画出一对节圆来表示互相啮合的齿轮,用完整的轮廓曲线来表示凸轮。

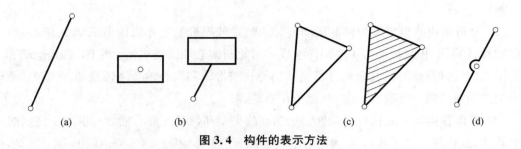

图 3.4 构件的表示方法

三、机构运动简图的绘制方法

绘制机构运动简图的一般步骤如下：

(1) 分析机构的组成和构件的运动情况，确定构件的数目，并进一步明确其中的机架、原动件和从动件。

(2) 从原动件开始，按照运动的传递顺序，分析相互连接的各构件之间相对运动的性质，确定运动副的类型和数目。

(3) 选择适当的视图平面和适当的机构运动瞬时位置。通常选择与各构件运动平面平行的平面作为绘制机构运动简图的投影面，本着将运动关系表达清楚的原则，把原动件定在某一位置，作为绘图的起点。

(4) 选择适当的比例尺〔比例尺 $\mu=$ 实际尺寸(m)/图示尺寸(mm)〕，定出各运动副之间的相对位置，用规定的符号，从原动件开始依次绘制机构运动简图。

下面举例说明机构运动简图的绘制方法。

例 3.1 图 3.5(a)所示为一颚式破碎机，试绘制出机构运动简图。

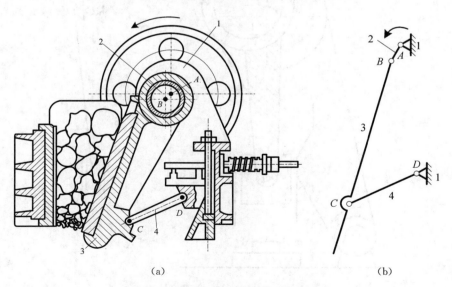

图 3.5 颚式破碎机及其机构运动简图

解：

（1）分析机构的组成及构件的运动情况。颚式破碎机的主体机构由机架 1、偏心轴（又称曲轴）2、动颚 3 和肘板 4 共 4 个构件组成。带轮与偏心轴固连成一个整体，它是运动和动力的输入构件，即原动件，其余构件都是从动件。当带轮和偏心轴 2 绕轴线 A 转动时，驱使输出构件动颚 3 做平面复合运动，从而将矿石轧碎。

（2）根据各构件间的相对运动确定运动副的类型和数目。偏心轴 2 与机架 1 绕轴线 A 相对转动，故构件 1、2 组成以 A 为中心的转动副；动颚 3 与偏心轴 2 绕轴线 B 相对转动，故构件 2、3 组成以 B 为中心的转动副；肘板 4 与动颚 3 绕轴线 C 相对转动，故构件 3、4 组成以 C 为中心的转动副；肘板 4 与机架 1 绕轴线 D 相对转动，故构件 4、1 组成以 D 为中心的转动副。整个机构共有 4 个转动副。

（3）选择适当的视图平面。由图 3.5(a)可知，该瞬时构件的位置能够清楚地表明各构件的运动关系，可按此瞬时各构件的位置来绘制机构运动简图。

（4）选定适当比例尺作图。以机架 1 上的点 A 为基准，测量运动副 B、C 和 D 的定位尺寸。根据图幅和测得的各运动副定位尺寸，确定合适的绘图比例尺 μ。在适当的位置先画转动副 A，再根据所选的比例尺和测得的各运动副的定位尺寸，用规定的符号依次画出转动副 B、C、D 和构件 1、2、3、4。最后，在构件 2 上画出表明原动件运动方向的箭头，在机架 1 上画上阴影线，如图 3.5(b)所示。

例 3.2 图 3.6(a)所示为压力机，试绘制出机构运动简图。

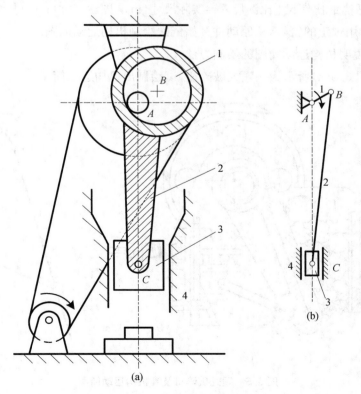

图 3.6　压力机及其机构运动简图

解：

(1) 分析机构的组成及构件的运动情况。此机构由偏心轮 1、连杆 2、冲头 3 和机架 4 组成，共有 3 个活动构件，偏心轮 1 由其他机构带动绕回转中心 A 转动。由于偏心轮的回转中心 A 与几何中心 B 有一偏距，所以偏心轮每转一周，套在偏心轮上的连杆 2 带动冲头 3 上下往复运动一次，完成冲压工作。偏心轮的几何中心 B 与回转中心 A 和连杆的摆动中心 C 之间的距离在运动中不变，故都可以看作定长的构件。

(2) 根据各构件间的相对运动确定运动副的类型和数目。偏心轮 1 与机架 4、连杆 2 分别组成转动副，连杆 2 与冲头 3 组成转动副，冲头 3 相当于滑块，与机架 4 组成移动副，且导路的中心线通过 AC。

(3) 选择适当的视图平面。由图 3.6(a)可知，该瞬时构件的位置能够清楚地表明各构件的运动关系，可按此瞬时各构件的位置来绘制机构运动简图。

(4) 选定适当比例尺作图。选择适当的原动件位置，画出各转动副、移动副以及机架，把同一构件上的运动副用直线连接起来。标注字母与构件号，并在原动件上标注箭头。

测量运动副 A、B、C 的定位尺寸。根据图幅和测得的各运动副定位尺寸，确定合适的绘图比例尺 μ。在适当的位置先画转动副 A，再根据所选的比例尺和测得的各运动副的定位尺寸，用规定的符号依次画出转动副 B、C 和构件 1、2、3、4，最后在构件 1 上画出表明原动件运动方向的箭头，在机架 4 上画上阴影线，如图 3.6(b)所示。

第三节　平面机构的自由度

机构中不能产生相对运动或做无规则运动的一些构件难以用来传递运动，因此，机构的各构件之间应具有确定的相对运动。为了使系统中的构件之间能产生相对运动，并具有运动确定性，探讨机构自由度计算方法和机构具有确定运动的条件是很有必要的。

一、平面机构的自由度

构件是机构中的运动单元，一个做平面运动的自由构件有 3 个独立运动的可能性，如图 3.7 所示，在直角坐标系中，构件 S 可随其上任一点 A 做沿 X、Y 轴方向的移动和绕点 A 的转动，这种可能出现的独立运动称为构件的自由度。所以，一个做平面运动的自由构件有 3 个自由度(同理，一个做空间运动的自由构件有 6 个自由度)。

因此，平面机构的每个活动构件，在未用运动副连

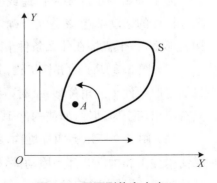

图 3.7　平面刚体自由度

接之前,都有 3 个自由度。当两个构件组成运动副之后,它们的相对运动就受到了约束,自由度随之减少。不同种类的运动副引入的约束不同,所保留的自由度也不同。例如图 3.1(a)所示的转动副约束了两个移动自由度,只保留一个转动自由度;图 3.1(b)所示的移动副,保留了沿相对移动方向的自由度,而约束了沿另一个轴方向的移动自由度和在平面内的转动自由度;图 3.2 所示的高副,只约束了沿接触处公法线 n-n 方向移动的自由度,保留了绕接触处转动的自由度和沿接触处公切线 t-t 方向移动的自由度。因此,在平面机构中,每个低副引入两个约束,会使构件失去两个自由度;每个高副引入一个约束,会使构件失去一个自由度。

设平面机构中共有 k 个构件,机构中的活动构件数 $n=k-1$(机架不是活动构件)。在未用运动副连接之前,这些活动构件的自由度总数为 $3n$。当构件用运动副连接之后,机构中各构件具有的自由度就减少了。若机构中低副数为 P_L,高副数为 P_H,则机构中全部运动副所引入的约束总数为 $2P_L+P_H$。因此,活动构件的自由度总数减去运动副引入的约束总数就是该机构的自由度,用 F 表示,即

$$F=3n-2P_L-P_H \tag{3.1}$$

由式(3.1)可知,机构自由度 F 取决于活动构件数量以及运动副的性质(低副或高副)和数量。机构的自由度等于机构相对机架所具有的独立运动的数目。

例 3.2 计算图 3.5(a)所示颚式破碎机主体机构的自由度。

解:

由机构运动简图不难看出,此机构共有 3 个活动构件(构件 2、3、4),$n=3$;4 个低副(转动副 A、B、C、D),$P_L=4$;无高副,$P_H=0$。故根据式(3.1)可求得其自由度为

$$F=3n-2P_L-P_H=3\times3-2\times4-0=1$$

因此,此机构有一个自由度。

二、机构具有确定运动的条件

为了按照一定的要求传递或变换运动,当机构的原动件按给定的运动规律运动时,其余各构件的运动都应该是完全确定的。显然,不能运动或无规则乱动的运动链都不是机构。那么,一个机构在什么条件下才能实现确定的运动呢?下面分析三个例子:

(1) 图 3.8 所示的五杆机构,其自由度 $F=3n-2P_L-P_H=3\times4-2\times5-0=2$。当只给定原动件 1 的角位移 φ_1 时,从动件 2、3、4 的位置不能确定,不具有确定的相对运动。只有给出两个原动件,如使构件 1、4 都处于给定位置,才能使从动件获得确定的运动。

(2) 图 3.9 所示为四杆机构,其自由度 $F=3n-2P_L-P_H=3\times3-2\times4-0=1$。如果使构件 1 和构件 3 都为原动件,构件 2 势必会损坏。当构件 1 或构件 3 中仅有一个为原动件时,从动件有确定的运动。

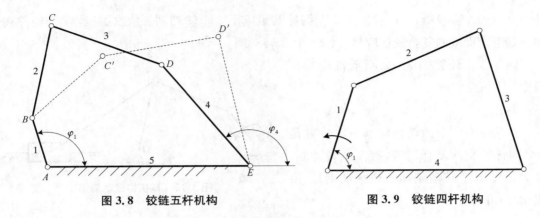

图 3.8　铰链五杆机构　　　　图 3.9　铰链四杆机构

（3）图 3.10 所示为三构件组合体，其自由度 $F=3n-2P_L-P_H=3\times2-2\times3=0$，自由度等于零表明各活动构件失去了全部的自由度，构件之间不可能产生相对运动。

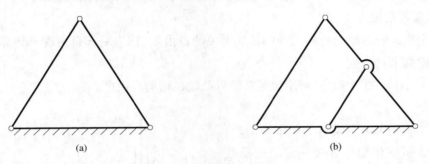

图 3.10　桁架结构

综上所述，要使机构具有确定的运动须满足以下条件：
（1）机构自由度必须大于零；
（2）原动件的数目等于机构的自由度。

在分析现有机构或设计新机构时，可通过计算机构的自由度来判断检验或确定该机构的原动件数。

三、计算平面机构自由度时应注意的问题

计算平面机构自由度时，除了要正确理解公式中各参数的含义外，有些特殊情况也必须加以注意并正确处理，否则，按公式求得的自由度与机构实际的自由度可能会不相符合。计算平面机构自由度必须注意以下问题：

1. 复合铰链

若两个以上的构件在同一处用转动副连接，则构成复合铰链。图 3.11 所示是 3 个构

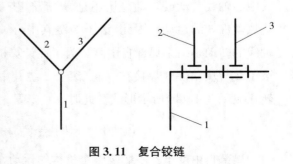

图 3.11　复合铰链

件汇交成的复合铰链,可以看出这 3 个构件共组成了 2 个转动副。依次类推,m 个构件在同一处汇交而成的复合铰链应具有 $(m-1)$ 个转动副。

例 3.3 计算图 3.12 所示机构的自由度。

解：

机构中有 5 个活动构件,$n=5$；C 处是 3 个构件汇交的复合铰链,有 2 个转动副,故 $P_L=7$（6 个转动副和 1 个移动副）。由式(3.1)可得：

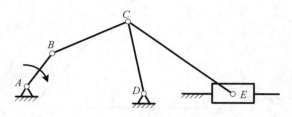

图 3.12 某机构运动简图

$$F = 3n - 2P_L - P_H = 3 \times 5 - 2 \times 7 - 0 = 1$$

由于自由度与机构原动件数相等,且大于零,所以机构具有确定的运动。

2. 局部自由度

机构中出现的与整个机构运动的传递无关的自由度,称为局部自由度。计算机构自由度时应排除局部自由度。

例 3.4 计算图 3.13(a)所示滚子从动件凸轮机构的自由度。

解：

在图 3.13(a)中,原动件凸轮 1 转动时,通过滚子 2 驱使从动件 3 按一定的运动规律在机架中做往复直线移动。此时该机构的自由度为

$$F = 3n - 2P_L - P_H = 3 \times 3 - 2 \times 3 - 1 = 2$$

这表明必须有两个原动件机构才能有确定的运动,但是,图示的凸轮机构中,当凸轮作为原动件转动时,从动件有确定的运动,这意味着机构的自由度应该为 1。

经过分析不难发现,不论滚子 2 是否绕其中心轴线转动或转动是快还是慢,都不影响从动件 3 的运动。因此,滚子 2 绕其中心

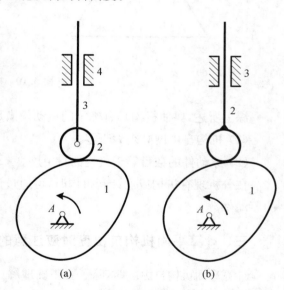

图 3.13 局部自由度

轴线的转动是一个局部自由度。为了在计算机构自由度时排除这个局部自由度,可设想将滚子 2 与从动件 3 焊接在一起（滚子 2 绕其中心轴线的转动副也随之消失）,图 3.13(a)就转化成图 3.13(b)所示形式。此时,$n=2$,$P_L=2$,$P_H=1$,则由式(3.1)得：

$$F = 3n - 2P_L - P_H = 3 \times 2 - 2 \times 2 - 1 = 1$$

局部自由度虽然不影响整个机构的运动,但可使高副接触处的滑动摩擦转变为滚动摩

擦,局部自由度多见于此处。

3. 虚约束

机构中对机构的运动不起独立限制作用的重复约束称为虚约束,在计算机构自由度时虚约束应当除去不计。虚约束常出现在以下场合:

(1) 轨迹重合

如果两个相互连接的构件在连接点处的运动轨迹重合,则该运动副引入的约束为虚约束。如图 3.14(a)所示的平行四边形机构中,由于 EF 杆与 AB、CD 杆平行且长度相等,EF 杆上 E 点的轨迹与 BC 杆上的 E 点轨迹重合。因此,EF 杆引入了虚约束(构件 5 有三个自由度,连接需两个转动副,共有四个约束,即多引入一个约束),计算机构自由度时应将其简化成图 3.14(b)。同理,图 3.15 所示机构中 EF 杆的连接也带来了一个虚约束。

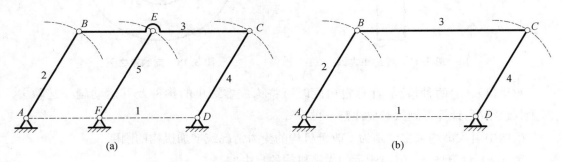

图 3.14 虚约束之一

(2) 多个移动副

两个构件之间形成多个移动副,且其导路互相平行时,只有一个移动副起约束作用,其余都为虚约束。如图 3.16 所示,在计算自由度时,只计入一处移动副。

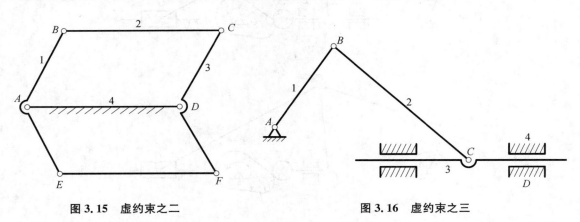

图 3.15 虚约束之二   图 3.16 虚约束之三

(3) 多个转动副

两个构件之间形成多个轴线重合的转动副时,只有一个转动副起作用,其余都是虚约束。如图 3.17 所示,两个轴承支持一根轴只能将它们看作一个转动副。

（4）机构对称

在机构中,不影响机构运动传递的对称部分所带来的约束为虚约束。如图3.18所示的轮系中,中心轮1通过两个对称布置的小齿轮2和2′驱动内齿轮3,其中有一个小齿轮对传递运动不起独立作用。但第二个小齿轮的加入,使机构增加了一个虚约束(加入一个构件增加三个自由度,连接时需一个转动副和两个高副,共引入四个约束)。

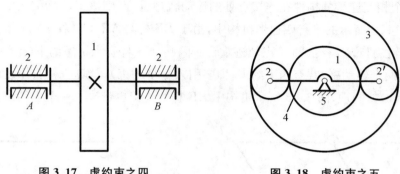

图3.17　虚约束之四　　　　图3.18　虚约束之五

对于(1)、(2)两种情况,计算自由度时可将构成虚约束的构件及其运动副一起除去。对于其余情况,计算低副数时要注意不可多算。

机构中引入虚约束主要是为了改善机构的受力情况或增加机构的刚度。

例3.5　计算图3.19(a)所示的大筛机构的自由度。

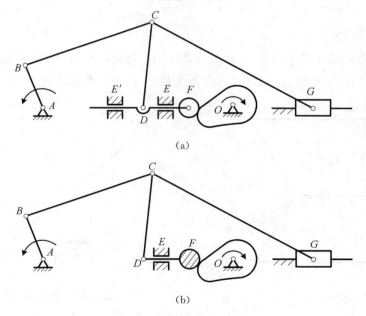

图3.19　大筛机构运动简图

解:

机构中的滚子有一个局部自由度。顶杆与机架在 E 和 E' 处组成两个导路平行的移动副,其中之一为虚约束。C 处是复合铰链。计算自由度时将滚子与顶杆看成是焊接在一起的一个整体,去掉移动副 E',并在 C 处注明转动副的个数。由图 3.19(b)得:$n=7, P_L=9$(7 个转动副和 2 个移动副),$P_H=1$,故由式(3.1)得:

$$F = 3n - 2P_L - P_H = 3 \times 7 - 2 \times 9 - 1 = 2$$

此机构的自由度等于 2,有两个原动件,因此机构有确定的运动。

习　题

1. 何为平面机构? 什么是高副? 什么是低副? 在平面机构中一个高副和一个低副各引入几个约束?

2. 什么是机构运动简图? 绘制机构运动简图的目的和意义是什么? 绘制机构运动简图的步骤是什么?

3. 什么是机构的自由度? 计算自由度应注意哪些问题?

4. 机构具有确定运动的条件是什么? 若不满足这一条件,机构会出现什么情况?

5. 试绘制下图所示机构的机构运动简图。

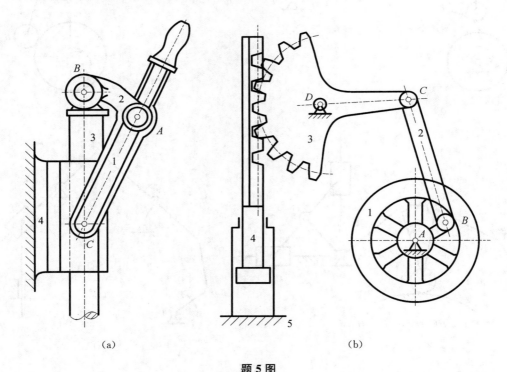

题 5 图

6. 计算下图所示连杆机构的自由度,若有复合铰链、局部自由度和虚约束,请明确指出位置。为保证机构具有确定的运动,需要几个原动件? 为什么?

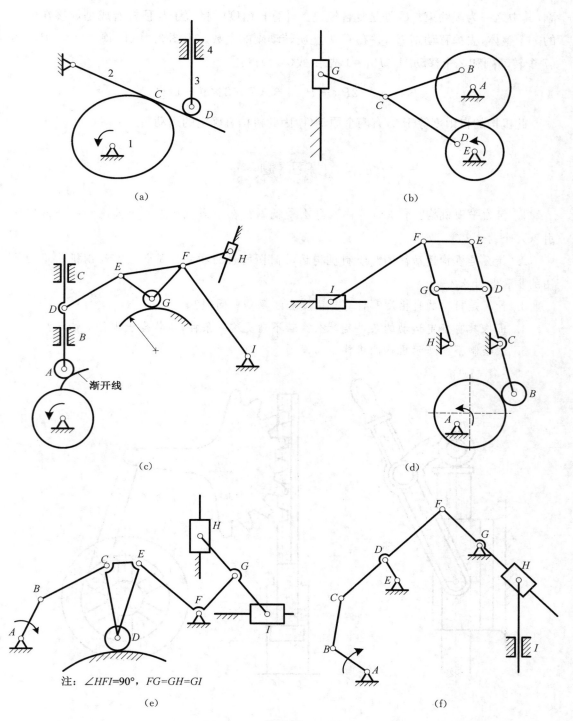

题 6 图

第四章　平面连杆机构

平面连杆机构能实现转动、移动等基本运动形式的相互转换，是一种应用广泛的机构。在平面连杆机构中，由四个构件组成的平面四杆机构最为常用，且其是多杆机构的基础。

平面连杆机构具有以下特点：

（1）连杆机构各构件间以低副相连（故平面连杆机构又称为低副机构）。低副为面接触，接触面压强低，承载能力较大，润滑好，磨损小，且容易加工。

（2）构件运动形式具有多样性。连杆机构中的构件能实现定轴转动、绕定轴往复摆动、沿导路往复直线运动和平面运动等。利用连杆机构可以获得各种形式的运动，这在工程实际中具有重要的应用价值。

（3）在主动件运动规律不变的情况下，只要改变连杆机构各构件的相对尺寸，就可以使从动件实现不同的运动规律和运动要求。

（4）连杆曲线丰富。

（5）在连杆机构运动的过程中，一些构件（如连杆）的质心在做变速运动，不易平衡的惯性力会增加构件的动载荷，使机构产生强迫振动。所以，连杆机构一般不用于高速场合。

（6）构件及运动副数目较多时，因传动路线较长，易产生较大的累积误差。

（7）连杆机构的设计比较复杂，不易精确实现预期的运动规律。

最基本的平面连杆机构是由四个构件组成的四杆机构，本章主要讨论平面四杆机构的类型、特性及常用的设计方法。

第一节　平面四杆机构的基本形式及演化

一、平面四杆机构的基本形式

全部由转动副连接而成的平面四杆机构称为铰链四杆机构，如图 4.1 所示，它是平面四杆机构的基本形式。其他四杆机构可以由它演化得到。

在图 4.1 所示的铰链四杆机构中，固定构件 4 称为机架，直接与机架相连的构件 1 和 3

称为连架杆,不直接与机架相连的构件 2 称为连杆。在连架杆中,能做整周回转的称为曲柄,仅能在小于 360°的某一角度内摆动的称为摇杆。根据两连架杆的类型,铰链四杆机构可分为三种类型:曲柄摇杆机构、双曲柄机构和双摇杆机构。

1. 曲柄摇杆机构

在铰链四杆机构中,若两连架杆中有一杆为曲柄,另一杆为摇杆,则称该机构为曲柄摇杆机构。曲柄摇杆机构的功能是:将转动转换为摆动,或将摆动转换为转动。如图 4.1 中可取曲柄 1 为原动件,做匀速转动,而摇杆 3 为从动件,做变速往复摆动。

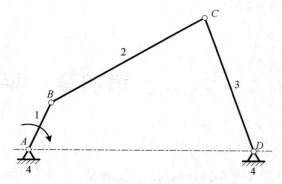

图 4.1 铰链四杆机构

图 4.2 所示为雷达天线传动机构,当曲柄 1 匀速转动时,连杆 2 带动摇杆 3(即天线)在一定角度范围内摆动或调整到某一适当位置。图 4.3 所示为搅拌机构。曲柄 1 匀速转动时,根据连杆 BC 上点 E 的轨迹进行搅拌动作。

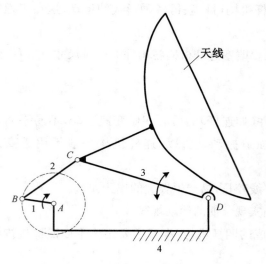

图 4.2 雷达天线传动机构

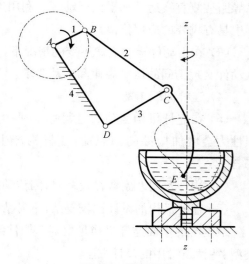

图 4.3 搅拌机构

曲柄摇杆机构也可取摇杆作为原动件,如图 4.4 所示的脚踏驱动砂轮机,摆杆 CD 是原动件,当其往复摆动时,曲柄 AB(连接到砂轮)做整周转动。

2. 双曲柄机构

在铰链四杆机构中,若两连架杆均为曲柄,则此四杆机构称为双曲柄机构。在此机构中,当主动曲柄等速转动时,从动曲柄会做等速或变速转动。图 4.5 所示为惯性筛机构,当主动曲柄 1 等速转动时,从动曲柄 3 做变速转动,通过杆 5 带动置于滑块 6 上的筛子,使其具有所需的加速度,从而达到筛分物料的目的。

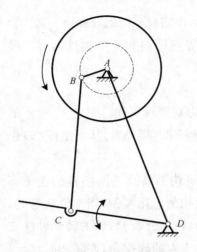

图 4.4 脚踏驱动砂轮机构

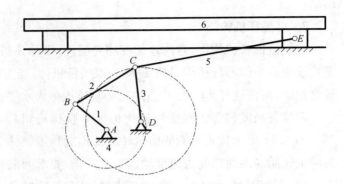

图 4.5 惯性筛机构

在双曲柄机构中,若两对边构件长度相等且平行,则称该机构为平行四边形机构,如图 4.6 所示,这种机构的传动特点是主动曲柄和从动曲柄均以相同角速度同向转动,而连杆 2 做平动。图 4.7 所示机车车轮联动机构采用了平行四边形机构,它能使被联动的各车轮具有与主动轮完全相同的运动。

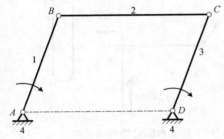

图 4.6 平行四边形机构

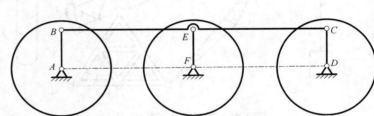

图 4.7 机车车轮联动机构

在双曲柄机构中,如两曲柄长度相同,而连杆与机架不平行,则称该机构为反平行四边形机构,如图 4.8 所示。这种机构主、从动曲柄转向相反,主动曲柄等速转动时,从动曲柄做变速转动。图 4.9 所示的车门启闭机构是双曲柄机构应用实例。两扇车门分别与两个曲柄

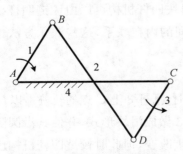

图 4.8 反平行四边形机构

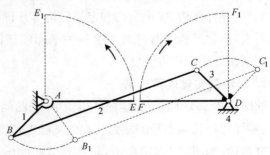

图 4.9 车门启闭机构

固连在一起,两个曲柄反向转动时会带动两扇车门反向转动,以实现车门的开和闭。

双曲柄机构的功能是将等速转动转换为等速同向、不等速同向和不等速反向等多种转动。

3. 双摇杆机构

在铰链四杆机构中,若两连架杆均为摇杆,则称该机构为双摇杆机构。图4.10所示的鹤式起重机中的四杆机构 ABCD 即为双摇杆机构,当主动摇杆 AB 摆动时,从动摆杆 CD 也随之摆动,可使连杆 BC 上 E 点的运动轨迹近似为水平直线。

两摇杆长度相等的双摇杆机构称为等腰梯形机构,此机构的特点是两摇杆的摆角不等。图4.11所示轮式车辆的前轮转向机构就是等腰梯形机构的应用实例,当车辆转弯时,为保证轮胎与地面之间为纯滚动以减小磨损,要求两前轮的转动轴线与后轮的转动轴线交于一点,即瞬时转动中心。为此,右转弯时右前轮摆角应大于左前轮摆角,左转弯时相反。采用等腰梯形机构来操纵两前轮的摆动,能近似满足这一要求。

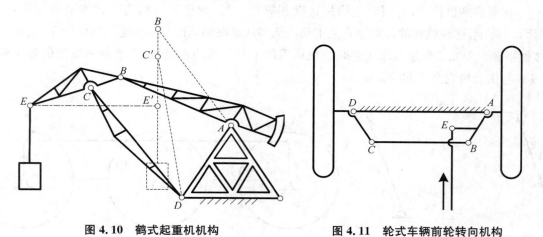

图4.10 鹤式起重机机构　　　　图4.11 轮式车辆前轮转向机构

双摇杆机构的功能是将一种摆动转换为另一种摆动。

二、铰链四杆机构的演化

在实际应用中还广泛采用着滑块四杆机构(含有移动副的四杆机构)。常用的有曲柄滑块机构、导杆机构、摇块机构和定块机构等几种形式,滑块四杆机构可以由铰链四杆机构演化而来,演化过程能清楚地说明各种平面四杆机构之间的内在联系,这些演化方法也是机构创新设计的常用方法之一。

1. 转动副转化成移动副

如图4.12(a)所示的曲柄摇杆机构中,当曲柄1转动时,摇杆3上 C 点的轨迹是以 D 为圆心、摇杆3杆长为半径的圆弧。在此基础上,若将摇杆3做成滑块形式,并使其沿圆弧导轨往复移动,如图4.12(b)所示,显然其运动性质并未发生改变,但此时铰链四杆机构已演化为曲线导轨的曲柄滑块机构。如曲线导轨的半径无限增大,构件3的圆弧运动轨迹将变成图 4.13(a)所示的直线,于是铰链四杆机构将变为常见的曲柄滑块机构。

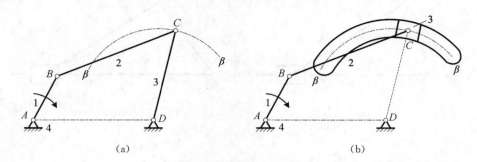

图 4.12　铰链四杆机构的演化

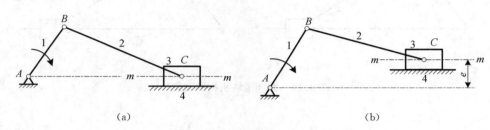

图 4.13　曲柄滑块机构

曲柄滑块机构的滑块导路到曲柄转动中心 A 之间的距离 e 称为偏距。如果偏距 e 为零,该机构称为对心曲柄滑块机构,如图 4.13(a)所示;如果偏距 e 不为零,则称为偏置曲柄滑块机构,如图 4.13(b)所示。

曲柄滑块机构可将滑块的往复运动转化为曲柄的连续转动(如应用于内燃机中),也可将曲柄的连续转动转化为滑块的往复运动(如应用于冲床、空气压缩机等机械中)。

2. 取不同构件为机架

(1) 导杆机构

如图 4.14(a)所示的对心曲柄滑块机构,若取最短杆 1 为机架,则得到图 4.14(b)所示的导杆机构,连架杆 4 对滑块 3 的运动起导向作用,故称为导杆。通常取构件 2 为原动件,若构件 2 和导杆 4 均做整周回转,则该机构称为转动导杆机构,此时机架长度小于曲柄长度;若导杆 4 只能往复摆动,则称该机构为摆动导杆机构,此时机架长度大于曲柄长度。转动导杆机构常与其他构件组合,可用于图 4.15 所示的小型刨床及回转泵、转动式发动机等机械中。摆动导杆机构常与其他构件组合,可用于插床和图 4.16 所示的牛头刨床等机械中。

(2) 摇块机构

图 4.14(a)所示的对心曲柄滑块机构中,若取构件 2 为机架,则得到图 4.14(c)所示的摇块机构。这种机构广泛应用于液压驱动装置中,如图 4.17 所示的自动翻斗汽车(2 为车架),当液压缸 3(即摇块)中的压力油推动活塞杆 4 运动时,车厢 1 便绕回转副中心 B 倾转,当达到一定角度时,物料就自动卸下。

37

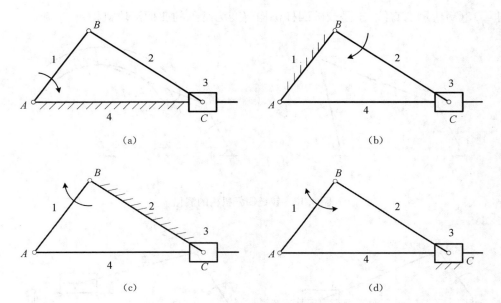

图 4.14 曲柄滑块机构的演化

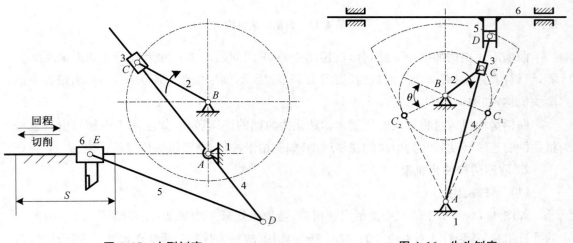

图 4.15 小型刨床

图 4.16 牛头刨床

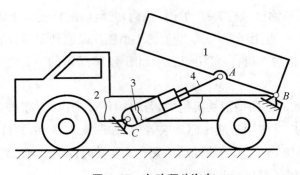

图 4.17 自动翻斗汽车

(3) 定块机构

图 4.14(a)所示的曲柄滑块机构,若取滑块 3 为机架,可得到图 4.14(d)所示定块机构。图 4.18 所示抽水唧筒是定块机构的一个应用实例,扳动手柄 1,使构件 4 上下移动,可实现抽水动作。

3. 扩大转动副

图 4.19(a)所示的曲柄滑块机构中,当曲柄较短时,从结构上来说该机构无法实现,只能采用偏心轮结构形式。偏心轮结构的特征是将转动副 B 尺寸加大到能包容其机架的转动副 A,形成一偏心圆盘,其回转中心为 A,几何中心为 B,如图 4.19(b)所示,偏心距 l_{AB} 等于原来的曲柄长度,运动特性保持不变。

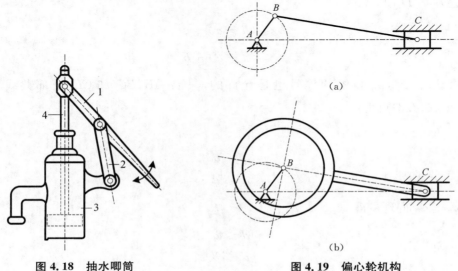

图 4.18 抽水唧筒

图 4.19 偏心轮机构

此外,当需承受较大冲击载荷且工作行程很小时,也常采用偏心轮结构,在冲床、剪床、颚式破碎机、内燃机等机械中,均可见这种结构。

三、铰链四杆机构存在曲柄的条件

在铰链四杆机构中,有的连架杆能做整周转动,有的则不能。两构件的相对回转角为 360°的转动副称为整转副。整转副的存在是曲柄存在的必要条件,而铰链四杆机构三种类型的区别在于机构中是否存在曲柄和有几个曲柄。为此,需要明确整转副和曲柄存在的条件。

铰链四杆机构的连架杆能否做整周回转,能否成为曲柄,取决于机构各杆的相对长度和机架的选用,下面以图 4.20 所示曲

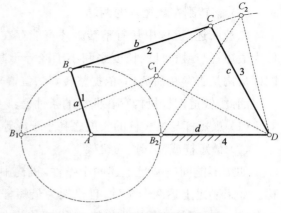

图 4.20 转动副为整转副的条件

柄摇杆机构为例分析转动副为整转副的条件,图中杆 1 为曲柄,杆 2 为连杆,杆 3 为摇杆,杆 4 为机架,各杆长度分别为 a、b、c 和 d。

设 $a \leqslant d$,当曲柄1绕铰链 A 整周回转时,B 点可以到达以 A 为圆心、a 为半径的圆周上任一点,图中 B_1 点和 B_2 点分别为铰链 B 相对铰链 D 能达到的最远位置和最近位置。因此,杆 1 一定能通过 AB_1 和 AB_2 这两个关键位置,即可以构成 $\triangle B_1C_1D$ 和 $\triangle B_2C_2D$。根据三角形构成原理可以推出以下各式:

在 $\triangle B_1C_1D$ 中

$$a+d \leqslant b+c \tag{4.1}$$

在 $\triangle B_2C_2D$ 中

$$b \leqslant (d-a)+c \tag{4.2}$$

$$c \leqslant (d-a)+b \tag{4.3}$$

式(4.1)~式(4.3)中的等号也是允许的,只要 AB、BC 和 CD 全部共线。整理式(4.1)~式(4.3)可得:

$$\begin{cases} a \leqslant c \\ a \leqslant b \\ a \leqslant d \end{cases} \tag{4.4}$$

若 $d < a$,同理可得:

$$\begin{cases} d \leqslant a \\ d \leqslant b \\ d \leqslant c \end{cases} \tag{4.5}$$

式(4.4)和式(4.5)说明组成整转副 A 的两个构件中,必有一个为最短杆,并且最短杆两端的转动副均为整转副。再综合式(4.1)~式(4.5)可得出机构中有整转副的条件是:

(1) 最短杆与最长杆的长度之和小于或等于其余两构件的长度之和。

(2) 整转副在最短杆的两端。

如前所述,机构中具有整转副才可能存在曲柄,即铰链四杆机构有曲柄存在的必要条件为最短杆与最长杆的长度之和小于或等于其余两构件的长度之和。具有整转副的铰链四杆机构是否存在曲柄,应依据整转副的位置来判断。

因此,铰链四杆机构存在曲柄的条件是:

(1) 最短杆与最长杆的长度之和小于或等于其余两构件的长度之和。

(2) 最短杆或其邻边为机架。

如果不能同时满足上述两个条件,机构中便不可能存在曲柄,机构只能成为双摇杆机构。如果满足上述两个条件,且机架为最短杆,则此机构为双曲柄机构。如果满足上述两个条件,且最短杆的邻边为机架,则此机构为曲柄摇杆机构。

第二节 平面四杆机构的基本特性

四杆机构的基本特性包含运动特性和传力特性,这些特性可由行程速度变化系数、压力角和传动角等参数表示。了解这些特性,对正确选择平面连杆机构的类型和设计平面连杆机构具有重要意义。

一、急回特性

图 4.21 所示的曲柄摇杆机构中,主动曲柄 AB 每转动一周会与连杆 BC 共线两次,当曲柄位于 AB_1 处与连杆 B_1C_1 重叠共线时,摇杆 C_1D 位于左极限位置;曲柄位于 AB_2 处与连杆 B_2C_2 拉直共线时,摇杆 C_2D 位于右极限位置。摇杆两极限位置间的夹角 ψ 称为摇杆的摆角。摇杆在两极限位置时曲柄相应的两个位置所夹的锐角称为极位夹角,以 θ 表示。

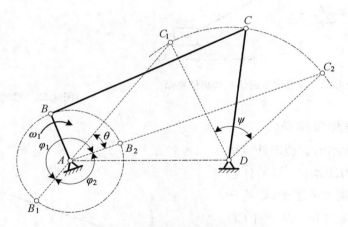

图 4.21 曲柄摇杆机构的急回特性

当曲柄从位置 AB_1 顺时针转到位置 AB_2 时,转过角度 $\varphi_1=180°+\theta$,摇杆由左极限位置 C_1D 摆到右极限位置 C_2D,摇杆摆角为 ψ。当曲柄顺时针从位置 AB_2 再转到位置 AB_1 时,转过角度 $\varphi_2=180°-\theta$,摇杆由位置 C_2D 摆回到位置 C_1D,摇杆摆角仍为 ψ。

显然 $\varphi_1 > \varphi_2$,当曲柄等速转动时,两个过程对应的时间 $t_1 > t_2$,摇杆由位置 C_1D 摆到位置 C_2D 的平均角速度 $\omega_{m1} = \psi/t_1$ 低于由位置 C_2D 摆回位置 C_1D 的平均角速度 $\omega_{m2} = \psi/t_2$,摇杆的这种来回摆动速度不同的特性称为急回特性。工程上常利用这种急回特性来满足某些机械的工作要求,如牛头刨床和插床,其工作行程要求速度慢而均匀以提高加工质量,空回行程要求速度快以缩短非工作时间,提高工作效率。

急回特性通常用行程速度变化系数(或称行程速比系数)K 来衡量,公式如下:

$$K = \frac{\omega_{m2}}{\omega_{m1}} = \frac{\psi/t_2}{\psi/t_1} = \frac{t_1}{t_2} = \frac{\varphi_1}{\varphi_2} = \frac{180° + \theta}{180° - \theta} \tag{4.6}$$

其中,ω_{m2} 表示从动件快速行程平均角速度,ω_{m1} 表示从动件慢速行程平均角速度。

由式(4.6)可得极位夹角的计算公式为

$$\theta = 180° \frac{K-1}{K+1} \tag{4.7}$$

上述分析表明:当曲柄摇杆机构存在极位夹角 θ 时,机构具有急回特性,而且 θ 角愈大,K 值愈大,机构的急回特性愈明显。当 $\theta = 0°$ 或 $K = 1$ 时,机构无急回特性。

图 4.22 所示的偏置曲柄滑块机构及图 4.23 所示的摆动导杆机构都存在极位夹角,故均有急回特性。此外,摆动导杆机构的极位夹角会等于导杆的摆角。

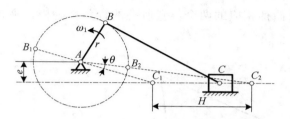

图 4.22 偏置曲柄滑块机构极位夹角

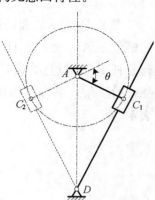

图 4.23 摆动导杆机构极位夹角

二、压力角和传动角

在图 4.24 所示的铰链四杆机构中,设构件 AB 为原动件,如不计各构件质量和运动副中的摩擦,则连杆 BC 为二力构件,它作用于从动件 CD 上的力 F 是沿 BC 方向的。作用在从动件上的驱动力 F 与该力作用点的绝对速度 v_C 方向之间所夹锐角称为压力角,用 α 表示。力 F 沿 v_C 方向的分力 $F_t = F\cos\alpha$,它能推动从动件做有效功,称为有效分力;沿 v_C 垂

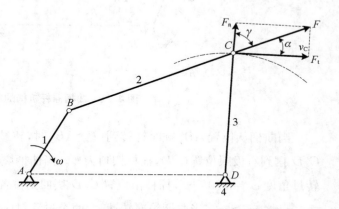

图 4.24 铰链四杆机构的压力角与传动角

直方向的分力 $F_n = F\sin\alpha$,它会引起摩擦阻力,产生有害的摩擦功,称为有害分力。压力角 α 越小,有效分力 F_t 就越大。压力角可作为判断机构传力性能的标志。

在连杆机构设计中,为测量方便,常根据压力角的余角 γ 来判断传力性能,γ 称为传动角。因 $\gamma = 90° - \alpha$,故压力角 α 越小,γ 越大,机构传力性能越好;反之,压力角 α 越大,γ 越小,机构传力性能越差。压力角(或传动角)的大小反映了机构对驱动力的有效利用程度。

在机构运动过程中，α 和 γ 随从动件的位置不同而变化，为保证机构有良好的传力性能，要限制工作行程的最大压力角 α_{max} 或保证最小传动角 γ_{min}，对于一般机械，$\gamma_{min} \geqslant 40°$；对于大功率机械，$\gamma_{min} \geqslant 50°$。

三、死点位置

在图 4.25 所示的曲柄摇杆机构中，如以摇杆 CD 为原动件，曲柄 AB 为从动件，则当摇杆摆到极限位置 C_1D 和 C_2D 时，连杆 BC 与曲柄 AB 共线，若不计各构件质量，则这时连杆 BC 加给曲柄 AB 的力将通过铰链中心 A，此力对 A 点不产生力矩作用，不能使曲柄转动，机构的这种位置称为死点位置，这时机构的传动角 $\gamma = 0°$。对于传动机构来说，有死点是不利的，应该采取措施使机构能顺利通过死点位置。

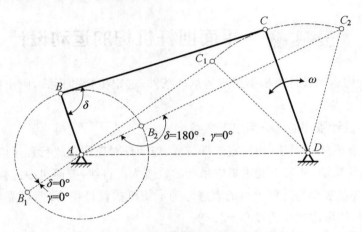

图 4.25　曲柄摇杆机构的死点位置

对于连续运转的机器，可以利用从动件惯性来通过死点位置，如图 4.26 所示的缝纫机踏板机构就是借助于飞轮的惯性通过死点位置。

机构的死点位置并非总是起消极作用，在某些夹紧装置中也可用于防松，如图 4.27 所示的连杆式快速夹具，当工件被夹紧时，铰链中心 B、C 和 D 点共线，工件加在构件 1 上的反作用力无论多大，也不能使构件 3 转动，这就保证在去掉外力 F 之后，夹具仍能可靠地夹紧工件。当需要取出工件时，只需向上扳动手柄就能松开夹具。图 4.28 所示为飞机起落架处于放下机轮时的位置，此时连杆 BC 与连架杆 CD 共线，机构处于死点位置，故机轮着地时产生的冲击力不会使连架杆 CD 转动，从而能使起落架保持支撑状态。

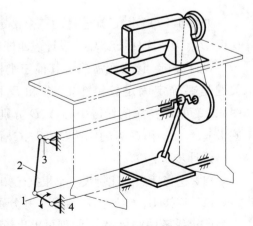

图 4.26　缝纫机踏板机构

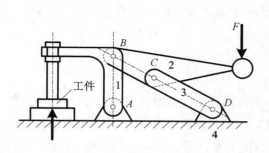
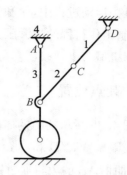

图 4.27　连杆式快速夹具　　　　　图 4.28　飞机起落架机构

第三节　平面四杆机构的运动设计

平面四杆机构运动设计要根据给定的运动条件,选定机构的形式,画出机构运动简图,确定各个构件尺寸参数。

四杆机构的设计条件通常分为以下两类：

(1) 给定位置或运动规律,如给定连杆位置、连架杆对应位置或行程速度变化系数等。

(2) 给定运动轨迹,如要求起重机中吊钩的轨迹为一直线,搅面机中搅拌杆端能按预定轨迹运动等,这些轨迹都是连杆上点的轨迹。为了使机构设计得合理、可靠,还应考虑几何条件和动力条件,如考虑最小传动角 $\gamma_{\min}$ 等。

四杆机构设计方法有图解法、解析法和图谱法等,图解法直观,解析法精确,图谱法方便。下面以图解法和解析法为例,介绍四杆机构设计的基本方法。

一、按给定的连杆位置设计

如图 4.29 所示,已知连杆的三个给定位置 B_1C_1、B_2C_2、B_3C_3 及连杆长度 l_{BC},设计该四杆机构。

设计分析:该命题需确定其他三个构件的长度,关键是要确定固定铰链中心 A 和 D 的位置。由图 4.29 可知,待求的铰链中心 A、D 分别是 B 点的轨迹 B_1、B_2、B_3 和 C 点的轨迹 C_1、C_2、C_3 的圆心。

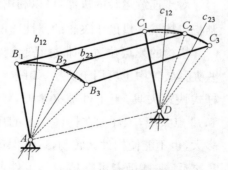

图 4.29　按给定连杆位置设计四杆机构

设计步骤：

(1) 选择适当的比例尺 μ_l,根据已知条件作出连杆的三个位置 B_1C_1、B_2C_2 和 B_3C_3。

(2) 连接 B_1 与 B_2,B_2 与 B_3,并分别作它们的垂直平分线 b_{12} 和 b_{23},则 b_{12} 与 b_{23} 的交点为所求铰链中心 A 点。同理可求出铰链中心 D 点。

(3) 连接 AB_1,C_1D,即得所设计机构 AB_1C_1D。

(4) 各构件的实际长度可确定为：$l_{AB} = \mu_l \overline{AB_1}$；$l_{CD} = \mu_l \overline{C_1D}$；$l_{AD} = \mu_l \overline{AD}$。

此设计结果是唯一的。

若给定连杆两位置，则铰链中心 A、D 不能唯一确定，可得无穷多解。实际设计时，可考虑其他辅助条件，例如最小传动角、结构紧凑或其他结构上的要求等，则可得唯一解。

二、按给定的行程速比系数设计

设计具有急回特性的四杆机构，一般是根据实际运动要求选定行程速比系数 K 的数值，然后根据机构极位的几何特点，结合其他辅助条件以确定机构运动尺寸参数。具有急回特性的四杆机构有曲柄摇杆机构、偏心曲柄滑块机构和摆动导杆机构等。下面通过案例来阐述曲柄摇杆机构和摆动导杆机构的设计方法。

1. 曲柄摇杆机构

已知曲柄摇杆机构的行程速比系数 K，摆杆长度 l_{CD} 和摆角 ψ，设计该机构。

设计分析：此命题中设计的关键是确定曲柄的铰链中心 A 的位置。图 4.30 所示曲柄摇杆机构中，AB_1C_1D 和 AB_2C_2D 是机构的两个极限位置。连接 C_1 和 C_2 两点，若以 C_1C_2 为弦作一圆周角为 θ 的辅助圆，则曲柄的铰链中心 A 点必在该圆周上。

设计步骤：

(1) 由给定的行程速比系数 K，按式(4.7)计算极位夹角 $\theta = 180° \dfrac{K-1}{K+1}$。

(2) 如图 4.30 所示，任选固定铰链中心 D 的位置，并由 l_{CD} 和 ψ 按适当比例尺 μ_l，作出摇杆的两极限位置 C_1D 和 C_2D。

(3) 连接 C_1、C_2，并从 C_1 点作垂直于 C_1C_2 的一条射线 C_1M。

(4) 从 C_2 点作一条射线 C_2N，使 $\angle C_1C_2N = 90° - \theta$，$C_2N$ 与 C_1M 相交于 P 点，由图可知 $\angle C_1PC_2 = \theta$。

(5) 作 $\triangle PC_1C_2$ 的外接圆，在此圆周上取一点 A，连接 AC_1 和 AC_2，因同一圆弧上的圆周角相等，则有 $\angle C_1AC_2 = \angle C_1PC_2 = \theta$。因此，$A$ 点可作为曲柄的固定铰链中心。

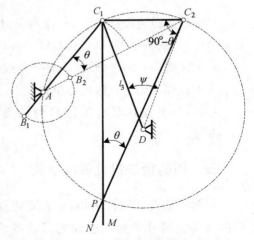

图 4.30 按 K 值设计曲柄摇杆机构

(6) 因为摇杆在极限位置时曲柄与连杆共线，若曲柄与连杆长度分别为 l_1 和 l_2，则 $AC_1 = l_2 - l_1$，$AC_2 = l_2 + l_1$，由此可得：

$$\begin{cases} l_1 = \dfrac{AC_2 - AC_1}{2} \\ l_2 = \dfrac{AC_2 + AC_1}{2} \end{cases}$$

以 A 为圆心、l_1 为半径作圆,该圆交 C_1A 的延长线于 B_1,交 C_2A 于 B_2,AB_1、AB_2 即为机构的摇杆在极限位置时曲柄的位置。

(7) 各构件的实际长度可确定为

$$\begin{cases} l_{AB} = \mu_l l_1 \\ l_{BC} = \mu_l l_2 \\ l_{AD} = \mu_l l_{AD} \end{cases}$$

该案例中 A 点为任选,可得无穷多解,可附加某些辅助条件,例如给定机架长度或最小传动角 $\gamma_{\min}$ 等,即可确定 A 点位置,使其有确定解。

2. 摆动导杆机构

已知摆动导杆机构的行程速比系数 K 及机架长度 l_4,设计该机构。

设计分析:由图 4.31 可知,摆动导杆机构的极位夹角 θ 等于导杆的摆角 ψ,所需确定的尺寸只有曲柄长度 l_1。

设计步骤:

(1) 由给定的行程速比系数 K,按式(4.7)计算极位夹角 $\theta(\psi)$,$\psi = \theta = 180° \dfrac{K-1}{K+1}$;

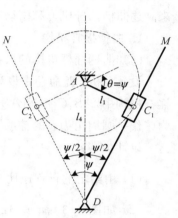

图 4.31 摆动导杆机构设计

(2) 任选固定铰链中心 D,作两条射线 DM 和 DN,保证 $\angle MDN = \psi = \theta$,则 DN 和 DM 为导杆的两极限位置;

(3) 作摆角 ψ 的平分线,并在平分线上按适当的比例尺 μ_l 截取线段 DA,使其长度为 l_4/μ_l,A 点即为固定铰链中心位置;

(4) 过 A 点作导杆极限位置的垂线 AC_1(或 AC_2),即得曲柄长度 $l_1 = \mu_l AC_1 = \mu_l l_4 \sin\theta/2$。

三、用解析法设计四杆机构

用解析法设计四杆机构,首先要建立机构的各待定尺寸参数和已知的运动参数的解析方程,通过方程求解出机构尺寸参数。在图 4.32 所示的铰链四杆机构中,原动件 1 的角位移为 φ,从动件 3 的角位移为 ψ,其转角位置满足以下位置关系:$\psi_i = f(\varphi_i)$,$i = 1, 2, 3, \cdots, n$,要求确定各构件尺寸。

建立直角坐标系,使原点与固定铰链 A 点重合,x 轴与机架 AD 重合,把各构件表示

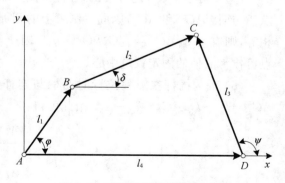

图 4.32 铰链四杆机构设计

为矢量构成矢量封闭图形,可写出:

$$l_1 + l_2 = l_3 + l_4$$

将各构件分别投影到 x 轴和 y 轴上得到:

$$\begin{cases} l_1 \cos\varphi + l_2 \cos\delta = l_3 \cos\psi + l_4 \\ l_1 \sin\varphi + l_2 \sin\delta = l_3 \sin\psi \end{cases} \quad (4.8)$$

因为机构尺寸比例同时放大不影响各构件相对运动关系,为方便计算,令 $l_1 = 1$,代入式(4.8)并移项后得到:

$$\begin{cases} l_2 \cos\delta = l_3 \cos\psi + l_4 - \cos\varphi \\ l_2 \sin\delta = l_3 \sin\psi - \sin\varphi \end{cases} \quad (4.9)$$

将式(4.9)两边平方相加,整理之后消去 δ 得:

$$\cos\varphi = l_3 \cos\psi - \frac{l_3}{l_4}\cos(\psi-\varphi) + \frac{l_4^2 + l_3^2 + 1 - l_2^2}{2l_4} \quad (4.10)$$

代入两连架杆的三组对应转角参数,得到下列方程组,该方程组可用来求 l_2、l_3 和 l_4。

$$\begin{cases} \cos\varphi_1 = l_3 \cos\psi_1 - \dfrac{l_3}{l_4}\cos(\psi_1-\varphi_1) + \dfrac{l_4^2 + l_3^2 + 1 - l_2^2}{2l_4} \\ \cos\varphi_2 = l_3 \cos\psi_2 - \dfrac{l_3}{l_4}\cos(\psi_2-\varphi_2) + \dfrac{l_4^2 + l_3^2 + 1 - l_2^2}{2l_4} \\ \cos\varphi_3 = l_3 \cos\psi_3 - \dfrac{l_3}{l_4}\cos(\psi_3-\varphi_3) + \dfrac{l_4^2 + l_3^2 + 1 - l_2^2}{2l_4} \end{cases} \quad (4.11)$$

例 3.1 已知一四杆机构满足连架杆三组对应位置,如图 4.32 所示,当 $\varphi_1 = 45°$ 时,$\psi_1 = 50°$;当 $\varphi_2 = 90°$ 时,$\psi_2 = 80°$;当 $\varphi_3 = 135°$ 时,$\psi_3 = 110°$。试确定该机构各构件长度。

解:

(1) 由方程(4.11)得:

$$\begin{cases} \cos 45° = l_3 \cos 50° - \dfrac{l_3}{l_4}\cos(50°-45°) + \dfrac{l_4^2 + l_3^2 + 1 - l_2^2}{2l_4} \\ \cos 90° = l_3 \cos 80° - \dfrac{l_3}{l_4}\cos(80°-90°) + \dfrac{l_4^2 + l_3^2 + 1 - l_2^2}{2l_4} \\ \cos 135° = l_3 \cos 110° - \dfrac{l_3}{l_4}\cos(110°-135°) + \dfrac{l_4^2 + l_3^2 + 1 - l_2^2}{2l_4} \end{cases}$$

(2) 解得相对长度为 $l_2 = 1.783$,$l_3 = 1.533$,$l_4 = 1.442$。

（3）选定构件 l_1 的长度之后，可求得其余杆的绝对长度。

用解析法设计四杆机构的优点是能得到较精确的设计结果，便于将机构的设计误差控制在允许的范围之内，缺点是所得方程和计算可能比较复杂。随着数学手段的发展和计算机的普遍应用，解析法的应用会日益广泛。

习 题

1. 何谓曲柄？何谓摇杆？曲柄一定是最短的吗？
2. 请说明压力角、传动角与机构的传力性能之间的关系。
3. 根据图中所注尺寸判断下列铰链四杆机构是曲柄摇杆机构、双曲柄机构，还是双摇杆机构，并说明为什么。

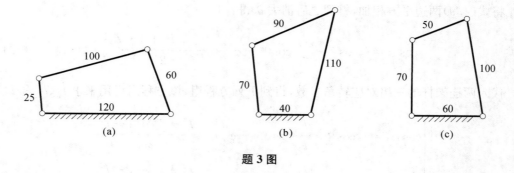

题 3 图

4. 在下面两个图中分别以 AB 和 CD 为主动件画出此时机构的压力角和传动角。

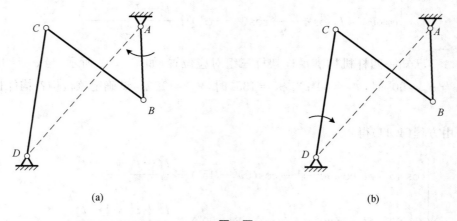

题 4 图

5. 试设计一造型机工作台的翻转机构。已知连杆 BC 的长度，工作台在两极限位置时 B_1 和 B_2 在同一水平线上，要求 A、D 在图示另一水平线上。根据图解法按比例作图设计该机构，并保留作图痕迹。

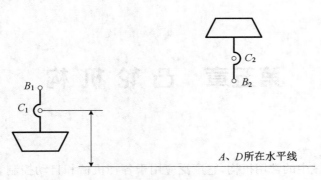

题 5 图

6. 试设计一曲柄摇杆机构。已知摇杆的长度 $l_{CD}=290$ mm,机架的长度 $l_{AD}=230$ mm,摇杆在两个极限位置间的夹角 $\psi=45°$,行程速比系数 $K=1.4$。用图解法按比例作图设计该机构,并求曲柄 l_{AB} 和连杆 l_{BC} 的长度。

第五章 凸轮机构

凸轮机构是机械中的常用机构,它广泛应用于各种机械和自动控制装置中。凸轮机构由凸轮、从动件和机架组成,机构中包含高副,所以凸轮机构也称高副机构。

图5.1所示为内燃机的配气机构,当具有曲线轮廓的凸轮1等速转动时,从动件气阀2通过与凸轮轮廓保持高副接触获得有规律的开启和闭合运动,从而完成配气的动作要求。

图5.2所示为自动机床上控制刀架运动的凸轮机构,当圆柱凸轮1等速转动时,凹槽中的滚子带动从动件2做往复移动,从而实现自动送料。

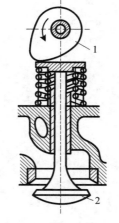

图 5.1 内燃机配气机构

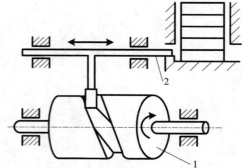

图 5.2 自动机床进给机构

图5.3所示为绕线机中用于排线的凸轮机构,当绕线轴3快速转动时,齿轮带动凸轮1缓慢地转动,通过凸轮轮廓与尖顶A之间的作用,驱使从动件2往复摆动,从而使线均匀地缠绕在绕线轴上。图5.4所示为录音机卷带装置中的凸轮机构,按下放音键时,凸轮1

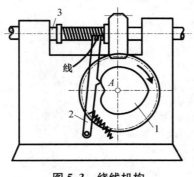

图 5.3 绕线机构

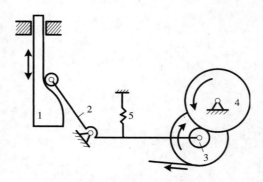

图 5.4 录音机卷带机构

处于图示最低位置,在弹簧 5 的作用下,安装在带轮轴上的摩擦轮 3 紧靠卷带轮 4,从而将磁带卷紧。停止放音时反之。

从上面的例子可见,凸轮机构是将凸轮的转动(或移动)变换成从动件的移动或摆动,并在运动转换中,实现力的传递。凸轮机构的优点是只需设计适当的凸轮轮廓,便可使从动件获得预期的运动规律,且其结构简单、紧凑,工作可靠,容易设计;缺点是凸轮轮廓与从动件之间是高副接触,易磨损,故通常用于传力不大的控制机构。

第一节　凸轮机构的分类

一、按凸轮的形状分类

(1) 盘形凸轮机构:盘形凸轮是凸轮的最基本型式,是具有变化向径并绕其固定轴线转动的盘形构件,如图 5.5(a)所示。

(2) 移动凸轮机构:当盘形凸轮的回转中心趋于无穷远时,即成为移动凸轮,移动凸轮相对机架做往复直线运动,如图 5.5(b)所示。

(3) 圆柱凸轮机构:圆柱凸轮在圆柱面上开有曲线凹槽,或者在圆柱端面上作出曲线轮廓,当凸轮回转时,可使从动件在凸轮的凹槽侧壁或端面曲线轮廓的推动下产生不同的运动规律或得到较大的行程,如图 5.5(c)所示。

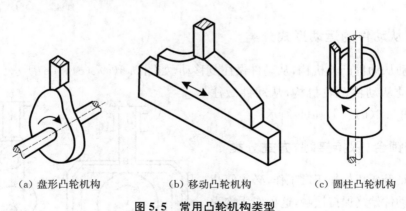

(a) 盘形凸轮机构　　　　(b) 移动凸轮机构　　　　(c) 圆柱凸轮机构

图 5.5　常用凸轮机构类型

二、按从动件的端部形状分类

(1) 尖顶从动件凸轮机构:尖顶从动件以尖顶与凸轮接触,如图 5.6(a)、(b)所示。这种从动件结构简单,尖顶能与任意的凸轮轮廓保持接触,从而保证从动件按预定规律运动,但它易磨损,只适用于受力不大的低速凸轮机构。

(2) 滚子从动件凸轮机构:滚子从动件以铰接的滚子与凸轮接触,如图 5.6(c)、(d)所示。由于滚子与凸轮之间的摩擦为滚动摩擦,磨损小,故滚子从动件可承受较大的载荷,是最常用的一种从动件形式。

(3) 平底从动件凸轮机构:平底从动件以平底与凸轮接触,如图 5.6(e)、(f)所示。平底与凸轮接触处易形成楔形油膜,润滑较好,磨损小,且当不计摩擦时,凸轮对从动件的作用力始终垂直于平底,传动效率较高,故常用于高速凸轮机构,但该从动件不能与内凹的轮廓接触。

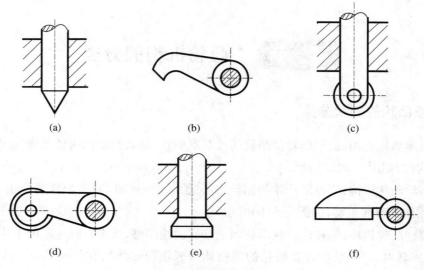

图 5.6 常用从动件类型

三、按从动件的运动形式分类

(1) 直动从动件凸轮机构,从动件做往复移动,如图 5.6(a)、(c)和(e)所示。

(2) 摆动从动件凸轮机构,从动件做往复摆动,如图 5.6(b)、(d)和(f)所示。

四、按锁合(保持接触)方式分类

为了保证凸轮机构能正常工作,必须使凸轮轮廓与从动件始终保持接触,这种作用称为锁合。按锁合方式,凸轮机构分为力锁合凸轮机构和形锁合凸轮机构。力锁合是利用从动件的重力、弹簧力或其他外力使从动件与凸轮保持接触,如图 5.1、图 5.3 和图 5.4 所示。形锁合是靠凸轮与从动件的特殊几何结构保持两者的接触,如图 5.2 和图 5.7 所示。

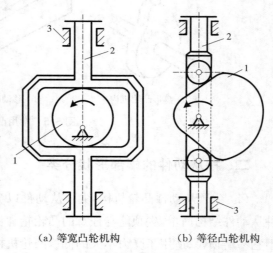

(a) 等宽凸轮机构　　(b) 等径凸轮机构

图 5.7 形锁合

第二节 从动件常用运动规律

一、凸轮机构的工作过程

图 5.8(a)所示为对心尖顶直动从动件盘形凸轮机构,图中以凸轮轮廓的最小半径 r_b 为半径所作的圆称为凸轮的基圆。在图示位置,从动件尖顶与曲轮轮廓上的 A 点(A 点为凸轮轮廓在基圆上的起始点)相接触,该接触点为从动件上升的起始位置。

当凸轮以等角速度 ω 沿顺时针方向转动一周时,凸轮机构经历以下四个过程:

(1) 推程:指从动件尖顶被凸轮轮廓推动,以一定运动规律从离回转中心最近的位置 A 点到达离回转中心最远的位置 B 点的过程,这时从动件移动的距离 h 称为从动件的行程,对应的凸轮转角 δ_0 称为推程运动角。

(2) 远休止:指凸轮继续转动,以 O 点为圆心的圆弧 BC 与尖顶相作用,从动件在最远位置停留不动的过程,对应的凸轮转角 δ_s 称为远休止角。

(3) 回程:指从动件在弹簧力或重力作用下,以一定运动规律沿凸轮轮廓 CD 回到离转动中心 O 最近位置的过程,相应的凸轮转角 δ'_0 称为回程运动角。

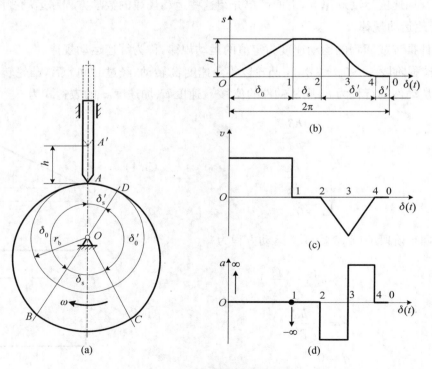

图 5.8 凸轮机构工作过程

(4) 近休止：指凸轮继续转动，以 O 点为圆心的圆弧 DA 与尖顶相作用，从动件在最近位置停留不动，又回到起始位置的过程，对应的凸轮转角 δ'_s 称为近休止角。

凸轮转一周，从动件经历了推程—远休止—回程—近休止四个运动阶段。实际上，根据工作需要从动件运动也可以是一次停歇的或没有停歇的循环。

从动件在推程或回程时，其位移 s、速度 v 和加速度 a 随凸轮转角 δ 变化的规律称为从动件的运动规律。我们常用直角坐标系的纵坐标表示从动件位移 s、速度 v 和加速度 a，横坐标表示凸轮转角 δ。从动件位移 s、速度 v 和加速度 a 与凸轮转角 δ 之间的关系曲线，分别称为从动件的位移线图[图 5.8(b)]、速度线图[图 5.8(c)]以及加速度线图[图 5.8(d)]。位移、速度以及加速度线图统称为运动线图。因凸轮以等角速度转动，所以运动线图中也可以用时间 t 表示横坐标。

由以上分析可知，从动件的运动规律取决于凸轮轮廓曲线的形状，从动件不同的运动规律应与凸轮的轮廓曲线相对应，这就要求凸轮具有不同的轮廓曲线。凸轮机构设计的基本问题是根据工作要求合理地确定从动件的运动规律，并设计凸轮轮廓。

二、常用的从动件运动规律

常用的从动件运动规律有等速运动规律、等加速等减速运动规律、余弦加速度运动规律以及正弦加速度运动规律等，下面简单介绍这些运动规律的数学方程和运动线图。

1. 等速运动规律

从动件推程或回程的运动速度为定值的运动规律，称为等速运动规律。

(1) 推程阶段 ($0 \leqslant \delta \leqslant \delta_0$)，凸轮以等角速度 ω 转动，经过时间 t 后，凸轮转过推程运动角 δ_0，从动件的行程为 h，则从动件的位移 s、速度 v、加速度 a 的表达式为

$$\begin{cases} s = \dfrac{h\delta}{\delta_0} \\ v = \dfrac{h\omega}{\delta_0} \\ a = 0 \end{cases} \quad (5.1)$$

(2) 回程阶段 ($0 \leqslant \delta \leqslant \delta'_0$) 运动方程为

$$\begin{cases} s = h\left(1 - \dfrac{\delta}{\delta'_0}\right) \\ v = -\dfrac{h\omega}{\delta'_0} \\ a = 0 \end{cases} \quad (5.2)$$

这一运动规律的从动件运动线图如图 5.9 所示。由图可知，从动件做等速运动时开始和终止的瞬时，速度有突变，理论

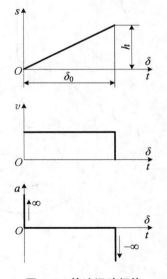

图 5.9 等速运动规律

上加速度和惯性力可以达到无穷大(实际上由于材料的弹性变形,加速度和惯性力不可能达到无穷大),这会导致机构产生强烈的刚性冲击。因此,等速运动只能用于低速、轻载的场合。

2. 等加速等减速运动规律

从动件在一个行程 h 中,前半行程做等加速运动,后半行程做等减速运动,通常加速度和减速度的绝对值相等,因此,从动件做等加速和等减速运动所经历的时间相等。

(1) 推程阶段 ($0 \leqslant \delta \leqslant \delta_0$)

前半段 ($0 \leqslant \delta \leqslant \delta_0/2$) 等加速运动方程为

$$\begin{cases} s = \dfrac{2h\delta^2}{\delta_0^2} \\ v = \dfrac{4h\omega\delta}{\delta_0^2} \\ a = \dfrac{4h\omega^2}{\delta_0^2} \end{cases} \tag{5.3}$$

后半段 ($\delta_0/2 \leqslant \delta \leqslant \delta_0$) 等减速运动方程为

$$\begin{cases} s = h - \dfrac{2h}{\delta_0^2}(\delta_0 - \delta)^2 \\ v = \dfrac{4h\omega}{\delta_0^2}(\delta_0 - \delta) \\ a = -\dfrac{4h\omega^2}{\delta_0^2} \end{cases} \tag{5.4}$$

(2) 回程阶段 ($0 \leqslant \delta \leqslant \delta_0'$)

前半段 ($0 \leqslant \delta \leqslant \delta_0'/2$) 等加速运动方程为

$$\begin{cases} s = h - \dfrac{2h\delta^2}{\delta_0'^2} \\ v = -\dfrac{4h\omega\delta}{\delta_0'^2} \\ a = -\dfrac{4h\omega^2}{\delta_0'^2} \end{cases} \tag{5.5}$$

后半段 ($\delta_0'/2 \leqslant \delta \leqslant \delta_0'$) 等减速运动方程为

$$\begin{cases} s = \dfrac{2h}{\delta_0'^2}(\delta_0' - \delta)^2 \\ v = -\dfrac{4h\omega}{\delta_0'^2}(\delta_0' - \delta) \\ a = \dfrac{4h\omega^2}{\delta_0'^2} \end{cases} \tag{5.6}$$

从图 5.10 可知,从动件加速度曲线是水平直线,速度曲线是斜直线,而位移曲线是两段在行程中点处相连的抛物线。从动件速度曲线是连续的,不会出现刚性冲击,但在运动的起点、中点和终点处,加速度发生有限值的突变,这会引起惯性力的相应变化,在机构中会引起柔性冲击。因此,这种运动规律只适用于中速、轻载的场合。

3. 余弦加速度运动规律

在一个行程中,余弦加速度运动规律的加速度曲线为半个周期的余弦曲线,余弦加速度运动规律也称为简谐运动规律,其从动件的位移、速度和加速度的表达式如下:

(1) 推程阶段 ($0 \leqslant \delta \leqslant \delta_0$)

$$\begin{cases} s = \dfrac{h}{2}\left[1 - \cos\left(\dfrac{\pi\delta}{\delta_0}\right)\right] \\ v = \dfrac{\pi h \omega}{2\delta_0}\sin\left(\dfrac{\pi\delta}{\delta_0}\right) \\ a = \dfrac{\pi^2 h \omega^2}{2\delta_0^2}\cos\left(\dfrac{\pi\delta}{\delta_0}\right) \end{cases} \quad (5.7)$$

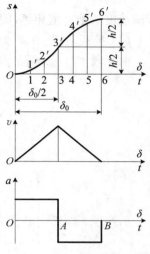

图 5.10 等加速等减速运动规律

(2) 回程阶段 ($0 \leqslant \delta \leqslant \delta_0'$)

$$\begin{cases} s = \dfrac{h}{2}\left[1 + \cos\left(\dfrac{\pi\delta}{\delta_0'}\right)\right] \\ v = -\dfrac{\pi h \omega}{2\delta_0'}\sin\left(\dfrac{\pi\delta}{\delta_0'}\right) \\ a = -\dfrac{\pi^2 h \omega^2}{2{\delta_0'}^2}\cos\left(\dfrac{\pi\delta}{\delta_0'}\right) \end{cases} \quad (5.8)$$

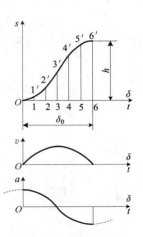

图 5.11 余弦加速度运动规律

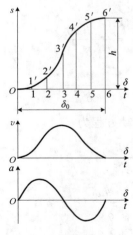

图 5.12 正弦加速度运动规律

从动件按余弦加速度规律运动时,在运动的起点和终点加速度存在有限值突变,这也将导致机构产生柔性冲击。余弦加速度运动适用于中速场合。但对于升—降—升运动的凸轮机构,从动件加速度曲线会变成连续曲线而无柔性冲击,这样的从动件可用于高速场合。

4. 正弦加速度运动规律

当一个周长为 h 的滚圆沿纵轴匀速纯滚动时,圆周上一点 A 的轨迹为摆线。摆线运动过程中 A 点在纵轴上投影就构成正弦加速度运动规律,也称为摆线运动规律。

(1) 推程阶段 ($0 \leqslant \delta \leqslant \delta_0$)

$$\begin{cases} s = h\left[\dfrac{\delta}{\delta_0} - \dfrac{1}{2\pi}\sin\left(\dfrac{2\pi\delta}{\delta_0}\right)\right] \\ v = \dfrac{h\omega}{\delta_0}\left[1 - \cos\left(\dfrac{2\pi\delta}{\delta_0}\right)\right] \\ a = \dfrac{2\pi h\omega^2}{\delta_0^2}\sin\left(\dfrac{2\pi\delta}{\delta_0}\right) \end{cases} \quad (5.9)$$

(2) 回程阶段 ($0 \leqslant \delta \leqslant \delta_0'$)

$$\begin{cases} s = h\left[1 - \dfrac{\delta}{\delta_0'} + \dfrac{1}{2\pi}\sin\left(\dfrac{2\pi\delta}{\delta_0'}\right)\right] \\ v = -\dfrac{h\omega}{\delta_0'}\left[1 - \cos\left(\dfrac{2\pi\delta}{\delta_0'}\right)\right] \\ a = -\dfrac{2\pi h\omega^2}{\delta_0'^2}\sin\left(\dfrac{2\pi\delta}{\delta_0'}\right) \end{cases} \quad (5.10)$$

从动件按正弦加速度规律运动时,在全行程中无速度和加速度的突变,不会产生冲击。因此,正弦加速度运动适用于高速场合。

以上所述的常用的从动件运动规律可以满足一般的工作要求,但当工作要求比较苛刻或比较特殊时,则需要用到高次多项式运动规律,或将几种常用运动规律组合起来的组合运动规律。

第三节　盘形凸轮轮廓曲线设计

凸轮机构设计的主要任务是凸轮轮廓曲线的设计,当根据工作要求选定了从动件的运动规律之后,便可初步确定凸轮的基圆半径 r_b,然后绘制凸轮轮廓。凸轮轮廓曲线的设计有两种方法:图解法和解析法。图解法直观,概念清晰,简便易行。解析法精度高,但计算较复杂,一般用于要求较高的凸轮设计。由于图解法有利于读者对凸轮轮廓曲线设计原理的理解,所以本节主要讨论图解法,对解析法仅作一般介绍。

一、凸轮轮廓设计的基本原理

图 5.13 所示为一对心直动尖顶从动件盘形凸轮机构。凸轮机构工作时凸轮是运动的,而绘制凸轮轮廓时却需要凸轮与图纸相对静止。为此,现设想给整个凸轮机构(凸轮、从动件、导路)加上一个公共角速度($-\omega$),使其绕轴心 O 点反向转动。这时凸轮与从动件的相对运动不变,但凸轮将静止不动,而从动件一方面随导路以角速度 $-\omega$ 绕轴心 O 点转动,另一方面又按原

来的运动规律相对于导路做往复移动。由于从动件尖顶始终与凸轮轮廓接触,从动件在这种复合运动过程中,其尖顶的运动轨迹就是凸轮轮廓曲线。这就是凸轮轮廓曲线设计方法的反转法原理。下面介绍运用反转法设计凸轮轮廓的具体方法。

二、图解法设计凸轮轮廓

1. 对心直动尖顶从动件盘形凸轮轮廓的设计

已知从动件的位移线图如图 5.14(a)所示,其中凸轮的基圆半径为 r_b,凸轮以等角速度 ω 沿顺时针方向回转,设计该凸轮的轮廓曲线。

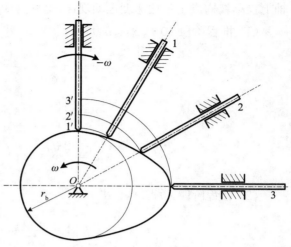

图 5.13 反转法原理

作图步骤如下:

(1) 画位移线图:按给定的运动规律选长度比例尺和角度比例尺,画出从动件位移线图,将线图中的推程运动角 δ_0 和回程运动角 δ_0' 分成若干等份。如已知位移线图,则等分推程和回程运动角。

(2) 画基圆并确定从动件尖顶的起始位置:选取与位移线图相同的比例尺 μ_l,任选一点 O 为圆心,以 r_b 为半径作出基圆,过 O 点画从动件导路,它们的交点 B_0 为从动件尖顶的初始位置。

(3) 画反转过程中从动件的导路位置:在基圆上,自 OB_0 开始,沿 $(-\omega)$ 方向,依次取角度 δ_0、δ_s、δ_0' 和 δ_s',并将角度 δ_0 和 δ_0' 分成与位移线图上对应的若干相同等份,从而在基圆上得相应的等分点 B_1',B_2',…,B_{11}'。

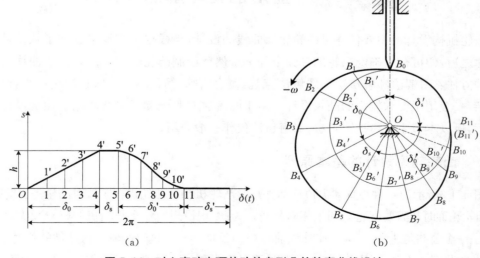

图 5.14 对心直动尖顶从动件盘形凸轮轮廓曲线设计

(4) 确定从动件尖顶的位置：连接 OB_1'，OB_2'，OB_3'，…并延长各向径，取 $B_1B_1'=11'$，$B_2B_2'=22'$，$B_3B_3'=33'$，…便可得到机构反转后从动件尖顶一系列位置。

(5) 画凸轮轮廓曲线：先分别将点 B_0，B_1，…，B_4 和 B_5，B_6，…，B_{11} 连成光滑曲线，然后再将点 B_4 和 B_5 以及点 B_{11} 和 B_0 分别以 O 为圆心的圆弧相连，这条封闭的曲线即为所求的凸轮轮廓。

该凸轮的轮廓曲线如图 5.14(b) 所示。

2. 对心直动滚子从动件盘形凸轮轮廓的设计

已知某凸轮从动件的位移线图、凸轮的基圆半径 r_b、滚子半径 r_r，该凸轮以等角速度 ω 沿顺时针方向回转，设计该凸轮的轮廓曲线。

对于滚子从动件凸轮机构，工作时滚子中心始终与从动件保持相同的运动规律，而滚子与凸轮轮廓接触点到滚子中心的距离始终等于滚子半径 r_r。参考图 5.15，作图步骤如下：

(1) 将滚子中心当作尖顶从动件的尖顶，按尖顶从动件盘形凸轮轮廓的作图法，作出一条轮廓曲线 β（称为理论轮廓曲线）。

(2) 以理论轮廓曲线上各点为圆心，滚子半径 r_r 为半径画一系列圆，再作这一系列圆的内包络线 β'（包络线是指与所有滚子圆都相切的曲线），该包络线即为凸轮的实际轮廓曲线。

由作图过程可知，凸轮的基圆半径是指凸轮的理论轮廓线上的最小向径。凸轮的实际轮廓线与理论轮廓线互为等距曲线，应注意是在滚子与实际轮廓接触点的法线方向等距，其距离为滚子半径，而不是在导路方向等距。

3. 对心直动平底从动件盘形凸轮轮廓的设计

已知条件与前文中尖顶从动件的相同，设计该凸轮的轮廓曲线。

平底从动件盘形凸轮实际轮廓的求法与滚子从动件盘形凸轮实际轮廓的求法相似，参考图 5.16，作图步骤如下：

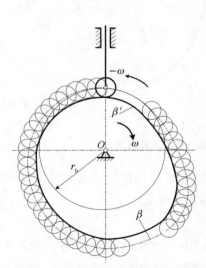

图 5.15 对心直动滚子从动件盘形凸轮轮廓曲线设计

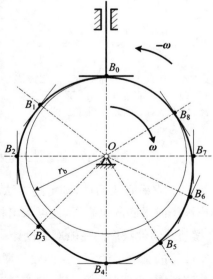

图 5.16 对心直动平底从动件盘形凸轮轮廓曲线设计

（1）将从动件平底和从动件导杆的交点 B_0 看作尖顶从动件的尖顶。然后按照尖顶从动件盘形凸轮轮廓的作图法确定凸轮理论轮廓曲线上一系列点 B_1，B_2，…。

（2）通过 B_1，B_2，…作一系列代表从动件平底的位置线（平底与从动件导杆垂直或成某一角度），再作这一系列平底位置线的包络线，即得凸轮的实际轮廓曲线。

4. 偏置直动尖顶从动件盘形凸轮轮廓的设计

当凸轮机构的结构不允许从动件轴线通过凸轮轴心，或者为了获得较小的机构尺寸时，可采用偏置从动件盘形凸轮机构。如图 5.17(b) 所示，从动件导路的轴线与凸轮轴心 O 点的距离为 e，这一距离称为偏距。从动件在反转运动中依次占据的位置，不再是由凸轮回转轴心 O 点作出的径向线，而是始终与 O 点保持一偏距 e 的直线。因此，若以凸轮回转中心 O 点为圆心，以偏距 e 为半径作偏距圆，则从动件在反转运动中依次占据的位置必然与偏距圆相切，从动件的位移（B_1C_1，B_2C_2，…）也应从这些切线与基圆的交点起始，并在这些切线上量取，这也是与对心移动从动件不同的地方。其余的作图步骤则与尖底对心移动从动件凸轮轮廓曲线的作法相同。

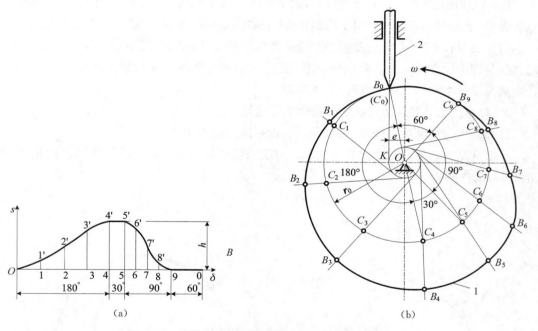

图 5.17 偏置直动尖顶从动件盘形凸轮轮廓曲线设计

若为滚子或平底从动件，则上述方法求得的轮廓曲线即是其理论轮廓曲线，只要如前所述作出滚子或平底的包络线，便可求出相应的实际轮廓曲线。

5. 摆动从动件盘形凸轮轮廓的设计

已知凸轮的基圆半径为 r_b，凸轮与摆动从动件的中心距为 L_{OD}，从动件的长度为 L_{BD}，从动件位移线图（由于从动件是摆动的，故位移用角度表示）如图 5.18(a) 所示，绘制一尖顶摆动从动件盘形凸轮的轮廓曲线。

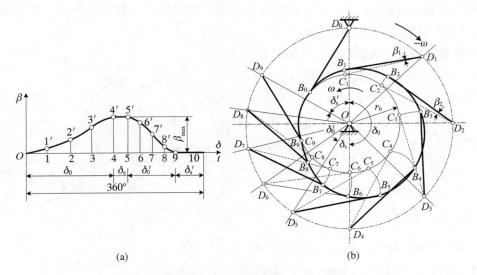

图 5.18 摆动从动件盘形凸轮轮廓曲线设计

根据反转法原理,设凸轮以等角速度 ω 沿逆时针方向回转,给整个机构加上绕凸轮轴心 O 的公共角速度 $-\omega$ 后,凸轮固定不动,从动件一方面随同机架 OD 以角速度 $-\omega$ 绕 O 点转动,同时又以原有的运动规律相对机架的 D 点往复摆动。因此,凸轮轮廓曲线可按下述步骤绘制:

(1) 根据给定的中心距定出 O 点与 D_0 点的位置,以 O 点为圆心、r_b 为半径作基圆,再以 D_0 点为圆心、L_{BD} 为半径作圆弧交基圆于点 B_0,该点便是从动件尖顶的初始位置。

(2) 将位移线图 β-δ 的推程运动角和回程运动角分别作若干等分(图中各为四等分)。

(3) 以 O 为圆心、L_{OD} 为半径作圆,自 OD_0 开始,沿 $-\omega$ 的方向取推程运动角、远休止角、回程运动角、近休止角,并将推程运动角和回程运动角分成与图 5.18(a) 对应的等分,得 D_1,D_2,D_3,… 若干等分点。它们就是反转后从动件转轴 D 的一系列位置。

(4) 以 D_1,D_2,D_3,… 点为圆心,L_{BD} 为半径作圆弧,交基圆于 C_1,C_2,C_3,… 点,分别作 $\angle C_1 D_1 B_1$,$\angle C_2 D_2 B_2$,$\angle C_3 D_3 B_3$,…,使它们等于图 5.18(a) 中对应的角位移,得从动件反转后的一系列位置 $B_1 D_1$,$B_2 D_2$,$B_3 D_3$,…。

(6) 将点 B_1,B_2,B_3,… 连成光滑曲线,即得所求的凸轮轮廓曲线,如图 5.18(b) 所示。

与直动从动件同理,若采用滚子或平底从动件,则上述的凸轮轮廓为理论轮廓,在此轮廓上作一系列滚子或平底,然后作它们的包络线便可求得对应的凸轮实际轮廓。

三、解析法设计凸轮轮廓

用解析法设计凸轮,首先要建立凸轮轮廓曲线的数学方程式,然后根据方程准确地计算出凸轮轮廓曲线上各点的坐标值。解析法不仅具有精度高、速度快、易实现、可视化等优点,更便于凸轮在数控机床上的加工,有利于实现 CAD/CAM 一体化。下面主要介绍直动从动件盘形凸轮轮廓的解析法设计。

1. 偏置直动滚子从动件盘形凸轮机构

图 5.19 所示为一偏置直动滚子从动件盘形凸轮机构,选取直角坐标系 xOy,B_0 为从动件处于起始位置时滚子中心所处的位置,凸轮转过 δ 角后,根据反转法原理,从动件(滚子中心)到达的反转位置为 B 点。该位置的向径矢量方程为

$$\vec{r} = \overrightarrow{OK} + \overrightarrow{KB} = e + (s_0 + s)$$

将该方程向 x 轴、y 轴投影,得到 B 点的直角坐标值,也就是凸轮的理论廓线方程:

$$\begin{cases} x = e\cos\delta + (s_0 + s)\sin\delta \\ y = e\sin\delta + (s_0 + s)\cos\delta \end{cases} \quad (5.11)$$

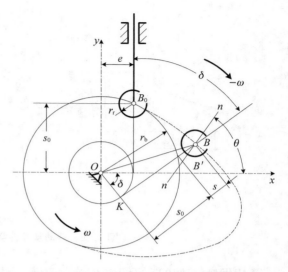

图 5.19 偏置直动滚子从动件盘形凸轮机构

式中 e 为偏距,$s_0 = \sqrt{r_b^2 - e^2}$。

该位置处的实际轮廓点 B' 位于过滚子与实际轮廓接触点的法线方向上,若设此时法线与 x 轴间的夹角为 θ,实际廓线方程可写为

$$\begin{cases} x' = x \mp r_r\cos\theta \\ y' = y \mp r_r\sin\theta \end{cases} \quad (5.12)$$

式中"+"为外包络,"-"为内包络。

由高等数学可知,理论轮廓线 B 点处的法线 n-n 的斜率与切线斜率互为负倒数,应为

$$\tan\theta = -\frac{dx}{dy} = -\frac{dx/d\delta}{dy/d\delta} = \frac{\sin\theta}{\cos\theta}$$

则

$$\begin{cases} \sin\theta = \dfrac{dx/d\delta}{\sqrt{(dx/d\delta)^2 + (dy/d\delta)^2}} \\ \cos\theta = -\dfrac{dy/d\delta}{\sqrt{(dx/d\delta)^2 + (dy/d\delta)^2}} \end{cases} \quad (5.13)$$

式中 $dx/d\delta$ 和 $dy/d\delta$ 由式(5.11)求导得到。

将式(5.13)代入式(5.12)即可得凸轮实际廓线。

2. 直动平底从动件盘形凸轮机构

图 5.20 为直动平底从动件盘形凸轮机构，选取直角坐标系 xOy，当凸轮转角为 δ 时，从动件的位移为 s，根据反转法可知，此时从动件平底与凸轮在 B 点相切。由瞬心概念可知，此时凸轮与从动件的相对瞬心在 P 点，故推杆的速度为

$$v = v_P = l_{OP} \cdot \omega$$

$$l_{OP} = \frac{v}{\omega} = \frac{\mathrm{d}s}{\mathrm{d}\delta} \tag{5.14}$$

B 点的向径矢量方程为

$$\boldsymbol{r} = \overrightarrow{OP} + \boldsymbol{s}_0 + \boldsymbol{s}$$

将该方程向 x 轴、y 轴投影，得到 B 点的直角坐标值，也就是凸轮的实际廓线方程：

$$\begin{cases} x = (s_0 + s)\sin\delta + l_{OP}\cos\delta \\ y = (s_0 + s)\cos\delta - l_{OP}\sin\delta \end{cases} \tag{5.15}$$

式中 $s_0 = r_b$。

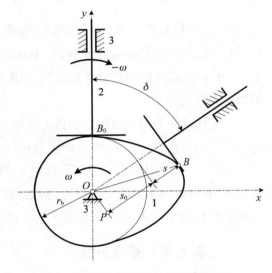

图 5.20 直动平底从动件盘形凸轮机构

第四节 凸轮机构的基本尺寸要求

凸轮机构的尺寸参数包括基圆半径 r_b、偏距 e、滚子半径 r_r 等，应合理选择这些参数，使从动件能准确地实现预期的运动规律，并使机构具有良好的受力状况和紧凑的尺寸。

一、压力角及许用值

对于图 5.21 所示的凸轮机构，若不计摩擦，凸轮作用于从动件的推力 F_n 是沿接触点 B 的法线 n-n 方向的。力 F_n 与从动件的运动方向 v_2 之间所夹的锐角称为凸轮机构在该位置的压力角，用 α 表示。显然凸轮轮廓线上不同位置的压力角是不同的。

法向力 F_n 可分解为沿导路方向的有效分力 F_y 和垂直于导路方向上有害分力 F_x，F_y 是推动从动件运动的力，它除了要克服作用于从动件上的工作阻力 F_Q 外，还需克服导路对从动件的摩擦阻力 F_f，而这个摩擦阻力是由 F_x 引起

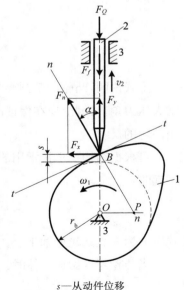

s—从动件位移

图 5.21 凸轮机构的压力角

的。各力之间存在以下关系：

$$\begin{cases} F_y = F_n \cos\alpha \\ F_x = F_n \sin\alpha \\ F_f = F_x f = fF_n \sin\alpha \end{cases} \quad (5.16)$$

由上式可知，在 F_n 一定的情况下，随着压力角的增大，F_y 逐渐减小，而 F_x 逐渐增大，当 F_x 增大到一定程度时，有效分力 F_y 不足以克服摩擦阻力，这时，无论凸轮给从动件的驱动力 F_n 有多大，都不能使从动件运动，这种现象称为机构的自锁。因此，压力角的大小反映了机构传力性能的好坏。

为了使凸轮机构具有较好的传力性能，必须限制凸轮机构的最大压力角 α_{max}，使其不超过许用压力角 $[\alpha]$。根据工程实践的经验，推荐：推程时，对于直动从动件，取 $[\alpha] = 30°\sim 40°$；对摆动从动件，取 $[\alpha] = 40°\sim 50°$。回程时，由于从动件在弹簧力、重力等的作用下返回，且行程大多是空回行程，所以，回程许用压力角可以大一些，但压力角也不能太大而使回程曲线太陡，从而产生过大的惯性力和冲击，常取 $[\alpha] = 70°\sim 80°$。

二、压力角与基圆半径

由图 5.21 可得到基圆半径与凸轮机构的压力角的关系，图中 P 点是凸轮和从动件的瞬心，由式(5.14)和 $\triangle OBP$ 可得

$$\tan\alpha = \frac{l_{OP}}{r_b + s} = \frac{ds/d\delta}{r_b + s} \quad (5.17)$$

所以

$$r_b = \frac{ds/d\delta}{\tan\alpha} - s \quad (5.18)$$

上式说明，凸轮的基圆半径与压力角大小成反比。如果要减小凸轮的基圆半径，就要增大压力角。因此，应在保证凸轮轮廓的最大压力角 α_{max} 不超过许用值的前提下，考虑减小凸轮的尺寸。

可根据结构要求按常用的经验公式确定凸轮基圆半径，当凸轮与轴分开加工并装配在一起时：

$$r_b \geqslant 1.8r + (7\sim 10)\text{ mm} \quad (5.19)$$

式中 r 为安装凸轮处轴半径。

当凸轮与轴做成一体时：

$$r_b \geqslant r + (7\sim 10)\text{ mm} \quad (5.20)$$

三、滚子半径的选择

在凸轮理论轮廓确定之后，滚子半径的选取对凸轮的实际轮廓有很大影响，应合理选择滚子半径。如图 5.22 所示，设 ρ 为凸轮理论轮廓外凸的最小曲率半径，ρ' 为凸轮实际轮廓的曲率半径。下面讨论滚子半径 r_r 与凸轮轮廓曲线形状的关系。

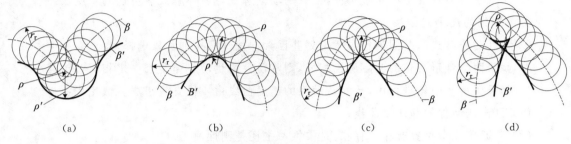

图 5.22　滚子半径的确定

(1) 当凸轮理论轮廓为内凹曲线时，实际轮廓曲线的曲率半径 $\rho' = \rho + r_r$，此时不管滚子半径为多大均可作出实际廓线，如图 5.22(a) 所示。

(2) 当凸轮理论轮廓为外凸曲线时，实际轮廓曲线的曲率半径 $\rho' = \rho - r_r$。当 $\rho - r_r > 0$ 时，则 $\rho' > 0$，实际轮廓曲线为一平滑曲线，如图 5.22(b) 所示；当 $\rho - r_r = 0$ 时，$\rho' = 0$，实际轮廓曲线上会出现尖点，尖点极易磨损，磨损后就会使原定从动件的运动规律发生改变，如图 5.22(c) 所示；当 $\rho - r_r < 0$ 时，则 $\rho' < 0$，作图时实际轮廓曲线将出现交叉现象。交叉点以外的轮廓曲线在实际加工时将被切除，故这一部分运动规律无法实现，这会导致从动件运动失真，如图 5.22(d) 所示。

综上所述，为了使凸轮轮廓曲线在任何位置不变尖，也不交叉，在设计时，必须使滚子半径小于理论轮廓曲线外凸部分的最小曲率半径 ρ_{min}。设计时建议取 $r_r \leqslant 0.8\rho_{min}$。

若 ρ_{min} 过小，则按上述条件选择的滚子半径太小，若不能满足安装和强度条件，可将凸轮基圆半径加大，重新设计凸轮轮廓。

四、平底宽度的选择

由图 5.16 可以看出，平底与实际轮廓曲线的切点是随机构的位置而变化的，为保证在所有位置从动件平底都能与凸轮轮廓曲线相切，凸轮的所有轮廓曲线必须都是外凸的，并且平底左右两侧的宽度应分别大于导路至左右两侧最远切点的距离。此外，基圆太小也会使平底从动件运动失真。图 5.23 所示为位移线图相同、基圆大小不同情况

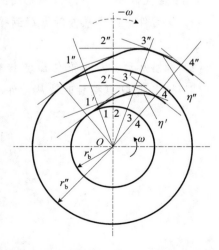

图 5.23　平底从动件盘形凸轮的运动失真

下绘出的两条实际轮廓,由图可见,以基圆半径 r_b' 绘制的实际轮廓 η' 不能和 $2'$ 处的平底相切,导致运动失真。加大基圆半径为 r_b'' 时,便可保证实际轮廓 η'' 与各个位置的平底相切。

习 题

1. 在滚子从动件盘形凸轮机构中,凸轮的理论廓线与实际廓线有何区别?基圆半径是指哪一条廓线的最小向径?
2. 设计凸轮时选取基圆半径应考虑哪些因素?按什么原则加以选择?
3. 如果两个盘形凸轮的实际廓线相同,则从动件的运动规律是否一定相同?为什么?
4. 如下图所示凸轮机构中,已知从动件的速度曲线由 4 段直线组成。试完成:
(1) 画出从动件的加速度曲线;
(2) 判断哪几个位置有冲击存在,是柔性冲击还是刚性冲击。

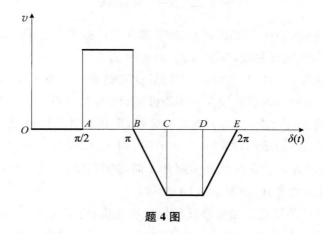

题 4 图

5. 凸轮机构如下图所示,试完成:
(1) 从动件与凸轮从接触点 C 到接触点 D 时,凸轮会转过一定角度,标出该凸轮转过的转角 φ;
(2) 标出从动件与凸轮在 D 点接触时的压力角 α;
(3) 标出在 D 点接触时的从动件的位移 s。

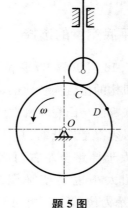

题 5 图

6. 在图示对心直动滚子从动件盘形凸轮机构中，凸轮的实际廓线为一个圆，圆心在 A 点，半径 $R=45$ mm，凸轮绕轴心线往逆时针方向转动，O 点到 A 点的距离为 30 mm，滚子半径 $r_r=10$ mm。试问：

(1) 该凸轮的理论廓线为何种廓线？

(2) 基圆半径 r_b 为多少？

(3) 从动件的行程 h 为多少？

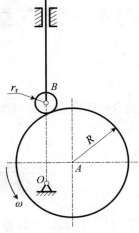

题 6 图

7. 下图所示为三种类型的凸轮机构，试完成：

(1) 当图(a)中的凸轮由图示位置转过 40° 后，用作图法确定从动件 2 的位移。

(2) 画出图(b)中凸轮的理论廓线和基圆，并确定此瞬时的压力角 α。

(3) 标出图(c)中凸轮的基圆半径，凸轮处于图示位置时推杆的位移 s，凸轮转角 δ（设推杆开始上升时 $\delta=0°$），以及传动角 γ。

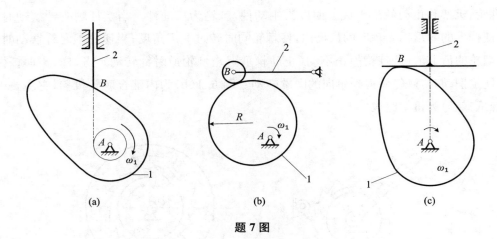

题 7 图

第六章　其他常见机构

本章主要介绍两类典型的间歇运动机构和常见的螺旋传动机构。

第一节　间歇运动机构

在机械系统中,特别是在各种自动和半自动机械中,常需要把原动件的连续运动变为从动件的周期性间歇运动,实现这种间歇运动的机构称为间歇运动机构,例如机床的进给机构、分度机构、自动进料机构,电影机的卷片机构和计数器的进位机构等。间歇运动机构的种类很多,本节将介绍棘轮机构、槽轮机构、凸轮式间歇运动机构和不完全齿轮机构。

一、棘轮机构

图 6.1 所示为基本形式的棘轮机构。图 6.1(a)为外啮合棘轮机构,它主要由摆杆、棘爪、棘轮、机架和止动棘爪组成。摆杆为主动件,棘轮为从动件。当摆杆顺时针摆动时,铰接在摆杆上的棘爪插入棘轮的齿槽内,使棘轮同时转过一定角度;当逆杆顺时针摆动时,棘爪在棘轮的齿上滑过,棘轮静止不动(止动棘爪阻止棘轮逆时针转动)。这样,当摆杆做连续的往复摆动时,棘轮便得到单向的间歇转动。图 6.1(b)为内啮合棘轮机构,它主要由摆杆、棘爪、棘轮和机架组成。

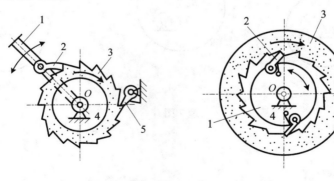

(a) 外啮合棘轮机构　　(b) 内啮合棘轮机构

1—摆杆;2—棘爪;3—棘轮;4—机架;5—止动棘爪

图 6.1　棘轮机构的基本形式

1. 棘轮机构的分类

常见的棘轮机构可分为齿啮式棘轮机构和摩擦式棘轮机构两大类。

(1) 齿啮式棘轮机构

这种机构是靠棘爪和棘轮齿啮合传动,转角只能有级调节。根据棘轮机构的运动情况,齿啮式棘轮机构可分为:

① 单动式棘轮机构,如图 6.1 所示,当主动摆杆往复摆动一次,棘轮只能单向间歇地转过某一角度。

② 双动式棘轮机构,如图 6.2 所示,其特点是主动摇杆往复摆动时能使棘轮沿同一方向做间歇运动,但每次停歇时间很短,棘轮每次的转角很小。这种机构的棘爪可制成平头撑杆[图 6.2(a)]或钩头拉杆[图 6.2(b)]。

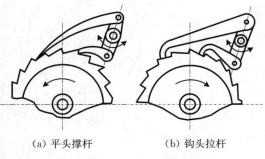

(a) 平头撑杆　　　(b) 钩头拉杆

图 6.2　双动式棘轮机构

③ 可变向棘轮机构,其棘轮齿形可为对称梯形或矩形。图 6.3(a)所示可变向棘轮机构的棘轮齿形为对称梯形,其棘爪也是对称的,并且可以绕轴线 A 翻转。当棘爪在实线位置时,主动摇杆与棘爪将使棘轮向逆时针方向做间歇运动;当棘爪翻转到虚线位置时,主动摇杆与棘爪将使棘轮向顺时针方向做间歇运动。

图 6.3(b)所示可变向棘轮机构的棘爪为矩形,棘爪背面为斜面。当棘爪处在图示位置时,棘轮将向逆时针方向做单向间歇运动;若将棘爪提起并绕其轴线转 180°后放下,则能使棘轮向顺时针方向做单向间歇运动;若将棘爪提起并绕其轴线转 90°使棘爪搁置在壳体的平台上,则棘爪和棘轮脱开,主动摇杆往复摆动时棘轮静止不动。

(2) 摩擦式棘轮机构

图 6.4 所示为摩擦式棘轮机构,它是靠棘爪 2 和棘轮 3 之间的摩擦力来传递运动的,摩擦式棘轮机构又可分为外啮合式和内啮合式两种,棘轮转角可作无级调节。这种摩擦式棘轮机构在传动中很少发出噪声,但其接触表面间容易发生滑动。为了增加摩擦力,一般将棘轮做成槽形,使棘爪嵌在棘轮槽内。

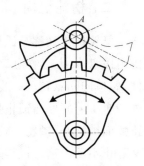

(a) 对称梯形齿形

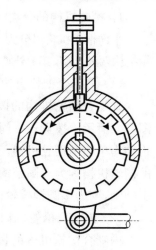

(b) 矩形齿形

图 6.3　可变向棘轮机构

2. 棘轮机构的特点和应用

棘轮机构结构简单、制造方便、运动可靠,并且棘轮的转角可以根据需要进行调节,这些优点使其在各类机械中有较广泛的应用。但是棘轮机构传力小,工作时有冲击和噪声。因此,棘轮机构只适用于转速不高、转角不大及小功率的场合。棘轮机构在生产中可满足送进、制动、超越和转位分度等要求。

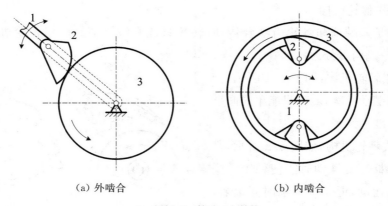

（a）外啮合　　　　　　　（b）内啮合

1—摇杆；2—棘爪；3—棘轮

图 6.4　摩擦式棘轮机构

二、槽轮机构

槽轮机构又称马氏机构，有外接和内接两种形式，如图 6.5 和图 6.6 所示。槽轮机构主要由拨盘 1、从动槽轮 2 和机架组成。拨盘 1 为主动件，一般做等速转动。槽轮 2 为从动件，做单向间歇转动。当拨盘 1 的圆柱销未进入槽轮的径向槽时，槽轮 2 内凹锁止弧面 S_2 被拨盘 1 上的外凸锁止弧面 S_1 卡住，槽轮 2 静止不动；当圆柱销进入槽轮 2 的径向槽时，锁止弧面被松开，槽轮 2 转动直到圆柱销退出径向槽，此时，下一个锁止弧面又被卡住，槽轮 2 又静止不动。这一过程实现了将主动拨盘的连续转动转换为从动槽轮间歇转动的功能。

1. 槽轮机构的分类

平面槽轮机构可分为外啮合槽轮机构和内啮合槽轮机构两种类型，其中外啮合槽轮机构应用比较广泛。

（1）外啮合槽轮机构

外啮合槽轮机构的拨盘与槽轮的转向相反，如图 6.5 所示。拨盘转一周槽轮只转动一次的槽轮机构称为单圆销槽轮机构。拨盘转一周槽轮转动两次的槽轮机构称为双圆销槽轮机构。若槽轮机构有多个圆销，则为多圆销槽轮机构。

（2）内啮合槽轮机构

内啮合槽轮机构的拨盘与槽轮的转向相同，槽轮停歇时间较短，传动较平稳，机构空间尺寸小，如图 6.6 所示。

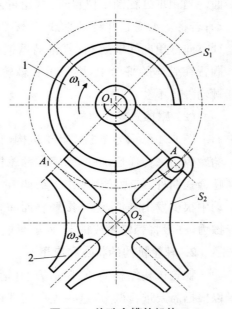

图 6.5　外啮合槽轮机构

2. 槽轮机构的特点和应用

槽轮机构的优点是结构简单、工作可靠、机械效率高、能准确控制转角；缺点是制造与装配精度要求高，转角大小不能调节，槽轮在开始转动和停止时加速度变化大，存在柔性冲击，且冲击随着转速的增加或槽数的减少而加剧。故槽轮机构不适用于高速的场合。

三、凸轮式间歇运动机构

1. 凸轮式间歇运动机构的组成和工作原理

图 6.6　内啮合槽轮机构

凸轮式间歇运动机构一般由主动凸轮、从动转盘和机架组成。图 6.7 所示为圆柱凸轮间歇运动机构，其主动凸轮 1 的圆柱面上有一条两端开口不闭合的曲线沟槽（或凸脊），从动转盘 2 的端面上有均匀分布的圆柱销 3。凸轮转动时，其曲线沟槽（或凸脊）拨动从动转盘 2 上的圆柱销，使从动转盘 2 做间歇运动。图 6.8 所示为蜗杆凸轮间歇运动机构，其主动凸轮 1 上有一条凸脊，犹如圆弧面蜗杆，从动转盘 2 的圆柱面上均匀分布有圆柱销 3，犹如蜗轮的齿。蜗杆凸轮转动时，将通过转盘上的圆柱销推动从动转盘 2 做间歇运动。

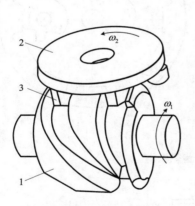
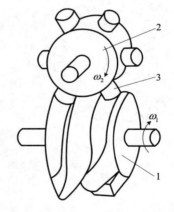

图 6.7　圆柱凸轮间歇运动机构　　图 6.8　蜗杆凸轮间歇运动机构

2. 凸轮式间歇运动机构的特点和应用

凸轮式间歇运动机构的优点是结构简单、运转可靠、转位精确，无须专门的定位装置，易实现不同的动程和动停比要求。通过适当选择从动件的运动规律和合理设计凸轮的轮廓曲线，可减小动载荷和避免冲击，以适应高速运转的要求，这是凸轮式间歇运动机构不同于棘轮机构、槽轮机构的最突出优点。

凸轮式间歇运动机构的主要缺点是精度要求较高，加工比较复杂，安装调整比较困难。凸轮式间歇运动机构在轻工机械、冲压机械等高速机械中常用作高速、高精度的步进进给、分度转位等机构。例如，其可用于高速压力机、多色印刷机、包装机、折叠机等。

四、不完全齿轮机构

不完全齿轮机构是从一般的渐开线齿轮机构演变而来的,与一般齿轮机构相比,最大区别在于不完全齿轮机构的轮齿不布满整个圆周。如图6.9所示,主动轮1上有1个或几个轮齿,其余部分为外凸锁止弧,从动轮2上与主动轮轮齿相应的齿间和内凹锁止弧相间布置。在不完全齿轮机构中,主动轮1连续转动,当轮齿进入啮合时,从动轮2开始转动,主动轮1上的轮齿退出啮合时,由于两轮的凸、凹锁止弧的定位作用,从动轮2可靠停歇,从而实现从动轮2的间歇转动。在图6.9(a)所示的外啮合不完全齿轮机构中,主动轮上有3个轮齿,从动轮上有6段轮齿和6个内凹圆弧相间分布,每段轮齿上有3个齿间与主动轮相啮合。当主动轮转动一周时,从动轮转动角度 $\alpha = 60°$。

不完全齿轮机构可分为外啮合不完全齿轮机构[图6.9(a)]、内啮合不完全齿轮机构[图6.9(b)]以及不完全齿轮齿条机构(图6.10)。

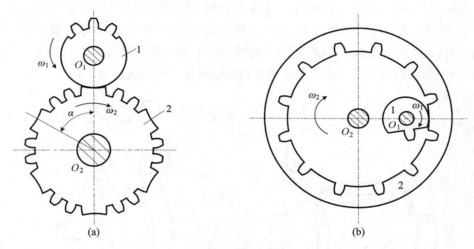

图6.9 不完全齿轮机构

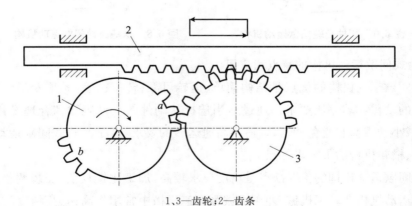

1、3—齿轮;2—齿条

图6.10 不完全齿轮齿条机构

不完全齿轮机构的优点是设计灵活,从动轮运动角度范围大,很容易实现一个周期中多次动、停时间不等的间歇运动。其缺点是加工复杂,在进入和退出啮合时速度有突变,会引起刚性冲击,不宜用于高速传动场合,且其主、从动轮不能互换。

不完全齿轮机构常用于多工位、多工序的自动机械或生产线上,它能实现工作台的间歇转动和进给运动。

第二节 螺旋传动机构

螺旋传动是利用由螺杆和螺母组成的螺旋副来实现传动要求的。它主要用来将回转运动转变为直线运动,同时还可用于传递运动和动力的场合。

一、螺旋传动的类型与特点

1. 螺旋传动的类型

螺旋传动按其用途可分为传力螺旋、传动螺旋和调整螺旋三类。

(1) 传力螺旋:主要用于传递动力,它能以较小的力矩产生较大的轴向力。这种螺旋一般工作速度不高,且具有自锁性。传力螺旋广泛应用于起重或加压场合。图6.11(a)所示为起重螺旋。

(2) 传动螺旋:主要用于传递运动,要求有较高的运动精度。图6.11(b)所示的机床刀架进给机构采用了传动螺旋。

(3) 调整螺旋:用以调整及固定零件或部件之间的相对位置,调整螺旋不经常转动。图6.11(c)所示的量具的测量螺旋为调整螺旋。

另外,螺旋传动按螺旋副的摩擦性质不同又可分为滑动螺旋传动、滚动螺旋传动和静压螺旋传动三种。

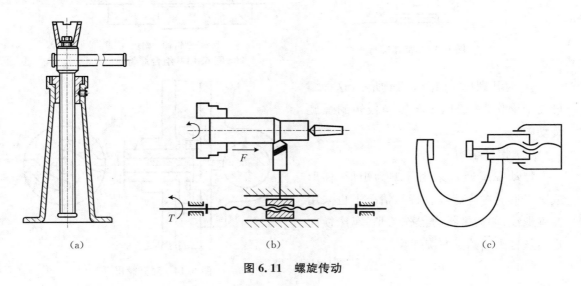

图6.11 螺旋传动

2. 螺旋传动的特点

(1) 可将旋转运动变成直线运动、减速比大；

(2) 结构简单、传动平稳；

(3) 增力显著、容易自锁；

(4) 效率低，有自锁性时，效率 $\eta < 50\%$；

(5) 刚性和稳定性都较差。

此外，不同类型的螺旋还具有不同的特点。滑动螺旋结构简单，便于制造，易自锁，但摩擦阻力大，传动效率低，传动精度低。滚动螺旋和静压螺旋的摩擦阻力小，传动效率高，工作寿命长，但结构复杂，成本高，一般在高精度、高效率的重要传动中采用。此外，滚动螺旋传动和静压螺旋传动一般不具备自锁的功能。本节仅对常用的滑动螺旋传动进行详细介绍。

二、滑动螺旋的结构与材料

1. 滑动螺旋的结构

(1) 螺母结构

① 整体螺母：不能调整间隙，只能用在轻载且精度要求较低的场合，如图 6.12 所示。

② 组合螺母：组合螺母由多个螺纹连接组成。图 6.13 所示为组合螺母的一种形式，通过拧紧调整螺钉 2 可驱使调整楔块 3 将其两侧螺母拧紧，以减少间隙，提高传动精度。

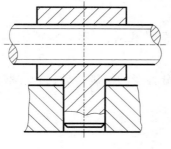

图 6.12 整体螺母

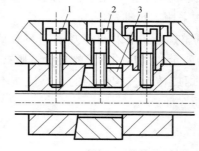

1、2—螺钉；3—楔块

图 6.13 组合螺母

③ 对开螺母：如图 6.14 所示，这种螺母便于操作，一般用于车床溜板箱的螺旋传动中。

(2) 螺杆结构

传动螺旋通常采用牙型为矩形、梯形或锯齿形的右旋螺纹。特殊情况下也采用左旋螺纹，如为了符合操作习惯，车床横向进给丝杠采用的是左旋螺纹。

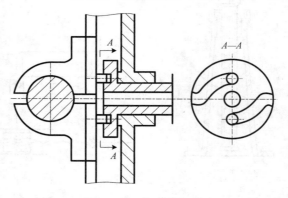

图 6.14 对开螺母

2. 滑动螺旋的材料

由于滑动螺旋在传动中摩擦较严重,故要求螺旋材料的耐磨性能、抗弯性能都要好,还要求螺杆和螺母配合时摩擦系数小。

一般螺杆材料的选用原则如下:

(1) 高精度传动时多选碳素工具钢;

(2) 需要较高硬度时,可采用铬锰合金钢或者采用 65Mn 钢;

(3) 一般情况(如普通机床丝杠)可用 45 钢、50 钢。

螺母材料可用铸造锡青铜 ZCuSn10P1,重载低速的场合可选用强度高的铸造铝铁青铜 ZCuAl10Fe3,而轻载低速(特别是不经常运转)场合下也可选用耐磨铸铁。

三、滑动螺旋传动的设计计算

实践证明,螺旋传动的主要失效形式是螺纹的磨损,因此在螺旋传动设计计算时通常先根据耐磨性条件,计算出螺杆的直径和螺母的高度,然后依照标准确定螺旋的各主要参数,最后对可能发生的其他情况逐一进行校核。对于传力螺旋,须校核螺杆强度和螺母螺纹的强度;对于长径比大的受压螺旋,要校核其稳定性,当要求其自锁时,还应验算自锁条件。

我们以图 6.15 所示的螺旋千斤顶为例来说明螺旋传动设计计算内容和步骤。

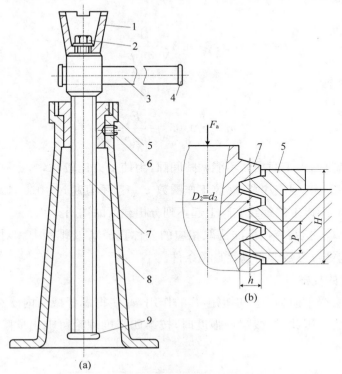

1—托杯;2—螺钉;3—手柄;4、9—挡环;5—螺母;6—紧定螺钉;7—螺杆;8—底座

图 6.15 螺旋千斤顶

1. 耐磨性计算

在图 6.15 中,螺母高度为 H(单位:mm),螺距为 P(单位:mm),螺纹工作圈数 $z=H/P$,螺纹中径为 d_2(单位:mm),螺纹工作高度为 h(单位:mm),螺杆上的轴向力为 F_a(单位:N)。影响磨损的因素很多,目前还没有完善的计算方法,通常通过限制螺纹接触处的压强 p 来减轻磨损。压强校核公式为

$$p = \frac{F_a}{\pi d_2 h z} \leqslant [p] \tag{6.1}$$

式中:$[p]$——许用压强,MPa,其数值可参考表 6.1。

表 6.1 螺旋副的许用压强

配对材料		钢对铸铁	钢对青铜	淬火钢对青铜
许用压强 $[p]$/MPa	速度 $v<12$ m/min	4～7	7～10	10～13
	低速,如人力驱动等	10～18	15～25	

注:对于精密传动或要求使用寿命长时,可取表中值的 1/3～1/2。

为了设计方便,令 $\Phi = H/d_2$,梯形螺纹的工作高度 $h = 0.5P$,锯齿形螺纹的工作高度 $h = 0.75P$,将这些关系代入式(6.1)整理后,可得螺纹中径 d_2 的设计公式如下:

(1) 梯形螺纹

$$d_2 \geqslant 0.8\sqrt{\frac{F_a}{\Phi [p]}} \tag{6.2}$$

(2) 锯齿形螺纹

$$d_2 \geqslant 0.65\sqrt{\frac{F_a}{\Phi [p]}} \tag{6.3}$$

对于整体式螺母,由于磨损后不能调整间隙,为使受力比较均匀,螺纹接触圈数不宜太多,Φ 取为 1.2～2.5。但应注意,螺纹工作圈数 z 一般不宜超过 10 圈,因为螺纹各圈受力是不均匀的,第 10 圈以上的螺纹实际上起不到分担载荷的作用。

计算出中径 d_2 之后,应按标准选取相应的公称直径 d 及螺距 P。对有自锁要求的螺旋,还需验算所选螺纹参数能否满足自锁条件。

2. 螺杆强度的校核

螺杆工作时会受轴向力 F_a 和扭矩 T 的作用,这使得螺杆截面内既有压应力(或拉应力),又有扭切应力。因此,校核螺杆强度时,按第四强度理论可求出危险截面的计算应力 σ_e,强度条件为

$$\sigma_e = \sqrt{\sigma^2 + 3\tau^2} = \sqrt{\left(\frac{4F_a}{\pi d_1^2}\right)^2 + 3\left(\frac{T}{\pi d_1^3/16}\right)^2} \leqslant [\sigma] \tag{6.4}$$

式中：σ——螺杆上压应力或拉应力

τ——螺杆上剪切应力

d_1——螺纹小径；

$[\sigma]$——螺杆材料的许用应力,对于碳素钢可取为 $0.2 \sim 0.33\sigma_s$,σ_s 为屈服强度。

3. 螺杆稳定性的校核

对于长径比大的受压螺杆,当受到的轴向压力大于某一临界值时,螺杆就会突然发生侧向弯曲而丧失稳定性。螺杆临界载荷与材料、螺杆长径比(或称柔度)$\lambda = \mu l/i$ 有关。

(1) 当 $\lambda \geqslant 100$ 时,临界载荷 F_c 由欧拉公式决定

$$F_c = \frac{\pi^2 EI}{(\mu l)^2} \tag{6.5}$$

式中：E——螺杆材料弹性模量,对于钢,$E = 2.06 \times 10^5$ MPa。

I——危险截面的惯性矩,对于螺杆,可按螺纹小径 d_1 计算,即 $I = \dfrac{\pi d_1^4}{64}$,mm^4。

l——螺杆的最大工作长度,mm。

μ——长度系数,与螺杆端部结构有关,对于起重器可视为一端固定,一端自由,取 $\mu = 2$；对于压力机可视为一端固定,一端铰支,取 $\mu = 0.7$；对于传导螺杆可视为两端铰支,取 $\mu = 1$。

若螺杆危险截面面积

$$A = \frac{\pi d_1^2}{4}$$

则螺杆危险截面的惯性半径为

$$i = \sqrt{\frac{I}{A}} = \frac{d_1}{4}$$

(2) 当 $40 < \lambda < 100$ 时,对于抗拉强度 $\sigma_b \geqslant 370$ MPa 的碳素钢

$$F_c = (304 - 1.12\lambda)\frac{\pi d_1^2}{4} \tag{6.6}$$

对于 $\sigma_b \geqslant 470$ MPa 的优质碳素钢(如 35 号钢、40 号钢)

$$F_c = (461 - 2.57\lambda)\frac{\pi d_1^2}{4} \tag{6.7}$$

(3) 当 $\lambda \leqslant 40$ 时,不必进行稳定性校核

稳定性校核应满足的条件为

$$F_a \leqslant \frac{F_c}{S} \tag{6.8}$$

式中,S——稳定性校核安全系数,通常取 $S = 2.5 \sim 4$。当不能满足上述条件时应增大螺纹小径。

4. 螺纹牙强度的校核

防止沿螺母螺纹牙根部剪断的校核公式为

$$\tau = \frac{F_a}{\pi D b z} \leqslant [\tau] \tag{6.9}$$

式中:b——螺纹牙根部的宽度,mm,对于梯形螺纹,$b=0.65P$;对于矩形螺纹,$b=0.5P$;对于 30°的锯齿形螺纹,$b=0.75P$。

D——螺母大径,mm。

校核螺杆螺纹牙的强度时,将式(6.9)中螺母大径 D 换为螺杆小径 d_1 即可。对于铸铁螺母,取 $[\tau]=40$ MPa;对于青铜螺母,取 $[\tau]=30 \sim 40$ MPa。

习 题

1. 在间歇运动机构中,怎样保证从动件在停歇时间内确实静止不动?
2. 常见的棘轮机构有哪几种?试述棘轮机构的工作特点。
3. 槽轮机构有哪几种基本型式?槽轮机构的运动系数是如何定义的?试述凸轮间歇运动机构的工作原理及运动特点。
4. 不完全齿轮机构与普通齿轮机构的啮合过程有何异同点?

第七章 齿轮传动

齿轮机构是现代机构中应用最广泛的传动形式之一，它可以用来传递空间任意两轴间的运动和动力。与其他传动形式比较，齿轮传动具有下列优点：(1)能保证瞬时传动比不变；(2)适用的功率和圆周速度范围广，传递功率可达 10^5 kW，圆周速度可达 300 m/s；(3)传动效率高，一对高精度圆柱齿轮的效率可达 99% 以上；(4)结构紧凑；(5)工作可靠、寿命长。其缺点是：(1)制造齿轮时需要用到专用设备和刀具，故成本较高；(2)不适用于相距较远的两轴间的传动。

齿轮传动的分类方法很多。根据一对齿轮啮合传动时的相对运动是平面运动还是空间运动，可将齿轮传动分为平面齿轮传动和空间齿轮传动两大类。可再根据轮齿的排列方式及齿轮的啮合方式的不同，将平面齿轮传动分为直齿圆柱齿轮传动[图 7.1(a)]、斜齿圆柱齿轮传动[图 7.1(b)]、齿轮齿条传动[图 7.1(h)]及人字齿轮传动[图 7.1(c)]。将空间齿轮传动分为圆锥齿轮传动[图 7.1(e)、(f)]及交错轴斜齿圆柱齿轮传动[图 7.1(g)]。

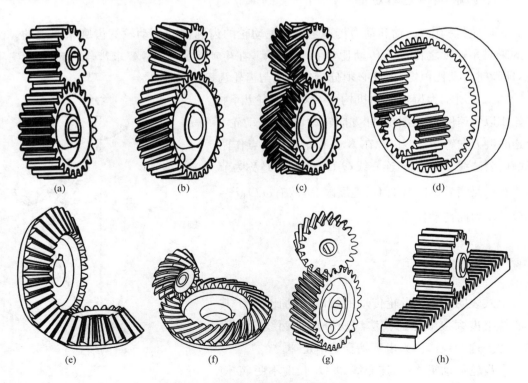

图 7.1　齿轮传动机构的基本类型

按照轮齿分布在结构的内表面还是外表面,可将齿轮分为内齿轮[图 7.1(d)]和外齿轮,相应的齿轮传动分别为内啮合齿轮传动和外啮合齿轮传动。

按工作条件的不同可将齿轮传动分为闭式齿轮传动和开式齿轮传动。闭式齿轮传动中齿轮封闭在箱体内,能保证良好的润滑和密封。闭式齿轮应用较广泛。开式齿轮传动中齿轮是外露的,灰尘等杂质容易落入,易使齿面磨损,且不能保证良好的润滑。开式齿轮传动一般用于低速、不重要的场合。

按齿面硬度划分齿轮分为软齿面和硬齿面。软齿面齿轮的硬度≤350 HBS,热处理简单,加工容易,但其承载能力较低;硬齿面齿轮的硬度>350 HBS,热处理复杂,需要磨齿,其承载能力高。

齿轮传动的基本要求之一是保证齿轮传动中的瞬时传动比恒定,以减小惯性力,从而使齿轮平稳传动。为满足这一基本要求,我们需要对齿轮齿廓曲线、啮合原理和齿轮强度等问题进行研究。

第一节　齿轮传动的基本理论

一、齿廓啮合基本定律

在齿轮机构中,运动和动力传递是依靠主动轮的齿廓推动从动轮的齿廓来实现的。两轮的瞬时角速度之比称为传动比,用 i_{12} 表示。在生产实践中,常要求齿轮传动比准确平稳,即瞬时传动比恒定,为此必须分析传动比与齿轮齿廓的关系。

图 7.2 所示为齿轮传动机构中一对啮合轮齿,主动轮 1 以角速度 ω_1 沿顺时针方向转动,推动从动轮 2 沿逆时针方向转动。两齿廓在 K 点接触,过 K 点作两齿廓的公法线 $n\text{-}n$,它与连心线 O_1O_2 的交点 P 称为节点。P 点是齿轮 1 和 2 的相对速度瞬心,故有 $\omega_1\overline{O_1P}=\omega_2\overline{O_2P}$,因而传动比为

$$i_{12}=\frac{\omega_1}{\omega_2}=\frac{\overline{O_2P}}{\overline{O_1P}} \qquad (7.1)$$

上式表明:一对齿轮传动的瞬时传动比,等于其连心线被齿廓接触点的公法线所分成的两线段长度的反比。这一规律称为齿廓啮合基本定律。

在齿轮传动机构中,连心线 O_1O_2 长度不变,欲使瞬时传动比为恒定,则必使节点 P 为一定点。即对于

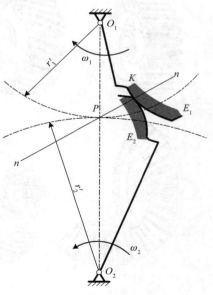

图 7.2　齿廓啮合基本定律

以定传动比传动的齿轮机构,其齿廓应满足的条件是:在啮合传动的任意瞬时,过接触点所作的两齿廓的公法线与连心线相交于一定点 P。此时 $\overline{O_1P}$ 和 $\overline{O_2P}$ 为定长,其比值始终保持为常数。若分别以 r'_1 和 r'_2 表示 $\overline{O_1P}$ 和 $\overline{O_2P}$,则

$$i_{12} = \frac{\omega_1}{\omega_2} = \frac{\overline{O_2P}}{\overline{O_1P}} = \frac{r'_2}{r'_1} = 常数 \tag{7.2}$$

分别以 O_1 和 O_2 为圆心,r'_1 和 r'_2 为半径作圆,这两个圆分别为节点 P 在轮 1 和轮 2 运动平面上的轨迹,分别称为轮 1 和轮 2 的节圆,r'_1 和 r'_2 称为节圆半径。由于 P 点为两轮重合点,故两齿轮的啮合传动相当于两节圆作纯滚动。

如果要求传动比按一定规律变化,则 P 点就不是一个定点,它会沿连心线 O_1O_2 按一定规律移动,此时的齿轮机构就是工程上应用的非圆齿轮机构。

凡能满足齿廓啮合基本定律,并能实现预定传动比的一对齿廓称为共轭齿廓。从理论上来说,共轭齿廓应该有很多。但在生产实践中,选择齿廓曲线时还必须综合考虑设计、制造、强度和安装等因素。常用的齿廓曲线有渐开线、摆线和圆弧等,其中渐开线齿廓制造容易、安装方便,故应用最广泛。本章仅介绍渐开线齿轮。

二、渐开线的形成

如图 7.3 所示,当一条动直线 BK 沿着一固定的圆作纯滚动时,此动直线上任一点 K 的轨迹称为圆的渐开线。该圆称为渐开线的基圆,其半径用 r_b 表示,动直线称为渐开线的发生线。

三、渐开线的性质

由渐开线的形成可知渐开线具有下列性质:

(1) 因为发生线在基圆上作纯滚动,所以发生线在基圆上滚过的线段长度等于基圆上被滚过的一段弧长,即 $\overline{BK} = \widehat{AB}$。

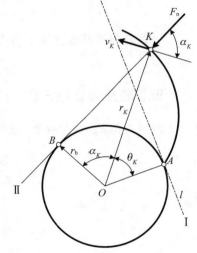

图 7.3 渐开线的形成

(2) 渐开线上任一点的法线必与基圆相切,因为 B 点是发生线沿基圆滚动时的速度瞬心,所以发生线上点 K 的速度方向线与发生线 BK 垂直,而且该方向线是渐开线上过点 K 的切线,故发生线 BK 是渐开线在 K 点的法线,由于发生线始终与基圆相切,因此,渐开线上任一点的法线必与基圆相切。

(3) 发生线 BK 与基圆的切点 B 为渐开线上点 K 的曲率中心,线段 BK 为点 K 的曲率半径。可见,渐开线上离基圆越远处的曲率半径越大,即离基圆越远,渐开线越平直;渐开线离基圆越近处的曲率半径越小,即离基圆越近,渐开线越弯曲。渐开线在基圆上的起始点的曲率半径为零。

（4）渐开线的形状与基圆大小有关。如图7.4所示，基圆越小，渐开线越弯曲；基圆越大，渐开线越平直。当基圆半径为无穷大时，其渐开线就成为一条垂直于发生线 B_3K 的直线，它就是后面将介绍的齿条的齿廓曲线。基圆相同，渐开线形状也相同。

（5）因渐开线是从基圆开始向外逐渐展开的，故基圆内无渐开线。

四、渐开线齿廓任意点的压力角

如图7.3所示，点 K 为渐开线上任意点，它的向径用 r_K 表示，若用此渐开线作为齿轮的齿廓，则当齿轮绕 O 点转动时，把点 K 的法线 BK（压力方向线）与该点速度方向线所夹的锐角 α_K 称为该点的压力角，其值为

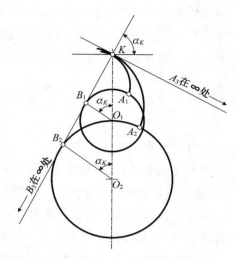

图 7.4　基圆大小对渐开线的影响

$$\cos \alpha_K = \frac{r_b}{r_K} \tag{7.3}$$

上式表明渐开线齿廓上各点压力角不等，其值随向径 r_K 的增大而增大，且基圆上压力角为零。

五、渐开线参数方程

以压力角 α_K 为参变数，建立渐开线极坐标方程，由图7.3可知

$$\tan \alpha_K = \frac{\overline{BK}}{\overline{OB}} = \frac{\widehat{AB}}{\overline{OB}} = \frac{r_b(\alpha_K + \theta_K)}{r_b} = \alpha_K + \theta_K$$

或

$$\theta_K = \tan \alpha_K - \alpha_K \tag{7.4}$$

上式称为渐开线函数，用 $\mathrm{inv}\alpha_K$ 表示，以弧度度量。下式为以 α_K 为参变数的渐开线极坐标方程：

$$\begin{cases} r_K = \dfrac{r_b}{\cos \alpha_K} \\ \theta_K = \mathrm{inv}\ \alpha_K = \tan \alpha_K - \alpha_K \end{cases} \tag{7.5}$$

六、渐开线齿轮传动的特点

1. 渐开线齿廓满足齿廓啮合基本定律

如图7.5所示，两渐开线齿轮的基圆半径分别为 r_{b1} 和 r_{b2}，两齿廓在任意点 K 相啮合，

过 K 点作齿廓的公法线 N_1N_2。根据渐开线的性质,公法线 N_1N_2 必与两基圆相切,即 N_1N_2 为两基圆的内公切线。又因齿轮在传动过程中两基圆的大小和位置都不变,且在同一方向的内公切线只有一条。所以,两齿廓不论在何处接触(如在 K' 点啮合),过接触点的公法线均为定直线 N_1N_2,由于两轮连心线 O_1O_2 也为定直线,因此,N_1N_2 与 O_1O_2 的交点 P 必为一定点,即渐开线齿廓满足齿廓啮合基本定律且能实现定传动比传动,又因为 $\triangle O_1N_1P \backsim \triangle O_2N_2P$,故传动比为

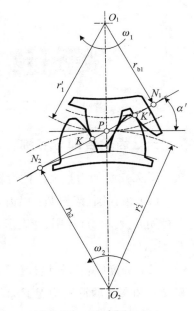

$$i_{12}=\frac{\omega_1}{\omega_2}=\frac{\overline{O_2P}}{\overline{O_1P}}=\frac{r_2}{r_1}=\frac{r_{b2}}{r_{b1}} \quad (7.6)$$

2. 渐开线齿轮传动具有中心距可分性特性

图 7.5 渐开线齿廓的啮合

由式(7.6)可知,一对渐开线齿轮的传动比等于两轮基圆半径的反比,齿轮加工好以后,其基圆半径为定值,所以,当两轮实际中心距相对设计的理论中心距略有误差时,传动比仍保持不变,渐开线齿轮传动的这一特性称为中心距可分性。实际上,齿轮制造、安装时产生的误差或在运转过程中产生的轴的变形、轴承的磨损,常常会导致中心距发生微小改变,所以这一特性对渐开线齿轮的制造、安装和使用都十分有利。

对于标准齿轮,中心距可分性只限于补偿制造、安装误差和轴的变形、轴承磨损等因素引起的微量差异。中心距增大,两轮齿侧的间隙增大,传动时会产生冲击、噪声等。

3. 渐开线齿廓间的正压力方向不变

齿轮啮合过程中齿廓接触点的轨迹称为啮合线。对于渐开线齿廓,不论在哪一点接触,其接触点的公法线 N_1N_2 恒为两基圆的内公切线,那么轮齿只能在 N_1N_2 线上接触,即 N_1N_2 就是渐开线齿廓的啮合线。

啮合线与两节圆公切线之间所夹的锐角 α' 称为啮合角。由图 7.5 可知,两节圆在节点 P 相切,当一对渐开线齿廓在节点 P 处啮合时,其齿廓接触点 K 与节点 P 重合,这时的压力角称为节圆压力角,啮合角大小等于齿廓的节圆压力角大小,且恒为常数。当不计摩擦时,渐开线齿廓间的作用力是沿其接触点的公法线方向作用的,即沿啮合线方向作用。故不论轮齿在何位置啮合,其力的作用线方向始终不变,这有利于保持齿轮传动的平稳性。

第二节 渐开线标准直齿圆柱齿轮的基本参数及几何尺寸

一、齿轮各部分名称

图 7.6 所示为直齿圆柱齿轮的一部分,其各部分的名称与符号如下:

(1) 齿顶圆、齿根圆:以齿轮的轴心 O 点为圆心,过轮齿顶端所作的圆称为齿顶圆,其半径用 r_a 表示,直径用 d_a 表示;过齿轮齿槽底部的圆称为齿根圆,其半径用 r_f 表示,直径用 d_f 表示。

(2) 分度圆:齿轮设计计算的基准圆,其半径和直径分别用 r 和 d 表示。该圆上的所有尺寸和参数的符号均无下标。

(3) 基圆:产生渐开线的圆,其半径和直径分别用 r_b 和 d_b 表示。

(4) 齿厚、齿槽宽、齿距:在半径为 r_k 的任意圆周上,一个轮齿两侧齿廓间的弧长称为该圆周上的齿厚,用 s_k 表示;一个齿槽两侧齿廓间的弧长称为该圆周上的齿槽宽,用 e_k 表示;而相邻两轮齿同侧齿廓间的弧长称为该圆周上的齿距,用 p_k 表示,显然 $p_k = e_k + s_k$。在分度圆上度量时,齿厚、齿槽宽和齿距分别用 s、e 和 p 表示,且 $p = s + e$;在基圆上度量时,基圆齿距 $p_b = s_b + e_b$。

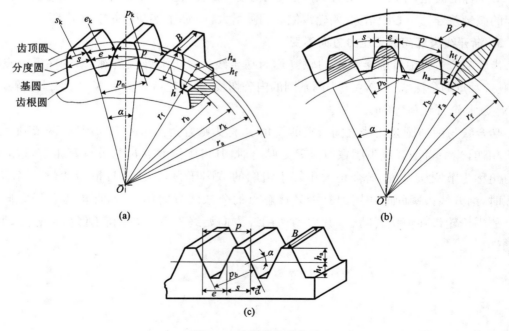

图 7.6 齿轮各部分名称

(5) 法向齿距：相邻两个轮齿同侧齿廓之间在法线上的距离称为法向齿距，用 p_n 表示。

(6) 齿顶高、齿根高、齿全高：分度圆与齿顶圆之间的径向距离称为齿顶高，用 h_a 表示；分度圆与齿根圆之间的径向距离称为齿根高，用 h_f 表示；齿顶圆与齿根圆之间的径向距离称为全齿高，用 h 表示，$h = h_a + h_f$。

(7) 齿宽：齿轮的轮齿沿轴线方向的宽度称为齿宽，用 B 或 b 表示。

二、渐开线直齿圆柱齿轮的基本参数

决定渐开线齿轮尺寸及齿形的基本参数有五个，分别是齿数 z、模数 m、压力角 α、齿顶高系数 h_a^* 和顶隙系数 c^*。

1. 齿数

均匀分布在齿轮整个圆周上轮齿的总数称为齿数。一般主动轮齿数用 z_1 表示，从动轮齿数用 z_2 表示。

2. 模数

齿轮分度圆是尺寸计算的基准，由于分度圆周长 $L = \pi d = zp$，于是可得 $d = \dfrac{zp}{\pi}$。式中 π 为无理数，因此分度圆直径也为无理数，这意味着齿轮尺寸计算的基准为无理数，这将为齿轮设计计算、制造和检验带来不便。为了解决这个问题，可人为地把分度圆齿距 p 与 π 的比规定为一系列简单的有理数，并把这个比值称为齿轮分度圆模数，简称模数，用 m 表示，单位是 mm，即 $m = \dfrac{p}{\pi}$。因此，分度圆齿距 $p = \pi m$，分度圆直径 $d = mz$。

模数是决定齿轮尺寸的一个基本参数。模数越大，齿距越大，轮齿也越大。对于齿数相同的齿轮，模数越大，齿轮尺寸也越大，如图 7.7 所示。为了便于设计、制造、检验和使用，齿轮模数已标准化，标准模数如表 7.1 所示。

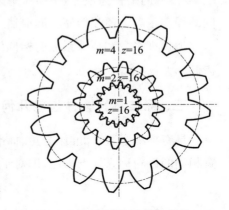

图 7.7 不同模数的轮齿比较

表 7.1 齿轮标准模数 单位：mm

第一系列	0.1	0.12	0.15	0.2	0.25	0.3	0.4	0.5	0.6	0.8	1
	1.25	1.5	2	2.5	2	4	5	6	8	10	12
	16	20	25	32	40	50					
第二系列	0.35	0.7	0.9	1.75	2.25	2.75	(3.25)	3.5	(3.75)	4.5	5.5
	(6.5)	7	9	(11)	14	18	22	28	(30)	36	45

注：(1) 本表适用于渐开线圆柱齿轮。对于斜齿轮是指法面模数。
(2) 选取时，优先采用第一系列，括号内的模数尽可能不用。

3. 压力角

由式(7.3)可知,渐开线齿廓上不同点的压力角 α_K 是不同的。通常所说的压力角是指分度圆上压力角 α,于是有

$$\cos\alpha = \frac{r_b}{r} \quad \text{或} \quad r_b = r\cos\alpha \tag{7.7}$$

由上式可知,分度圆大小相同的齿轮,如果压力角 α 不同,则基圆大小也不同,由渐开线性质可知,其齿廓渐开线的形状也就不同。分度圆压力角 α(简称压力角)是决定渐开线齿廓形状的一个基本参数。同样,为便于设计、制造和使用,也把压力角规定为标准值,一般情况下标准压力角 $\alpha=20°$,在某些场合也采用 14.5°、15°和 25°等值。

至此,可以得出分度圆完整的定义:分度圆是齿轮上具有标准模数和标准压力角的圆,它是齿轮几何尺寸计算的基准。

4. 齿顶高系数 h_a^*

齿顶高系数 h_a^* 与模数 m 的乘积为齿顶高,即 $h_a = h_a^* m$。

5. 顶隙系数 c^*

齿顶高系数 h_a^* 与顶隙系数 c^* 之和乘模数表示齿根高 h_f,即 $h_f = (h_a^* + c^*)m$。顶系数 c^* 与模数的乘积为顶隙 c,即一对齿轮啮合时一个齿轮的齿顶圆与另一个齿轮的齿根圆之间的径向距离。顶隙能储存润滑油,有利于齿轮传动时的润滑。

齿顶高系数和顶隙系数的标准值:(1) 对于正常齿制,$h_a^* = 1.0$,$c^* = 0.25$;(2) 对于短齿制,$h_a^* = 0.8$,$c^* = 0.3$。

三、标准直齿圆柱齿轮几何尺寸计算

具有标准模数、标准压力角、标准齿顶高系数和标准顶隙系数,且分度圆上齿厚与齿槽宽相等的齿轮称为标准齿轮,即对于标准齿轮有

$$s = e = \frac{p}{2} = \frac{\pi m}{2} \tag{7.8}$$

当渐开线标准直齿圆柱齿轮的五个基本参数为已知时,其他几何尺寸全部可求出。为便于设计计算,将几何尺寸计算方法及计算公式列于表 7.2 中。

表 7.2　渐开线标准直齿圆柱齿轮传动几何尺寸计算

名　称	符号	计算公式与说明		
		外齿轮	内齿轮	齿条
齿　数	z	依照工作条件选定		
模　数	m	根据强度条件或结构需要选取标准值		

(续表)

名　称	符号	计算公式与说明		
		外齿轮	内齿轮	齿条
压力角	α	$\alpha = 20°$		
齿顶高	h_a	$h_a = h_a^* m$		
顶　隙	c	$c = c^* m$		
齿根高	h_f	$h_f = h_a + c$		
齿全高	h	$h = h_a + h_f$		
齿距	p	$p = \pi m$		
齿厚	s	$s = p/2 = \pi m/2$		
齿槽宽	e	$e = p/2 = \pi m/2$		
基圆齿距	p_b	$p_b = p\cos\alpha = \pi m \cos\alpha$		
分度圆直径	d	$d = mz$		
基圆直径	d_b	$d_b = d\cos\alpha = mz\cos\alpha$		
齿顶圆直径	d_a	$d_a = d + 2h_a$	$d_a = d - 2h_a$	
齿根圆直径	d_f	$d_f = d - 2h_f$	$d_f = d + 2h_f$	
标准中心距	a	$a = \dfrac{m(z_1 + z_2)}{2}$	$a = \dfrac{m(z_2 - z_1)}{2}$	

图 7.6(b)所示为直齿内齿轮，它的轮齿分布在齿圈的内表面上，其齿廓形状有如下特点：

(1) 其齿厚相当于外齿轮的齿槽宽，而齿槽宽相当于外齿轮的齿厚。内齿轮的齿廓是内凹的渐开线。

(2) 内齿轮的齿顶圆在分度圆之内，而齿根圆在分度圆之外，其齿根圆比齿顶圆大。

(3) 齿轮的齿廓均为渐开线时，其齿顶圆必须大于基圆。

图 7.6(c)所示为一标准齿条，它是圆柱齿轮的特殊形式，当标准外齿轮的齿数增加到无穷多时，其圆心位于无穷远处，齿轮上的所有圆都变成互相平行的直线，同侧渐开线齿廓也变成互相平行的斜直线齿廓。与齿轮相比，齿条具有如下特点：

(1) 由于齿条齿廓为直线，所以齿廓上各点的法线是互相平行的，且齿条在传动时做平动，齿廓上各点速度的方向都相同。所以齿条齿廓上各点的压力角都相同，且等于齿廓的倾斜角(齿形角)，标准值为 20°。

(2) 齿厚与齿槽宽相等，且与齿顶线平行的直线称为中线，中线是计算齿条各部分尺寸的基准线。与齿条中线平行的任一直线上的齿距都相等，模数也相同，但齿厚与齿槽宽均不相等。

齿条的几何尺寸如 h_a、h_f、s 和 e 等的计算方法均与标准外齿轮、内齿轮相同。

第三节 渐开线标准直齿圆柱齿轮啮合传动分析

一、一对渐开线齿轮正确啮合的条件

一对渐开线齿廓能实现定传动比传动,并不表明任意两个渐开线齿轮都能正确地啮合传动,要正确啮合,必须满足一定的条件。

齿轮传动时,它的每对轮齿仅啮合一段时间,之后由后一对轮齿接替啮合。为了保证定传动比,必须使两轮齿廓的接触点都在啮合线上。如图 7.8 所示,当前一对轮齿在 K 点接触时,后一对轮齿应在 K' 点接触。这时,轮1的法向齿距 p_{n1} 应与轮2的法向齿距 p_{n2} 相等,且均等于 $\overline{KK'}$,即

$$p_{n1} = p_{n2} = \overline{KK'} \tag{7.9}$$

根据渐开线的性质可知,齿轮的法向齿距恒等于基圆齿距 p_b,根据基圆圆周长度的几何关系可得:

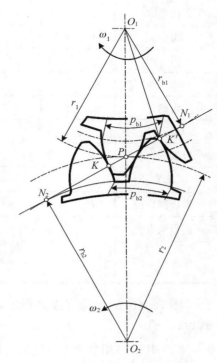

$$\begin{cases} p_{n1} = p_{b1} = \dfrac{\pi d_{b1}}{z_1} = \dfrac{\pi d_1 \cos \alpha_1}{z_1} = \pi m_1 \cos \alpha_1 \\ p_{n2} = p_{b2} = \dfrac{\pi d_{b2}}{z_2} = \dfrac{\pi d_2 \cos \alpha_2}{z_2} = \pi m_2 \cos \alpha_2 \end{cases} \tag{7.10}$$

图 7.8 渐开线齿轮正确啮合

将式(7.10)代入式(7.9)得正确啮合条件:

$$m_1 \cos \alpha_1 = m_2 \cos \alpha_2 \tag{7.11}$$

式中 m_1、m_2 和 α_1、α_2 分别为两齿轮的模数和压力角。

由于齿轮的模数与压力角都已标准化,要使上式成立,必须使 $m_1 = m_2 = m$,$\alpha_1 = \alpha_2 = \alpha$。所以,渐开线齿轮正确啮合的条件是:两齿轮的模数和压力角分别相等。

这样,一对齿轮的传动比又可以表述为

$$i_{12} = \frac{\omega_1}{\omega_2} = \frac{r'_2}{r'_1} = \frac{r_{b2}}{r_{b1}} = \frac{r_2}{r_1} = \frac{z_2}{z_1} \tag{7.12}$$

式中 z_1 为主动轮齿数,z_2 为从动轮齿数。$i_{12} > 1$ 时齿轮是减速传动,$i_{12} < 1$ 时齿轮是增速传动。

二、标准中心距

相互啮合的两齿轮中一轮节圆的齿槽宽与另一轮节圆的齿厚之差称为齿侧间隙。在齿轮传动时,为避免齿轮反转时发生较大冲击和出现空程,理论上要求无齿侧间隙。但实际上由于啮合齿面间润滑、制造与安装误差,工作时轮齿的受热变形等因素,需要在两轮非工作齿廓间留下适当的齿侧间隙,但这个侧隙是靠齿轮制造公差来保证的。在齿轮设计时,正确安装的齿轮都按照无齿侧间隙的理想状况计算尺寸。

标准齿轮分度圆的齿厚与齿槽宽相等,且正确啮合的一对渐开线齿轮的模数相等,则

$$s_1 = e_1 = s_2 = e_2 = \frac{\pi m}{2}$$

如在安装时使两轮的节圆均与分度圆重合(即两轮分度圆相切),显然 $e_1' - s_2' = e_1 - s_2 = 0$,符合无齿侧间隙啮合条件。两标准齿轮节圆与分度圆重合时的中心距称为标准中心距,其值为

$$a = r_1' + r_2' = r_1 + r_2 = \frac{m}{2}(z_1 + z_2) \tag{7.13}$$

另外,齿轮在啮合传动时,还应保证顶隙 c 为标准值 $c^* m$。当两轮分度圆相切时,顶隙 $c = h_f - h_a = c^* m$,可保证其为标准顶隙。

当实际中心距(安装中心距)与标准中心距不相等时,两齿轮的分度圆不再相切,节圆和分度圆不再重合,啮合角 α' 也发生了变化。实际中心距为

$$a' = r_1' + r_2'$$

由渐开线参数方程可知:

$$r' = \frac{r_b}{\cos \alpha'} = \frac{r \cos \alpha}{\cos \alpha'}$$

故

$$a' = r_1' + r_2' = \frac{r_1 \cos \alpha}{\cos \alpha'} + \frac{r_2 \cos \alpha}{\cos \alpha'} = \frac{\cos \alpha}{\cos \alpha'}(r_1 + r_2) = \frac{\cos \alpha}{\cos \alpha'} a$$

$$a' \cos \alpha' = a \cos \alpha \tag{7.14}$$

即实际中心距 a' 大于标准中心距 a 时,啮合角 α' 大于分度圆压力角 α,此时顶隙为

$$c' = c + \Delta a = h_a^* m + \Delta a \tag{7.15}$$

其中 Δa 为中心距变化量。值得一提的是,分度圆与节圆、压力角与啮合角是有区别

的。分度圆和压力角是单个齿轮所具有的,而节圆和啮合角只在两个齿轮相互啮合传动时才存在。

当一对标准齿轮正确安装(两分度圆相切)时,分度圆与节圆重合,压力角与啮合角相等,实际中心距等于标准中心距。当标准齿轮非正确安装(两分度圆相离)时,节圆大于分度圆,啮合角大于压力角,实际中心距也大于标准中心距,顶隙大于标准顶隙 $c^* m$,齿侧会产生间隙。

三、连续传动条件

图 7.9 展示了一对渐开线直齿圆柱齿轮啮合传动的情况,齿轮 1 为主动轮,沿顺时针方向转动,齿轮 2 为从动轮。两齿廓开始啮合时,是主动轮齿的齿根部分推动从动轮齿的齿顶,因此,起始啮合点为从动轮齿顶圆与啮合线的交点 B_2,随着两齿廓继续啮合,啮合点沿啮合线 N_1N_2 移动,当啮合点移动到主动轮齿的齿顶圆与啮合线的交点 B_1 时,两轮齿齿廓终止啮合,B_1 点为终止啮合点,线段 $\overline{B_1B_2}$ 是啮合点的实际轨迹,称为实际啮合线。当两轮的齿顶圆增大时,B_2、B_1 点分别向 N_1、N_2 点靠近,实际啮合线 $\overline{B_1B_2}$ 变长,由于基圆内无渐开线,故理论上啮合线 N_1N_2 是最长的啮合线,称为理论啮合线,N_1 和 N_2 点称为极限啮合点。

由上面的分析可知,在两轮轮齿的啮合过程中,并非全部齿廓都参加啮合,只有从齿顶到齿根的一段齿廓参与啮合。从齿轮的啮合过程来看,对于齿轮定传动比的连续传动,仅具备两轮的法向齿距相等的条件是不够的。如图 7.9 所示,当实际啮合线 $\overline{B_1B_2}$ 长度正好等于法向齿距 p_n,前一对轮齿在 B_1 点脱离啮合时,后一对轮齿恰好到达 B_2 点,传动能继续进行。当实际啮合线 $\overline{B_1B_2}$ 大于法向齿距 p_n,前一对轮齿在终止啮合点 B_1 之前的 K 点啮合时,后一对轮齿正好在起始啮合点 B_2 啮合,显然,这能保证齿轮连续传动。综上所述,一对齿轮连续传动的条件是:实际啮合线 $\overline{B_1B_2}$ 长度大于或等于齿轮的法向齿距 p_n。由于 $p_n=p_b$,所以齿轮连续传动的条件为

$$\overline{B_1B_2} \geqslant p_b \quad \text{或} \quad \frac{\overline{B_1B_2}}{p_b} \geqslant 1$$

实际啮合线 $\overline{B_1B_2}$ 与基圆齿距 p_b 的比值称为齿轮传动的重合度,用 ε 表示。即

$$\varepsilon = \frac{\overline{B_1B_2}}{p_b} \geqslant 1 \qquad (7.16)$$

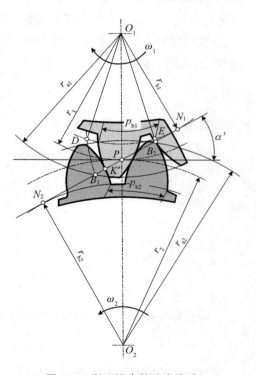

图 7.9 渐开线齿轮啮合传动

理论上 ε＝1 就能保证齿轮连续传动,但考虑到制造和安装误差及传动中轮齿变形等因素的影响,实际上应使 ε＞1。重合度越大,表明同时参与啮合的轮齿对数越多,此时不仅传动的平稳性好,而且每对齿轮所分担的载荷也小,这样也使齿轮的承载能力相对提高了。重合度可用图解法求得,也可用下式计算:

$$\varepsilon = \frac{1}{2\pi}[z_1(\tan\alpha_{a1} - \tan\alpha') + z_2(\tan\alpha_{a2} - \tan\alpha')] \tag{7.17}$$

设计时应满足 ε＞[ε],[ε] 为许用重合度,其推荐值如表 7.3 所示。

表 7.3 许用重合度 [ε] 的推荐值

使用场合	一般机械制造业	汽车、拖拉机	金属切削机床
[ε]	1.4	1.1～1.2	1.3

第四节 渐开线齿轮的切削加工

一、齿轮加工原理与方法

目前,渐开线齿廓加工的方法有很多,如铸造、热轧、冷轧、模锻和切削加工等,最常用的是切削加工方法。就加工原理来看,切削加工方法可以分为仿形法和范成法两大类。

1. 仿形法

仿形法是用渐开线齿槽形状的成形刀具直接切出齿形。常用的方法是用圆盘铣刀(图 7.10)或指状铣刀(图 7.11)在普通铣床上进行加工。加工时铣刀绕本身轴线回转,同时轮坯沿自身轴线移动。铣出一个齿槽后,将轮坯转过 360°/z,再铣第二个齿槽,其余齿槽的加工依次类推。

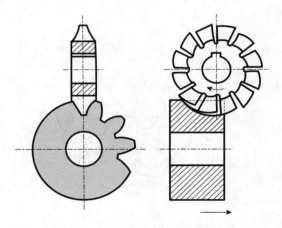

图 7.10 圆盘铣刀切制齿轮

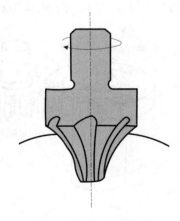

图 7.11 指状铣刀切制齿轮

渐开线的形状与基圆有关,其由模数、压力角和齿数三个参数决定。因此,当压力角为20°时,同一模数的齿轮如齿数不同,那么它们的齿廓形状也不相同,要铣出准确的渐开线齿形,就要求不同的齿数对应不同的刀具。为了减少标准刀具种类,同一模数一般对应8把铣刀,每把铣刀可铣齿数在一定范围内的齿轮,见表7.4。

表7.4 各号铣刀加工的齿数范围

刀号	1	2	3	4	5	6	7	8
齿数范围	12～13	14～16	17～20	21～25	26～34	35～54	55～134	≥135

用仿形法加工齿廓不需要专用机床,但加工不连续,生产效率低,齿形误差及分齿误差较大,使得加工出来的齿轮的精度较低。仿形法适用于修配和小量生产场合。

2. 范成法

范成法是利用齿轮啮合原理来切齿的,操作时将一对相啮合的齿轮(或齿轮齿条)中的齿轮(齿条)作为刀具,另一个作为轮坯,使它们按一定传动比传动,根据共轭齿廓互为包络线的原理,将轮坯加工成具有与刀具齿廓共轭的齿轮齿廓的齿轮。范成法是目前广泛应用的齿轮加工方法,常用的有插齿方式和滚齿方式。

(1)齿轮插刀插齿

图 7.12 所示为齿轮插刀加工齿轮的情况,插刀的形状与齿轮相似,但其有切削刃,其模数和压力角均与被加工齿轮相同,只是刀具顶部高出 $c^* m$,以便切出顶隙部分。加工时,插刀沿轮坯轴线方向做往复切削运动,同时机床的传动系统保证齿轮插刀与轮坯按定传动比 $i = \dfrac{\omega_刀}{\omega_坯} = \dfrac{z_坯}{z_刀}$ 做范成运动。为了切出轮齿的高度,齿轮插刀向轮坯中心做径向进给运动。为防止刀具向上退刀时损伤已切好的齿面,轮坯沿径向做微量运动即让刀运动。这样,在运动过程中,就能加工出具有与插刀相同模数、压力角的渐开线齿轮。齿轮插刀方式可用于加工外齿轮,还可加工内齿轮和双联齿轮等。

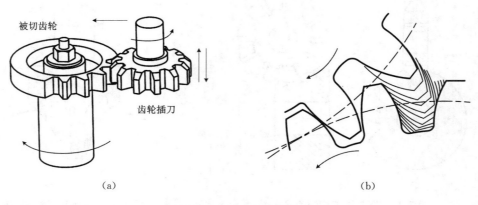

图 7.12 齿轮插刀切齿

(2) 齿条插刀插齿

当齿轮插刀的齿数增加到无穷多时,齿轮插刀变成了齿条插刀(图 7.13),标准齿条插刀的形状与普通齿条相似,不同的是它的顶部比普通齿条高出 $c^* m$,目的是切出齿轮的顶隙部分。

图 7.14 展示了齿条插刀加工齿轮的情况,在加工齿轮时,齿条插刀与轮坯的范成运动相当于齿轮齿条的啮合运动,轮坯以角速度 ω 转动,齿条插刀以速度 $v_刀 = r\omega$ 移动(r 为被加工齿轮的分度圆半径)。可见被加工齿轮的齿数取决于齿条插刀的速度与轮坯角速度的比值。齿条插刀插齿原理与用齿轮插刀加工齿轮的原理相同。

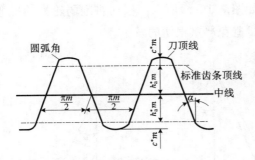

图 7.13 齿条插刀齿廓

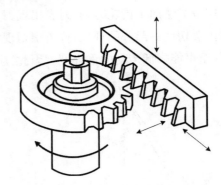

图 7.14 齿条插刀插齿

(3) 滚齿

不论是齿轮插刀还是齿条插刀,它们在加工齿轮时的切削运动都是不连续的,故生产效率低。目前,在生产中广泛采用齿轮滚刀加工齿轮(图 7.15),它能连续切削,生产效率较高。

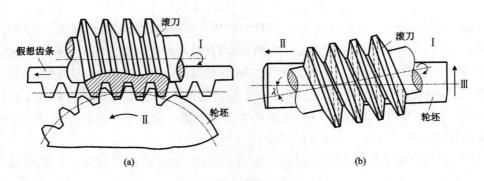

图 7.15 齿轮滚刀切齿

滚刀的外形似螺旋,纵向开有斜槽,以形成切削刃,其轴剖面与齿条相同,滚刀连续转动就相当于无限长齿条的移动。所以滚刀切齿的原理与齿条插刀切齿的原理相同,且滚刀切齿能连续切削,生产率高。轮齿有一定的被切宽度,滚刀在转动的同时,还沿轮坯的轴向缓慢移动,以便切出整个齿宽。加工直齿轮时,为了使滚刀螺旋线方向与被切齿轮轮齿方向一致,安装滚刀时应使其轴线与轮坯端面成一螺旋角 λ。

用范成法加工齿轮时,只要被加工的齿轮与刀具的模数、压力角相同,都可用同一把刀具加工出不同齿数的齿轮来。

加工标准齿轮时,要求刀具的中线与轮坯分度圆相切并保持纯滚动,这样切出来的齿轮,其分度圆上的齿厚等于齿槽宽,模数和压力角分别等于刀具的模数和压力角,其齿顶高 $h_a = h_a^* m$,齿根高 $h_f = (h_a^* + c^*)m$。

二、根切现象和不发生根切的最少齿数

用范成法加工齿轮时,有时会出现刀具齿顶部分将被加工齿轮齿根部已加工出来的渐开线齿廓切去一部分的现象,称为根切现象,如图 7.16(a)所示。根切将削弱轮齿的抗弯强度,甚至可能降低传动的重合度。因此,应尽量避免严重根切的发生。

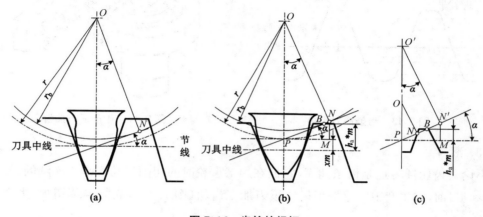

图 7.16 齿轮的根切

如图 7.16(b)所示,为了避免根切,刀具的齿顶线不应超过极限啮合点 N。由于标准刀具在模数 m 一定的条件下,齿顶高是一定的,即刀具的齿顶线位置已确定。此时,是否会产生根切,取决于点 N 的位置。点 N 的位置与轮坯的基圆半径大小有关,基圆越小,点 N 越接近节点 P,也就越容易发生根切。在 m 和 α 一定的情况下,基圆半径与齿数成正比,故齿数过少会使点 N 处在刀具顶线下方,从而产生根切现象。为了避免根切现象的发生,所加工的标准齿轮的齿数应有一个最少的限度。

用图 7.16(c)所示标准齿条刀具切削标准齿轮时,要使被加工齿轮不产生根切,应使 $\overline{PN} \geqslant \overline{PB}$,即

$$\frac{1}{2} mz \sin \alpha \geqslant \frac{h_a^* m}{\sin \alpha}$$

经整理可得

$$z \geqslant \frac{2 h_a^*}{\sin^2 \alpha}$$

因此,切制标准齿轮时,不发生根切的最少齿数为

$$z_{\min}=\frac{2h_a^*}{\sin^2\alpha} \quad (7.18)$$

当 $\alpha=20°$,$h_a^*=1$ 时,$z_{\min}=17$。在实际应用中,若允许有轻微根切,正常齿制标准齿轮的实际齿数可取 14。

三、变位齿轮简介

齿轮传动时由于尺寸的限制,或由于传动比的要求,需要小齿轮的齿数少于不会发生根切的最少齿数时,如前所述,若用标准齿条刀具加工标准齿轮,则必发生根切现象,如图 7.16(a)的齿廓所示,这时刀具的齿顶线超过了轮坯的极限点 N。为了避免根切,应将刀具的安装位置远离轮坯中心 O 一段距离 xm(为了保证全齿高,轮坯的外圆也应相应地预先做大些),使其齿顶线刚好通过点 N 或在点 N 以下,如图 7.16(b)中实线齿廓所示,这时被切齿轮就不会产生根切,这种通过改变刃具与轮坯径向相对位置来切制齿轮的方法称为径向变位法。用径向变位法切制的齿轮称为变位齿轮。以切制标准齿轮的位置为基准,刀具所移动的距离 xm 被称为移距或变位,而 x 称为移距系数或变位系数;一般规定刀具远离轮坯中心的移距系数为正,反之为负(在这种情况下齿轮的齿数一定要多于最少齿数,否则将产生根切),对应于 $x>0$、$x=0$ 及 $x<0$ 的变位分别称为正变位、零变位及负变位。

利用刀具变位来加工齿轮,不仅可以避免根切现象,还能用来满足非标准中心距的一对齿轮的啮合,改善小齿轮的弯曲强度和齿轮间的啮合性能。由于变位齿轮具有很多优点,而切削变位齿轮时,所用的刀具及展成运动的传动比均与切削标准齿轮时一样,无须更换刀具和设备,因此,变位齿轮在生产中得到了广泛的应用。有关变位齿轮的理论、计算和应用,可参阅相关书籍和资料。

第五节 齿轮传动的失效形式、设计准则、精度以及齿轮材料与热处理

一、齿轮的失效形式

齿轮的失效形式主要有以下五种。

1. 轮齿折断

轮齿折断一般发生在齿根部分,这是因为轮齿受力时齿根弯曲应力最大,而且有应力集中。轮齿传递载荷时,齿根产生的应力是变应力。在载荷的多次重复作用下,弯曲应力超过弯曲疲劳极限时,齿根部分就会产生疲劳裂纹,裂纹逐渐扩展便会造成轮齿折断,如图 7.17 所

示,这种折断称为疲劳折断。轮齿单侧工作时,根部弯曲应力一侧为拉伸,另一侧为压缩,轮齿脱离啮合时,弯曲应力为零,因此,不论是哪一侧,其应力都是按脉动循环变化的。轮齿双侧工作时,根部弯曲应力按对称循环变化,即受拉一侧与受压缩一侧应力交替变化。

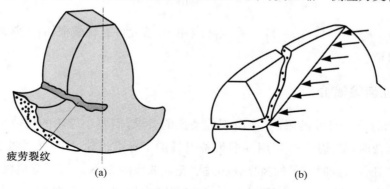

图 7.17 轮齿折断

轮齿因短时严重过载或受到过大的冲击载荷而引起的折断现象称为过载折断。用淬火钢或铸铁制成的齿轮容易发生这种折断。可增大齿根过渡圆角半径、降低表面粗糙度以减小齿根应力集中,也可在齿根处进行喷丸或碾压等表面强化处理,这些措施都能提高轮齿抗折断的能力。

2. 齿面点蚀

轮齿工作时,其工作表面上任一点所产生的接触应力由零(该点未进入啮合时)增加到最大值(该点啮合时),然后又降低到零,该应力是按脉动循环变化的。当应力和重复的次数超过接触疲劳极限时,齿面表层就会产生细微的疲劳裂纹,裂纹的扩展会使表面金属微粒剥落下来形成疲劳点蚀。点蚀会破坏渐开线齿廓,使传动不平稳,噪声增大,最后齿轮因轮齿啮合状况恶化而报废。实践证明,疲劳点蚀首先出现在齿根表面靠近节线处(图 7.18)。

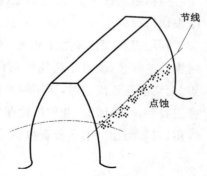

图 7.18 齿面点蚀

在软齿面(HBS≤350)的闭式齿轮传动中,齿轮常因齿面疲劳点蚀而被破坏。在开式传动中,由于齿面磨损较快,一般看不到点蚀现象。齿面抗点蚀能力主要与齿面硬度有关,因此,提高齿面硬度是防止点蚀破坏的有效措施。

3. 齿面磨损

互相啮合的两齿面间有相对滑动,如果两齿面表面加工粗糙或由于磨料、尘土等杂质落入齿面间,齿面便会被逐渐磨损,这种磨损称为磨粒磨损(图 7.19)。磨粒磨损会

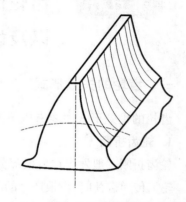

图 7.19 磨粒磨损

使轮齿失去正确的齿形,严重时会导致轮齿过薄而折断。磨粒磨损在开式传动中是难以避免的,因此,采用闭式传动,减少齿面粗糙度,保持良好的润滑,是防止和减轻这种磨损的有效办法。

4. 齿面胶合

在高速重载的齿轮传动中,由于齿面压力大,圆周速度高而在啮合处产生的瞬时高温致使油膜破裂,使两个相互接触的轮齿表面发生粘连,当齿轮继续转动时,较软齿面沿滑动方向被撕下形成沟纹,这种现象称为胶合(图 7.20)。低速重载时,由于润滑油膜不易形成,也会出现冷胶合。要提高齿轮传动的抗胶合能力,需提高齿面硬度和减小粗糙度,对于低速传动可采用具有较大黏度的润滑油,对于高速传动可采用含有抗胶合添加剂的润滑油。

5. 齿面塑性变形

对于齿面较软的齿轮,低速重载时由于摩擦力的作用,齿面表层材料会因屈服产生塑性流动而形成齿面塑性变形(图 7.21)。这种损坏常在过载严重和启动频繁的传动中遇到。适当提高齿面硬度,采用黏度大的润滑油,可减轻或防止齿面塑性变形。

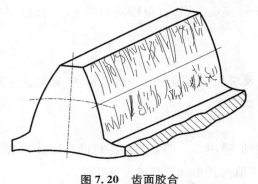
图 7.20 齿面胶合

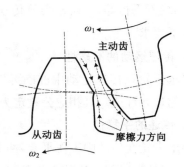
图 7.21 齿轮的塑性变形

二、齿轮传动的设计准则

齿轮传动的设计准则根据其失效形式而定。目前设计一般的齿轮传动时,通常只按保证齿面接触疲劳强度及保证齿根弯曲强度两准则进行计算。

闭式齿轮传动中,齿面疲劳点蚀和轮齿的齿根弯曲疲劳折断均有可能发生,且软齿面齿轮以疲劳点蚀破坏为主,硬齿面齿轮以弯曲疲劳折断为主。故计算准则为:软齿面闭式齿轮传动应按齿面接触疲劳强度设计,再按齿根弯曲疲劳强度校核;硬齿面闭式齿轮传动应按齿根弯曲疲劳强度设计,再按齿面接触疲劳强度校核。

开式齿轮传动的主要失效形式是齿面磨损和轮齿折断。因目前齿面磨损尚无完善可靠的计算方法,故一般只需按齿根弯曲疲劳强度设计,考虑磨损影响,将设计出的模数增大10%～20%,然后再取标准值,不必再校核齿面接触疲劳强度。

三、齿轮传动的精度

渐开线圆柱齿轮的精度按国标规定可分为 13 级,其中 0 级最高,12 级最低,常用的是

6～9级，见表7.5。齿轮副中两个齿轮一般取相同的精度等级，也允许取不同的精度等级。

表7.5 齿轮传动精度等级的选择及应用

精度等级	齿轮线速度/(m·s^{-1})			应 用
	直齿圆柱齿轮	斜齿圆柱齿轮	直齿圆锥齿轮	
6级	≤15	≤25	≤9	高速重载的齿轮传动，如飞机、汽车和机床中的齿轮；分度机构的齿轮
7级	≤10	≤17	≤6	高速中载或中速重载的齿轮传动，如标准系列减速器中的齿轮，汽车和机床中的齿轮
8级	≤5	≤10	≤3	机械制造中对精度无特殊要求的齿轮
9级	≤3	≤3.5	≤2.5	低速及对精度要求低的传动

制造和安装齿轮传动装置时，不可避免地会产生误差（如齿形误差、齿距误差、齿向误差、两轴线不平行等）。误差会给传动带来许多负面影响，根据使用情况，对齿轮制造精度提出以下要求：

1. 传递运动的准确性

要求齿轮在传递运动中准确可靠，即要求相啮合齿轮在一转范围内，转角误差的最大值不得超过允许值。其相应公差定为第Ⅰ组。

2. 传递的平稳性

要求齿轮在传动中工作平衡，冲击、振动、噪声小。即要限制齿轮的齿形或基节等项的误差，以保证瞬时传动比的变化不超过允许值。其相应公差定为第Ⅱ组。

3. 载荷分配的均匀性

要求齿轮啮合时齿面接触良好，以免引起载荷集中而造成齿面局部磨损，从而降低齿轮寿命。其相应公差定为第Ⅲ组。

按载荷及速度推荐的齿轮传动精度等级如图7.22所示。

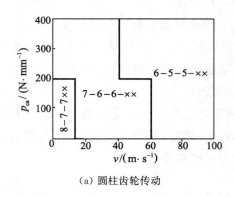
(a) 圆柱齿轮传动

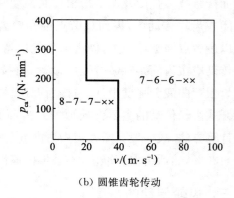
(b) 圆锥齿轮传动

图7.22 齿轮传动的精度选择

注：v表示线速度，p_{ca}表示计算功率。

四、齿轮材料及热处理

由齿轮的失效形式可知,齿轮材料的基本要求是:齿面要硬,齿芯要韧。另外,齿轮材料还应满足加工和热处理的工艺性要求及经济性要求。

常用的齿轮材料是各种优质碳素钢、合金结构钢、铸钢和铸铁等。一般多采用锻造或轧制钢材。当齿轮较大(例如直径大于 400~600 mm),而轮坯不易锻造时,可采用铸铁。开式低速传动齿轮可仍用灰铸铁。仪表齿轮常用的材料是塑料及铜合金。表 7.6 列出了常用的齿轮材料及其热处理后的硬度。

表 7.6 常用齿轮材料及其机械性能

材料	热处理方法	强度极限/MPa	屈服极限/MPa	硬度	
				齿芯部	齿面
HT250		250	—	170~241HBS	
HT300		300	—	187~255HBS	
HT350		350	—	197~269HBS	
QT500-5		500	—	147~241HBS	
QT600-2		600	—	229~302HBS	
ZG310-570	正火	580	320	156~217HBS	
ZG340-640		650	350	169~229HBS	
45		580	290	162~217HBS	
ZG340-640		700	380	241~269HBS	
45		650	360	217~255HBS	
30CrMnSi	调质	1 100	900	310~360HBS	
35SiMn		750	450	217~269HBS	
38SiMnMo		700	550	217~269HBS	
40Cr		700	500	241~286HBS	
45	调质后表面淬火	—	—	217~255HBS	40~50HRC
40Cr		—	—	241~286HBS	48~55HRC
20Cr	渗氮后淬火	650	400	300HBS	58~62HRC
20CrMnTi		1 100	850		
12Cr2Ni4		1 100	850	320HBS	
20CrNi4		1 200	1 100	350HBS	
35CrAlA	调质后氮化(氮化层厚)	950	750	255~321HBS	>850HV
38CrMoAlA		1 000	850		
夹布塑胶	—	100	—	25~35HBS	

注:40Cr 钢可用 40MnB 或 40MnVB 钢代替;20Cr、20CrMnTi 钢可用 20Mn2B 或 20MnVB 代替。

齿轮的常用的热处理方法有以下五种。

（1）表面淬火：一般用于中碳合金钢，如45号钢、40Cr等。表面淬火后轮齿变形不大，可不磨齿，齿面硬度可达52～56HRC。表面淬火后齿面接触强度高，耐磨性好，而齿芯部未淬硬仍有较高的韧性，故齿轮能承受一定的冲击载荷。表面淬火的方法有高频淬火和火焰淬火等。

（2）渗碳淬火：渗碳钢一般为低碳钢和低碳合金钢，含碳量要求在0.15%～0.25%，如20号钢、20Cr等。渗碳淬火后齿面硬度可达56～62HRC，齿面接触强度高，耐磨性好，而齿芯部仍保持有较高的韧性，因此渗碳钢常用于受冲击载荷的重要齿轮传动。通常渗碳淬火后要磨齿。

（3）渗氮：渗氮是一种化学热处理。渗氮后不再进行其他热处理，齿面硬度可达60～62HRC。因氮化处理温度低，齿的变形小，故渗氮适用于难以磨齿的场合，如内齿轮。常用的渗氮钢为38CrMoAlA。

（4）调质：调质一般用于中碳钢和中碳合金钢，如45号钢、40Cr、35SiMn等。调质处理后齿面硬度一般为220～260HBS，因硬度不高，故可在热处理以后精切齿形，且在使用中易于跑合。

（5）正火：正火能消除内应力、细化晶粒、改善力学性能和切削性能。机械强度要求不高的齿轮可用中碳钢正火处理。大直径的齿轮可用铸钢正火处理。

以上五种热处理中，调质和正火两种热处理后的齿面为软齿面（≤350HBS）；其他三种处理方式后的齿面均为硬齿面（>350HBS）。

第六节 直齿圆柱齿轮的强度计算

一、轮齿上的作用力

为了计算齿轮的强度，必须先分析轮齿上的作用力。图7.23展示了一对标准直齿圆柱齿轮按标准中心距安装时轮齿啮合点的受力情况。不考虑摩擦力作用，轮齿间相互作用的总压力为法向力F_n，F_n是沿啮合线方向的力，作用在主、从动齿轮上的力大小相等，方向相反。F_n可分解为两个分力：圆周力F_t和径向力F_r，大小可按下式计算：

$$\begin{cases} F_t = \dfrac{2T_1}{d_1} \\ F_r = F_t \tan \alpha \\ F_n = \dfrac{F_t}{\cos \alpha} \end{cases} \quad (7.19)$$

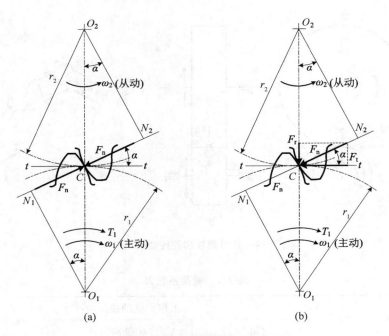

图 7.23 直齿圆柱齿轮传动的作用力

式中：T_1——小齿轮上的转矩，N·mm；

d_1——小齿轮的分度圆直径，mm；

α——压力角，rad。

其中，$T_1 = 10^6 \dfrac{P}{\omega_1} = 9.55 \times 10^6 \dfrac{P}{n_1}$；$P$ 为传递的功率，单位为 kW；ω_1 为小齿轮的角速度，$\omega_1 = \dfrac{2\pi n_1}{60}$ rad/s；n_1 为小齿轮的转速，单位为 r/min。

在主动轮上圆周力 F_t 的方向与运动方向相反，在从动轮上 F_t 的方向与运动方向相同。对于主动轮和从动轮来说，径向力 F_r 的方向都是由作用点指向轮心，如图 7.24 所示。

二、计算载荷

上述的法向力 F_n 是在理想的平稳工作条件下求出的理论载荷，为名义载荷。名义载荷未考虑影响齿轮实际载荷的各个因素，比如由于制造和安装的误差，载荷沿齿宽的分布有可能不均匀，从而产生载荷集中现象；或轴承相对于齿轮作不对称布置时，由于轴的弯曲变形，轮齿将相互倾斜，齿轮的一端载荷增大。此外，各种原动机和工作机的特性不同、齿轮制造误差、轮齿变形等因素还会引起附加动载荷。因此，计算齿轮强度时，须考虑以上因素，用计算载荷 KF_n 代替名义载荷 F_n，其中 K 为载荷系数，可根据表 7.7 确定。

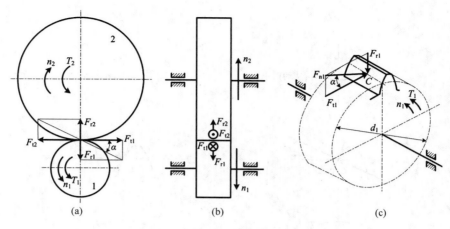

图 7.24 直齿圆柱齿轮传动受力分析

表 7.7 载荷系数 K

原动机	工作机械的载荷特性		
	均匀	中等冲击	大的冲击
电动机	1～1.2	1.2～1.6	1.6～1.8
多缸内燃机	1.2～1.6	1.6～1.8	1.9～2.1
单缸内燃机	1.6～1.8	1.8～2.0	2.2～2.4

注：斜齿、圆周速度低、精度高、齿宽系数小时取小值，直齿、圆周速度高、精度低、齿宽系数大时取大值；齿轮在两轴承之间且对称布置时取小值，齿轮在两轴承之间不对称及悬臂布置时取大值。

三、齿面接触疲劳强度计算

齿面发生疲劳点蚀，主要与齿面的接触应力大小有关。一对轮齿啮合时其齿面最大接触应力可近似地用下面的赫兹接触公式进行计算。

$$\sigma_H = \sqrt{\frac{F_n}{\pi b} \cdot \frac{\dfrac{1}{\rho_1} \pm \dfrac{1}{\rho_2}}{\dfrac{1-\mu_1^2}{E_1} + \dfrac{1-\mu_2^2}{E_2}}} \tag{7.20}$$

式中：b ——接触宽度；

ρ_1、ρ_2 ——分别表示两齿轮的曲率半径；

μ_1、μ_2 ——分别表示两齿轮材料的泊松比；

E_1、E_2 ——分别表示两齿轮材料的弹性模量。

试验表明，齿面点蚀通常首先出现在节点附近靠近齿根处，所以设计时应以节点处的接触应力作为计算依据。

由图 7.23 可知,节点 C 处的曲率半径为

$$\begin{cases} \rho_1 = N_1 C = \dfrac{d_1}{2}\sin\alpha \\ \rho_2 = N_2 C = \dfrac{d_2}{2}\sin\alpha \end{cases} \qquad (7.21)$$

取齿数比 $u = \dfrac{d_2}{d_1} = \dfrac{z_2}{z_1} \geqslant 1$,则

$$\frac{1}{\rho_1} \pm \frac{1}{\rho_2} = \frac{2}{d_1\sin\alpha} \pm \frac{2}{d_2\sin\alpha} = \frac{u \pm 1}{u} \cdot \frac{2}{d_1\sin\alpha}$$

式中 d_1、d_2 分别是两齿轮分度圆直径;z_1、z_2 分别为两齿轮齿数。

在节点处一般只有一对齿啮合,即一对齿上所受载荷为

$$F_{nc} = K F_n = \frac{2KT_1}{d_1\cos\alpha}$$

令弹性影响系数 $z_E = \sqrt{\dfrac{1}{\pi\left[\left(\dfrac{1-\mu_1^2}{E_1}\right) + \left(\dfrac{1-\mu_2^2}{E_2}\right)\right]}}$,对于一对钢制齿轮 $z_E = $ 189.8 $\mathrm{MPa}^{\frac{1}{2}}$。标准压力角 $\alpha = 20°$,齿宽系数 $\varPhi_d = b/d$,将上述各式代入赫兹接触公式,整理后可得钢制标准齿轮传动的齿面接触强度验算公式为

$$\sigma_H = 670\sqrt{\frac{KT_1(u \pm 1)}{\varPhi_d d_1^3 u}} \leqslant [\sigma_H] \qquad (7.22)$$

式中 $[\sigma_H]$ 为许用接触应力,单位为 MPa。

由式(7.22)可得按齿面接触强度确定小齿轮分度圆直径 d_1 的设计公式:

$$d_1 \geqslant \sqrt[3]{\frac{KT_1(u \pm 1)}{\varPhi_d u}\left(\frac{670}{[\sigma_H]}\right)^2} \qquad (7.23)$$

上式只适用于钢制齿轮,若配对齿轮材料为钢对铸铁或铸铁对铸铁,则应将公式中的系数 670 分别改为 572 和 508。

许用接触应力 $[\sigma_H]$ 可按下式确定:

$$[\sigma_H] = \frac{\sigma_{Hlim}}{S_H} \qquad (7.24)$$

式中 σ_{Hlim} 为试验齿轮的接触疲劳极限,它主要取决于齿轮材料、齿面硬度、热处理方法,可按图 7.25 查取;S_H 为齿面接触疲劳安全系数,其值按表 7.8 确定。

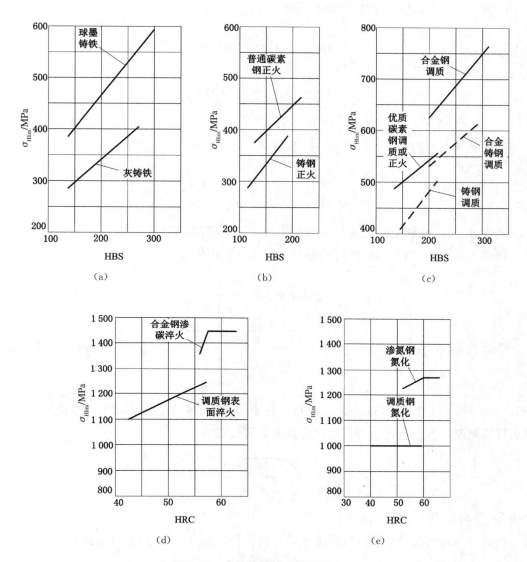

图 7.25 齿轮的接触疲劳极限 σ_{Hlim}

表 7.8 安全系数 S_H 和 S_F

安全系数	软齿面(HBS≤350)	硬齿面(HBS>350)	重要的传动、渗碳淬火齿轮和铸造齿轮
S_H	1.0~1.1	1.1~1.2	1.3
S_F	1.3~1.4	1.4~1.6	1.6~2.2

在载荷一定的情况下,增大齿宽可减小齿轮直径和传动中心距,但齿宽越大,载荷沿齿宽分布越不均匀。因此,必须合理地选择齿宽系数,其推荐值可从表 7.9 中选取。

表 7.9　齿宽系数 Φ_d

齿轮相对于轴承的位置	对称布置	不对称布置	悬臂布置
Φ_d	0.9～1.4	0.7～1.15	0.4～0.6

注：1. 大、小齿轮均为硬齿面时，Φ_d 可取偏小值；若齿轮皆为软齿面或仅大齿轮为软齿面，Φ_d 可取表中偏上限的值。
2. 对于金属切削机床的齿轮传动，若传递的功率不大，Φ_d 可取到 0.2。
3. 非金属齿轮可取 $\Phi_d = 0.5 \sim 1.2$。

为保证接触齿宽，圆柱齿轮的小齿轮齿宽 b_1 要比大齿轮齿宽 b_2 大 5～10 mm。在进行齿面接触强度计算时，应将 $[\sigma_H]_1$ 和 $[\sigma_H]_2$ 中的较小值代入设计公式进行计算。配对齿轮在接触区域的接触应力是相等的，即 $\sigma_{H1} = \sigma_{H2}$。

四、齿根弯曲疲劳强度计算

计算轮齿弯曲强度时，可将轮齿看作悬臂梁，如图 7.26 所示，假定全部载荷 F_n 由一对轮齿承担，并作用于齿顶。受载后齿根处弯曲应力最大，齿根圆角部分又有应力集中，所以齿根部分是弯曲疲劳的危险区，其危险截面可用 30°切线法确定，即作与轮齿对称中心线成 30°夹角并与齿根圆相切的斜线，两切点的连线为危险截面的位置，危险截面的齿厚为 s_F。

法向力 F_n 与轮齿对称中心线的垂线的夹角为齿顶压力角 α_F，在轮齿对称中心处 F_n 可分解为 $F_1 = F_n \cos \alpha_F$ 和 $F_2 = F_n \sin \alpha_F$ 两个分力，F_1 使齿根产生弯曲应力，F_2 则产生压应力。由于压应力相对于弯曲应力很小，故通常忽略不计。设 F_1 到危险截面的距离为 h_F，齿根危险截面处的弯曲应力为

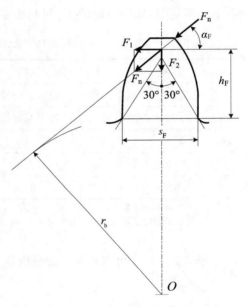

图 7.26　齿根危险截面

$$\sigma_F = \frac{M}{W} = \frac{KF_n h_F \cos \alpha_F}{b s_F^2 / 6} = \frac{6 K F_t h_F \cos \alpha_F}{b s_F^2 \cos \alpha} = \frac{2KT_1}{bmd_1} \cdot \frac{6\left(\dfrac{h_F}{m}\right) \cos \alpha_F}{\left(\dfrac{s_F}{m}\right)^2 \cos \alpha} \tag{7.25}$$

式中：M——齿根弯曲截面的弯曲力矩，$M = KF_n h_F \cos \alpha_F$；

　　　W——危险截面的弯曲截面系数，$W = \dfrac{b s_F^2}{6}$。

令

$$Y_F = \frac{6\left(\dfrac{h_F}{m}\right)\cos\alpha_F}{\left(\dfrac{s_F}{m}\right)^2 \cos\alpha} \tag{7.26}$$

考虑齿根应力集中和危险截面上的压应力和剪应力的影响，引入应力校正系数 Y_S，得到轮齿弯曲疲劳强度的验算公式为

$$\sigma_F = \frac{2KT_1 Y_F Y_S}{bmd_1} \leqslant [\sigma_F] \tag{7.27}$$

Y_F 称为齿形系数，只与轮齿的齿廓有关，而与轮齿的大小（模数 m）无关。当齿廓基本参数已确定时，标准齿轮的 Y_F 只与齿数有关，其值如表 7.10 所示。

表 7.10 齿形系数 Y_F 和应力校正系数 Y_S

$z(z_v)$	17	18	19	20	21	22	23	24	25	26	27	28	29
Y_F	2.97	2.91	2.85	2.80	2.76	2.72	2.69	2.65	2.62	2.60	2.57	2.55	2.53
Y_S	1.52	1.53	1.54	1.55	1.56	1.57	1.575	1.58	1.59	1.595	1.60	1.61	1.62
$z(z_v)$	30	35	40	45	50	60	70	80	90	100	150	200	>200
Y_F	2.52	2.45	2.40	2.35	2.32	2.28	2.24	2.22	2.20	2.18	2.14	2.12	2.06
Y_S	1.625	1.65	1.67	1.68	1.70	1.73	1.75	1.77	1.78	1.79	1.83	1.865	1.97

注：基本齿形的参数为 $\alpha = 20°$、$h_a^* = 1$、$c^* = 0.25$，刀具圆角半径 $\rho = 0.38\,m$（m 为齿轮模数）。内齿轮的齿形系数和应力校正系数可近似取为 $Z = \infty$ 时的齿形系数和应力校正系数。

令 $\Phi_d = \dfrac{b}{d_1}$，可得轮齿弯曲强度设计公式为：

$$m \geqslant \sqrt[3]{\frac{2KT_1}{\Phi_d z_1^2} \cdot \frac{Y_F Y_S}{[\sigma_F]}} \tag{7.28}$$

在进行轮齿弯曲强度设计时，应将 $\dfrac{Y_{F_1} Y_{S_1}}{[\sigma_F]_1}$ 和 $\dfrac{Y_{F_2} Y_{S_2}}{[\sigma_F]_2}$ 中的较大值代入设计公式进行计算，因为 $\dfrac{Y_F Y_S}{[\sigma_F]}$ 越大，齿根弯曲强度越弱。由式（7.28）算得的模数应圆整为标准模数。此外，对于传递动力的齿轮，模数不宜小于 1.5 mm。

许用弯曲应力 $[\sigma_F]$ 可按下式确定：

$$[\sigma_F] = \frac{\sigma_{Flim}}{S_F} \tag{7.29}$$

式中，σ_{Flim} 为试验齿轮的弯曲疲劳极限，可按图 7.27 查取。对于长期双侧工作的齿轮传动，因齿根弯曲应力为对称循环变应力，故应将图中数据乘 0.7。S_F 为轮齿弯曲疲劳安全系数，其值按表 7.8 确定。

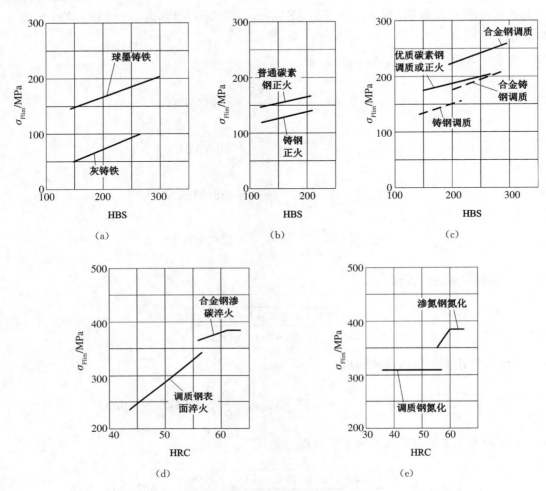

图 7.27 齿轮的弯曲疲劳极限 σ_{Flim}

例 7.1 设计某单级减速装置中的一对闭式标准直齿圆柱齿轮传动。已知电机的输入转速为 $n_1=960\ \text{r/min}$，齿数比 $u=3.2$，传递的功率为 $P=10\ \text{kW}$，传动方式为单向传动，载荷基本平稳。

解：

1. 选择齿轮材料，查表 7.6

小齿轮：40Cr，调质处理，硬度为 241～286HBS，取 $HBS_1=250$。

大齿轮：45 号钢，正火处理，硬度为 162～217HBS，取 $HBS_2=210$。

2. 选择齿轮 z 和齿宽系数

初定 $z_1=25$，$z_2=3.2\times25=80$。

Φ_d 按对称布置,由表 7.9 选得 $\Phi_d = 1.2$。

3. 确定齿轮的许用应力

根据两轮的齿面硬度,由图 7.25 和图 7.27 查得两轮的齿面接触疲劳极限 σ_{Hlim} 和齿根弯曲疲劳极限 σ_{Flim} 分别为:$\sigma_{Hlim1} = 680$ MPa,$\sigma_{Hlim2} = 560$ MPa;$\sigma_{Flim1} = 240$ MPa,$\sigma_{Flim2} = 190$ MPa。

查表 7.8 得 $S_H = 1.1$,$S_F = 1.3$,故

$$[\sigma_H]_1 = \frac{\sigma_{Hlim1}}{S_H} = \frac{680}{1.1} = 618 (\text{MPa})$$

$$[\sigma_H]_2 = \frac{\sigma_{Hlim2}}{S_H} = \frac{560}{1.1} = 509 (\text{MPa})$$

$$[\sigma_F]_1 = \frac{\sigma_{Flim1}}{S_F} = \frac{240}{1.3} = 185 (\text{MPa})$$

$$[\sigma_F]_2 = \frac{\sigma_{Flim2}}{S_F} = \frac{190}{1.3} = 146 (\text{MPa})$$

4. 齿面接触强度设计

$$d_1 \geqslant \sqrt[3]{\frac{KT_1(u \pm 1)}{\Phi_d u} \left(\frac{670}{[\sigma_H]}\right)^2}$$

(1) 计算小齿轮所传递的转矩

$$T_1 = 9.55 \times 10^6 \frac{P}{n_1} = 9.55 \times 10^6 \times \frac{10}{960} = 99\ 479 (\text{N} \cdot \text{mm})$$

(2) 查表 7.7 得载荷系数 $K = 1.1$,则

$$d_1 \geqslant \sqrt[3]{\frac{1.1 \times 99\ 479 \times (3.2 + 1)}{1.2 \times 3.2} \times \left(\frac{670}{509}\right)^2} = 59 (\text{mm})$$

5. 确定模数和齿宽

$$m = \frac{d_1}{z_1} = \frac{59}{25} = 2.36 (\text{mm})$$

按表 7.1,取 $m = 2.5$ mm。

$$d_1 = 2.5 \times 25 = 62.5 (\text{mm})$$
$$b = \Phi_d d_1 = 1.2 \times 62.5 = 75 (\text{mm})$$
$$b_2 = b = 75 \text{ mm},\ b_1 = b_2 + (5 \sim 10) \text{mm}$$

取 $b_1 = 80$ mm

6. 齿根弯曲疲劳强度校核

$$\sigma_F = \frac{2KT_1 Y_F Y_S}{bmd_1} \leqslant [\sigma_F]$$

查表 7.10 得

$$Y_{F1} = 2.62, Y_{F2} = 2.22; Y_{S1} = 1.59, Y_{S2} = 1.77$$

$$\sigma_{F1} = \frac{2 \times 1.1 \times 99\,479 \times 2.62 \times 1.59}{75 \times 2.5 \times 62.5} = 77.8 (\text{MPa}) < [\sigma_F]_1$$

$$\sigma_{F2} = \sigma_{F1} \frac{Y_{F2} Y_{S2}}{Y_{F1} Y_{S1}} = 77.8 \times \frac{2.22 \times 1.77}{2.62 \times 1.59} = 73.4 (\text{MPa}) < [\sigma_F]_2$$

因此，两齿轮弯曲强度足够。

7. 齿轮传动的几何尺寸及结构设计（略）

第七节　斜齿圆柱齿轮传动

一、斜齿轮齿廓曲面

渐开线斜齿圆柱齿轮简称斜齿轮，如图 7.28 所示，其齿廓曲面的形成与直齿圆柱齿轮相似。考虑到齿轮都是有一定宽度的，前面所述的渐开线的基圆应是基圆柱，发生线应是与基圆柱相切的发生面。当发生面与基圆柱做纯滚动时，它上面的一条与基圆柱母线平行的直线在空间形成的渐开线曲面，就是直齿圆柱齿轮的齿廓曲面，称为渐开面，这种齿轮的啮合情况是突然地沿整个齿宽同时进入啮合和退出啮合，轮齿上所受的力也是突然加上或卸掉的，故容易引起冲击、振动和噪声，因此其传动的平稳性差，对齿轮的制造、安装误差较为敏感。

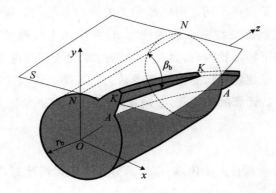
(a) 斜齿圆柱齿轮齿廓曲面的形成

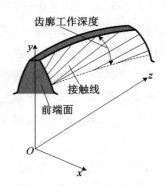
(b) 斜齿圆柱齿轮的接触线

图 7.28　斜齿圆柱齿轮齿面

斜齿轮齿廓曲面的形成如图 7.28 所示,发生面上展成渐开线的直线 K-K 不与基圆柱母线 N-N 平行,而是偏斜一个角度 β_b。当发生面沿基圆柱面做纯滚动时,斜直线 K-K 在空间的运动轨迹为渐开螺旋面,即斜齿轮的齿廓曲面。该齿廓曲面与基圆柱(及与基圆柱同心的各圆柱)的相贯线均为螺旋线,β_b 称为斜齿轮基圆柱上的螺旋角。当 $\beta_b = 0°$ 时,斜齿轮就成为直齿轮了。

二、斜齿轮的基本参数及几何尺寸计算

1. 螺旋角

将斜齿轮的分度圆柱面展开,如图 7.29(a)所示,分度圆柱面上的螺旋线便展成一条斜直线。它与轴线的夹角 β 称为斜齿轮分度圆柱面上的螺旋角,简称螺旋角。通常用它来表示斜齿轮轮齿的倾斜程度。斜齿轮有左旋和右旋之分。后面所述螺旋角均指分度圆柱上的螺旋角。根据几何关系可知:

$$\tan \beta = \frac{\pi d}{P_z} \tag{7.30}$$

式中 P_z 为螺旋线导程。

将基圆柱面展开,如图 7.29(b)所示,因不同圆柱面的直径不同,故基圆柱面上的螺旋角与分度圆上的螺旋角不相等。

$$\tan \beta_b = \frac{\pi d_b}{P_z} = \frac{\pi \cos \alpha_t d}{P_z}$$

所以有

$$\tan \beta_b = \tan \beta \cos \alpha_t \tag{7.31}$$

式中 α_t 为端面压力角。

2. 法面参数与端面参数

由于斜齿轮的齿面为渐开螺旋面,故轮齿在不同方向的截面上的齿形不相同。垂直于斜齿轮回转轴的面称为端面,垂直于分度圆螺旋线的面称为法面,这两个面上齿廓形状不同,故其法面参数和端面参数也不同。加工斜齿轮时,刀具是沿轮齿的螺旋线方向进刀的,故必须按轮齿的法面参数来选择刀具,所以规定斜齿轮的法面参数为标准值。斜齿轮端面上为渐开线齿形,其几何尺寸是按端面参数计算的。因此,必须建立法面参数(下角标为 n)与端面参数(下角标为 t)之间的关系。

(1) 模数

图 7.29(a)上的阴影部分厚度表示分度圆柱上的齿厚,空白部分宽度表示齿槽宽,从图中可知法面齿距 p_n 与端面齿距 p_t 的关系为

$$p_n = p_t \cos \beta \tag{7.32}$$

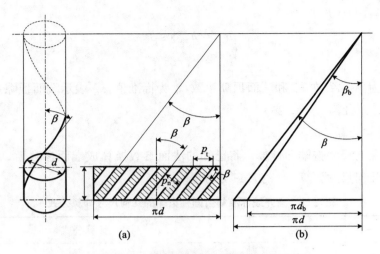

图 7.29 斜齿圆柱齿轮分度圆柱展开图

因为 $p_n = \pi m_n$，$p_t = \pi m_t$，故法面模数 m_n 与端面模数 m_t 之间的关系为

$$m_n = m_t \cos \beta \tag{7.33}$$

式中法面模数 m_n 为标准值，可查表 7.1 选取。

(2) 压力角

为便于分析，用斜齿条来说明法面压力角 α_n 与端面压力角 α_t 之间的关系。由图 7.30 可得

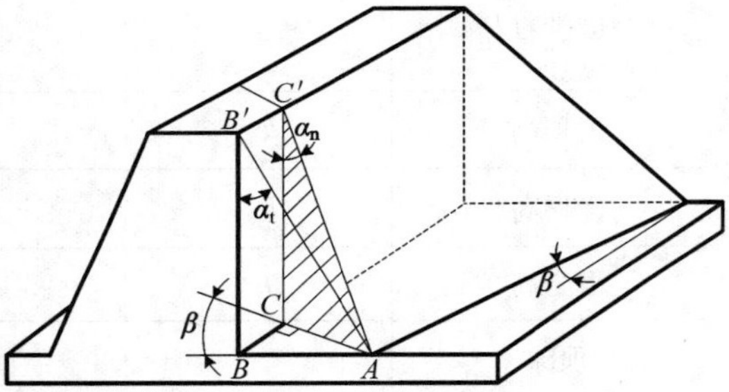

$$\tan \alpha_t = \frac{\overline{AB}}{\overline{BB'}}, \quad \tan \alpha_n = \frac{\overline{AC}}{\overline{CC'}}$$

图 7.30 斜齿条

因为 $\overline{AC} = \overline{AB} \cos \beta$ 且 $\overline{BB'} = \overline{CC'}$，所以

$$\frac{\tan \alpha_n}{\tan \alpha_t} = \cos \beta$$

则

$$\tan \alpha_n = \tan \alpha_t \cos \beta \tag{7.34}$$

式中法面压力角为标准值，规定 $\alpha_n = 20°$。

(3) 齿顶高系数与顶隙系数

无论从端面还是法面看，斜齿轮的齿顶高 h_a 和齿根高 h_f 都是相同的，即

$$h_a = h_{an}^* m_n = h_{at}^* m_t$$
$$h_f = (h_{an}^* + c_n^*) m_n = (h_{at}^* + c_t^*) m_t$$

式中 h_{an}^* 表示法面齿顶高系数，h_{at}^* 表示端面齿顶高系数。

考虑到 $m_n = m_t \cos\beta$，故有

$$\begin{cases} h_{at}^* = h_{an}^* \cos\beta \\ c_t^* = c_n^* \cos\beta \end{cases} \quad (7.35)$$

式中法面齿顶高系数 h_{an}^* 和法面顶隙系数 c_n^* 为标准值，c_t^* 表示端面顶隙系数。对正常齿制齿轮，取 $h_{an}^* = 1$，$c_n^* = 0.25$。

3. 几何尺寸计算

斜齿轮的几何尺寸按端面计算。将已知的法面参数换算成端面参数后，可直接按直齿轮的公式进行几何尺寸计算，如表 7.11 所示。

表 7.11 渐开线标准斜齿圆柱齿轮的几何尺寸计算公式

名称	符号	计算公式
端面模数	m_t	$m_t = m_n / \cos\beta$
螺旋线	β	一般取 $\beta = 8° \sim 20°$
端面压力角	α_t	$\alpha_t = \arctan\left(\dfrac{\tan\alpha_n}{\cos\beta}\right)$，$\alpha_n$ 为标准值
分度圆直径	d	$d_1 = m_t z_1 = \dfrac{m_n z_1}{\cos\beta}$，$d_2 = m_t z_2 = \dfrac{m_n z_2}{\cos\beta}$
齿顶高	h_a	$h_{a1} = h_{a2} = h_a = h_{an}^* m_n = m_n$
齿根高	h_f	$h_{f1} = h_{f2} = h_f = (h_{an}^* + c_n^*) m_n = 1.25 m_n$
齿全高	h	$h = h_a + h_f = 2.25 m_n$
顶隙	c	$c = h_f - h_a = 0.25 m_n$
齿顶圆直径	d_a	$d_{a1} = d_1 + 2m_n$，$d_{a2} = d_2 + 2m_n$
齿根圆直径	d_f	$d_{f1} = d_1 - 2.5 m_n$，$d_{f2} = d_2 - 2.5 m_n$
中心距	a	$a = \dfrac{d_1 + d_2}{2} = \dfrac{m_n(z_1 + z_2)}{2\cos\beta}$

三、斜齿轮的当量齿数

在加工斜齿轮时，刀具是沿螺旋形齿槽方向进刀的，因此，如用仿形法加工斜齿轮，在选择刀号时，不仅要知道所切制的斜齿轮的法面模数和法面压力角，还要知道与法面齿形相当的直齿轮齿形所对应的齿数。

图 7.31 所示为一斜齿轮的分度圆柱，过斜齿轮分度圆柱螺旋线上某一点 C 作轮齿螺旋线的法面 n-n，它与分度圆柱的交线为一椭圆。该椭圆 C 点附近的齿形可近似地视为斜齿轮的法面齿形。若以 C 点的曲率半径 ρ 为半径，以斜齿轮的法面模数 m_n 为模数，以斜齿轮的法

面压力角为压力角作一直齿圆柱齿轮,则该假想的直齿轮的齿形与上述斜齿轮的法面齿形十分接近。这个假想的直齿轮称为斜齿轮的当量齿轮,其齿数称为斜齿轮的当量齿数,用 z_v 表示。

设斜齿轮的实际齿数为 z,分度圆半径为 r,由图 7.31 可知椭圆的长半轴 $a=\dfrac{r}{\cos\beta}$,短半轴 $b=r$。由高等数学可知,椭圆上 C 点曲率半径为

$$\rho=\dfrac{a^2}{b}=\left(\dfrac{r}{\cos\beta}\right)^2\cdot\dfrac{1}{r}=\dfrac{r}{\cos^2\beta}$$

故该斜齿数为

$$z_v=\dfrac{2\pi\rho}{\pi m_n}=\dfrac{m_t z}{m_n\cos^2\beta}=\dfrac{z}{\cos^3\beta} \quad (7.36)$$

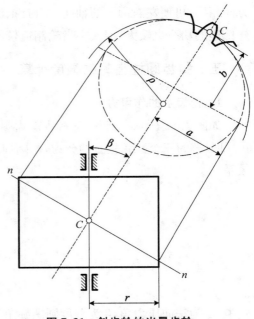

图 7.31 斜齿轮的当量齿轮

由于 $1/\cos^3\beta>1$,所以当量齿数必大于实际齿数。

用齿条型刀具切制斜齿轮时,不发生根切的最少齿数 $z_{\min}$ 可按其当量直齿轮的最小齿数 $z_{\min}$ 计算,即

$$z_{\min}=z_{v\min}\cos^3\beta \quad (7.37)$$

按式(7.36)求得的 z_v 值一般不是整数,也不必圆整为整数,只需按这个数值选取刀具即可。另外,在进行斜齿轮轮齿弯曲强度计算时也要用到当量齿数。但用范成法加工斜齿轮时,只需按斜齿轮的法面模数和法面压力角来选刀具即可。

四、平行轴斜齿圆柱齿轮机构的特点

与直齿圆柱齿轮相比,平行轴斜齿圆柱齿轮机构具有如下优点:

(1) 啮合性能好,轮齿是逐渐进入啮合又逐渐退出啮合的,故运转平稳,冲击小、噪声小。

(2) 重合度大,并随螺旋角和齿宽的增大而增大,故运转平稳且承载能力较大,适于高速传动。

(3) 不产生根切的最少齿数比直齿轮的少,故机构结构更紧凑。

(4) 改变 β 的大小可调节中心距。

平行轴斜齿圆柱齿轮机构的缺点是:由于存在螺旋角,斜齿轮在工作时会产生轴向力,轴系需采用向心推力轴承,且轴向推力会使传动中的摩擦损失增加。为了既能发挥斜齿轮的优点,又不致使轴向推力过大,一般采用的螺旋角为 $\beta=8°\sim 20°$。

如需彻底消除轴向推力,可采用人字齿轮,这种齿轮左右两排轮齿的螺旋角大小相等、

方向相反,可使左右两侧的轴向力自行抵消,因而人字齿轮的螺旋角可取 $\beta=27°\sim 45°$,这样传递的功率也较大,但人字齿轮制造较困难。

五、斜齿圆柱齿轮的强度计算

1. 轮齿上的作用力

如图 7.32 所示,对于一对标准斜齿圆柱齿轮,若不考虑摩擦力,作用于轮齿上的法向力 F_n 可分解为三个互相垂直的分力,即圆周力 F_t、径向力 F_r 和轴向力 F_a,且几个力具有以下关系:

$$\begin{cases} F_t = \dfrac{2T_1}{d_1} \\ F_r = \dfrac{F_t \tan \alpha_n}{\cos \beta} \\ F_a = F_t \tan \beta \end{cases} \quad (7.38)$$

式中 α_n 为法向压力角,β 为分度圆螺旋角。

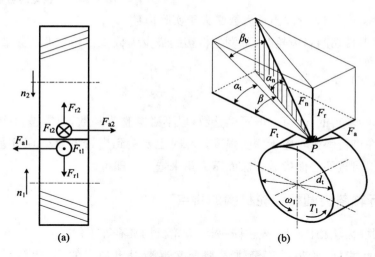

图 7.32 斜齿圆柱齿轮受力分析

忽略摩擦力,作用于主、从动轮上各对应的力大小相等,方向相反。圆周力 F_t 的方向在主动轮上与其回转方向相反,在从动轮上与其回转方向相同。径向力 F_r 的方向分别为由作用点指向各自的轮心。轴向力 F_a 的方向可根据螺旋线方向和齿轮的回转方向以主动轮左、右手定则来判别,即当主动轮为右(左)旋时用右(左)手判定,握紧的四指表示主动轮的回转方向,顺大拇指的指向即为主动轮所受轴向力的方向。

2. 强度计算

斜齿圆柱齿轮传动强度计算是根据轮齿的法面进行分析的,其基本原理与直齿圆柱齿轮传动相似。但是,与直齿圆柱齿轮相比,斜齿圆柱齿轮传动的重合度较大,相啮合的轮齿较多,轮齿的接触线为一倾斜线,在法面内斜齿轮的当量齿轮的分度圆半径也较大。因此,斜齿轮的接触应力和弯曲应力都比直齿轮低。根据推导,可得到一对钢制标准斜齿圆柱齿轮传动的接触疲劳强度 σ_H 的验算公式为

$$\sigma_H = 610\sqrt{\frac{KT_1(u\pm1)}{\Phi_d d_1^3 u}} \leqslant [\sigma_H] \tag{7.39}$$

由式(7.39)可得按齿面接触强度确定小齿轮分度圆直径 d_1 的设计公式:

$$d_1 \geqslant \sqrt[3]{\frac{KT_1(u\pm1)}{\Phi_d u}\left(\frac{610}{[\sigma_H]}\right)^2} \tag{7.40}$$

同样,斜齿轮轮齿的弯曲疲劳强度 σ_F 的验算公式为

$$\sigma_F = \frac{1.6KT_1 Y_E \cos\beta}{bm_n d_1} \leqslant [\sigma_F] \tag{7.41}$$

令 $\Phi_d = \dfrac{b}{d_1}$,可得斜齿圆柱齿轮弯曲疲劳强度设计公式:

$$m_n \geqslant \sqrt[3]{\frac{1.6KT_1 \cos^2\beta}{\Phi_d z_1^2} \cdot \frac{Y_F Y_S}{[\sigma_F]}} \tag{7.42}$$

以上两式中:m_n 为法面模数。齿形系数 Y_F 和应力校正系数 Y_S 应根据当量齿数 $z_v = \dfrac{z}{\cos^3\beta}$ 由表 7.10 查得。以上四式中,其他符号及其意义与直齿圆柱齿轮传动的强度公式中的相同。

例 7.2 设计由电动机驱动的单级闭式斜齿圆柱齿轮传动。已知:$P = 22$ kW,$n_1 = 740$ r/min,$i = 4.5$,载荷为中等冲击,齿轮单向运转,要求两班制工作,工作寿命为 10 年,结构紧凑。

解:

1. 选择齿轮材料,热处理、精度等级

因为传递功率中等,载荷为中等冲击,要求结构紧凑,故采用硬齿面齿轮传动。

查表 7.6,小齿轮采用 40Cr,调质后表面淬火,硬度为 48~55HRC,大齿轮采用 45 号钢,调质后表面淬火,硬度为 40~50HRC。选 8-7-7 级精度。

2. 选择齿轮齿数和齿宽

选 $z_1 = 23$,$u = i = 4.5$,$z_2 = z_1 u = 23 \times 4.5 = 103.5$,取 $z_2 = 104$,实际齿数比为

$$u_{实} = \frac{z_2}{z_1} = \frac{104}{23} = 4.522$$

误差:

$$\frac{|u_\text{理} - u_\text{实}|}{u_\text{理}} = \frac{|4.5 - 4.522|}{4.5} = 0.48\%$$

在允许的范围内,误差可忽略不计。

Φ_d 按对称布置,由表 7.9 选得 $\Phi_\text{d} = 0.9$。初选螺旋角 $\beta = 12°$。

3. 确定齿轮的许用应力

根据两轮的齿面硬度,由图 7.25 和图 7.27 查得两轮的齿根疲劳极限和齿面疲劳极限分别为:$\sigma_{\text{Flim}1} = 300$ MPa, $\sigma_{\text{Flim}2} = 250$ MPa;$\sigma_{\text{Hlim}1} = 1\,200$ MPa, $\sigma_{\text{Hlim}2} = 1\,140$ MPa。

查表 7.8 得:$S_\text{F} = 1.4$, $S_\text{H} = 1.1$, 故

$$[\sigma_\text{F}]_1 = \frac{\sigma_{\text{Flim}1}}{S_\text{F}} = \frac{300}{1.4} = 214.29(\text{MPa})$$

$$[\sigma_\text{F}]_2 = \frac{\sigma_{\text{Flim}2}}{S_\text{F}} = \frac{250}{1.4} = 178.57(\text{MPa})$$

$$[\sigma_\text{H}]_1 = \frac{\sigma_{\text{Hlim}1}}{S_\text{H}} = \frac{1\,200}{1.1} = 1\,090.91(\text{MPa})$$

$$[\sigma_\text{H}]_2 = \frac{\sigma_{\text{Hlim}2}}{S_\text{H}} = \frac{1\,140}{1.1} = 1\,036.36(\text{MPa})$$

4. 按齿根弯曲强度设计

(1) 计算小齿轮所传递的扭矩

$$T_1 = 9.55 \times 10^6 \frac{P}{n_1} = 9.55 \times 10^6 \times \frac{22}{740} = 283\,918.9(\text{N} \cdot \text{mm})$$

(2) 由表 7.7 查得载荷系数 $K = 1.4$

(3) 由

$$z_{\text{v}1} = \frac{23}{\cos^3\beta} = \frac{23}{\cos^3 12°} = 24.6$$

$$z_{\text{v}2} = \frac{103}{\cos^3\beta} = \frac{103}{\cos^3 12°} = 111.1$$

查表 7.10 得

$$Y_{\text{F}1} = 2.63, Y_{\text{F}2} = 2.17; Y_{\text{S}1} = 1.585, Y_{\text{S}2} = 1.80$$

$$\frac{Y_{\text{F}1} Y_{\text{S}1}}{[\sigma_\text{F}]_1} = \frac{2.63 \times 1.585}{214.29} = 0.019$$

$$\frac{Y_{\text{F}2} Y_{\text{S}2}}{[\sigma_\text{F}]_2} = \frac{2.17 \times 1.80}{178.57} = 0.022$$

$$\frac{Y_{F1}Y_{S1}}{[\sigma_F]_1} < \frac{Y_{F2}Y_{S2}}{[\sigma_F]_2}$$

(4) $m_n \geqslant \sqrt[3]{\dfrac{1.6KT_1\cos^2\beta}{\Phi_d z_1^2}\dfrac{Y_FY_S}{[\sigma_F]}} = \sqrt[3]{\dfrac{1.6\times1.4\times283\,918.9\times\cos^2 12°}{0.9\times23^2}\times\dfrac{2.17\times1.80}{178.57}}$

$= 3.04 \text{(mm)}$

查表 7.1,取 $m_n = 3$ mm。

中心距：

$$a = \frac{m_n(z_1 + z_2)}{2\cos\beta} = \frac{3\times(23+104)}{2\times\cos 12°} = 194.76 \text{(mm)}$$

取 $a = 195$ mm。

螺旋角：

$$\beta = \arccos\frac{m_n(z_1+z_2)}{2a} = \arccos\frac{3\times(23+104)}{2\times195} = 12°20'$$

则

$$d_1 = \frac{m_n z_1}{\cos\beta} = \frac{3\times23}{0.9769} = 70.63 \text{(mm)}$$

$$d_2 = \frac{m_n z_2}{\cos\beta} = \frac{3\times104}{0.9769} = 319.38 \text{(mm)}$$

齿宽：

$$b = \Phi_d d_1 = 0.9\times70.63 = 63.57 \text{(mm)}$$

圆整后取 $b_1 = 70$ mm, $b_2 = 65$ mm。

5. 按齿面接触强度校核

$$\sigma_H = 610\sqrt{\frac{KT_1(u\pm 1)}{\Phi_d d_1^3 u}} \leqslant [\sigma_H]$$

$$\sigma_{H1} = 610\sqrt{\frac{1.4\times283\,918.9\times(4.5\pm1)}{0.9\times70.63^3\times4.5}} = 755.02 \text{(MPa)} < [\sigma_H]_1$$

$\sigma_{H1} = \sigma_{H2}$,且 $\sigma_{H2} < [\sigma_H]_2$,安全

6. 齿轮结构(略)

第八节 直齿锥齿轮传动

一、圆锥齿轮传动结构及参数

圆锥齿轮(简称锥齿轮)用于传递相交轴间的运动和动力。轴交角 Σ 可根据传动的需要确定,在一般机械中常采用 $\Sigma=90°$ 的圆锥齿轮传动。圆锥齿轮的轮齿均布在截圆锥面上,齿形向锥顶方向逐渐缩小,如图 7.33 所示。为了便于计算和测量,通常规定圆锥齿轮的大端参数为标准值,压力角 $\alpha=20°$,标准模数系列见表 7.12。

图 7.33 直齿锥齿轮

表 7.12 锥齿轮标准模数系列　　　　　单位:mm

标准模数	…	1	1.125	1.25	1.375	1.5	1.75	2	2.25	2.5	2.75	3
	3.25	3.5	3.75	4	4.5	5	5.5	6	6.5	7	8	…

与圆柱齿轮相类似,锥齿轮有分度圆锥、齿顶圆锥、齿根圆锥和基圆锥,它们的锥底圆分别为分度圆、齿顶圆、齿根圆和基圆,圆的直径分别用 d、d_a、d_f 和 d_b 表示。一对锥齿轮传动相当于一对节圆锥做纯滚动,当一对直齿圆锥齿轮正确安装时,节圆与分度圆锥相重合。图 7.34 所示为一对正确安装且轴交角 $\Sigma=\delta_1+\delta_2=90°$ 的直齿圆锥齿轮传动,δ_1、δ_2 分别为两锥齿轮的轴线与分度圆锥母线之间的夹角,称为分度圆锥角。分度圆锥母线长度称为锥距,用 R 表示。因为 $d_1=2R\sin\delta_1$, $d_2=2R\sin\delta_2$,故传动比

$$i=\frac{n_1}{n_2}=\frac{z_2}{z_1}=\frac{d_2}{d_1}=\frac{\sin\delta_2}{\sin\delta_1}=\tan\delta_2=\cot\delta_1 \tag{7.43}$$

式中:n_1——小齿轮转速;

　　　n_2——大齿轮转速;

　　　z_1——小齿轮齿数;

　　　z_2——大齿轮齿数。

二、背锥与当量齿数

图 7.35 中有一对圆锥齿轮的轴向剖面图,过锥齿轮 2 的大端分度圆上 C 点作球的切线 $CO_2 \perp CO$ 与齿轮轴线相交于 O_2 点,以 OO_2 为轴线、CO_2 为母线作一圆锥,这个圆锥称为锥齿轮 2 的背锥。将大端上球面渐开线齿廓投影在背锥上,投影出来的齿形与原齿形非常相似。O_1CA 和 O_2BC 分别为齿轮 1 和齿轮 2 的背锥。将背锥展开成平面后,得到一对扇形齿

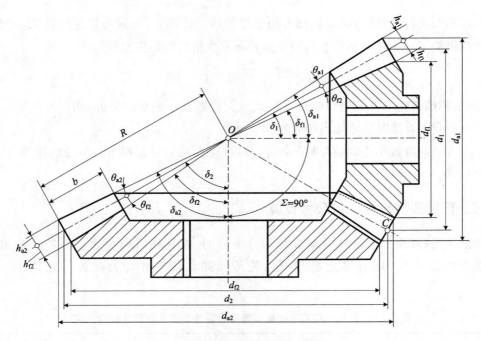

图 7.34 $\Sigma = 90°$ 的直齿锥齿轮传动

轮,该扇形齿轮的分度圆半径 r_{v1} 和 r_{v2} 分别为背锥的锥距 O_1A 和 O_2B,其模数、压力角、齿顶高系数等参数分别与圆锥齿轮大端面参数相同。

将扇形齿轮补足成完整的圆柱齿轮,齿数将从 z_1、z_2 分别增加至 z_{v1} 和 z_{v2},这两个虚拟的直齿圆柱齿轮称为圆锥齿轮的当量齿轮,其齿数称为圆锥齿轮的当量齿数。将当量齿轮的齿形近似地作为圆锥齿轮大端齿形。圆锥齿轮实际齿数与当量齿数的关系可根据图 7.35 求出,从图中可知:

$$r_{v1} = \frac{r_1}{\cos\delta_1} = \frac{1}{2}\frac{mz_1}{\cos\delta_1}$$

而 $r_{v1} = \frac{1}{2}mz_{v1}$,故得:

$$\begin{cases} z_{v1} = \dfrac{z_1}{\cos\delta_1} \\ z_{v2} = \dfrac{z_2}{\cos\delta_2} \end{cases} \quad (7.44)$$

一对直齿圆锥齿轮的啮合相当于一对当量直齿圆柱齿轮的啮合。故圆锥齿轮与圆柱齿轮

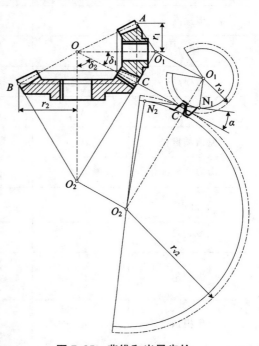

图 7.35 背锥和当量齿轮

啮合原理相似,圆柱齿轮的啮合原理可用于锥齿传动。例如,正常齿制标准齿轮不发生根切的最少齿数 $z_{v\min}=17$,所以直齿圆锥齿轮不发生根切的最少齿数为

$$z_{\min}=z_{v\min}\cos\delta=17\cos\delta \qquad (7.45)$$

因此,圆锥齿轮不发生根切的最少齿数比直齿圆柱齿轮少。另外,用仿形法加工轮齿或进行弯曲强度计算时都要用当量齿数。

一对直齿圆锥齿轮正确啮合的条件是:两齿轮大端的模数和压力角分别相等,两轮的锥距也相等。

三、直齿圆锥齿轮几何尺寸计算

如前所述,圆锥齿轮是以大端参数为标准值的,故其几何尺寸计算也是以大端为基准。轴交角 $\Sigma=90°$ 的标准直齿圆锥齿轮传动的几何尺寸计算公式见表 7.13(参看图 7.34)。

表 7.13　$\Sigma=90°$ 的标准直齿圆锥齿轮传动的几何尺寸计算公式

名称	代号	计算公式
分度圆锥角	δ	$\delta_1=\arctan\dfrac{z_1}{z_2}$,$\delta_2=\arctan\dfrac{z_2}{z_1}$
分度圆直径	d	$d_1=mz_1$,$d_2=mz_2$
齿顶高	h_a	$h_{a1}=h_{a2}=h_a^* m$
顶隙	c	$c=c^* m$(顶隙系数 $c^*=0.2$)
齿根高	h_f	$h_{f1}=h_{f2}=1.2m$
齿高	h	$h_1=h_2=2.2m$
齿顶圆直径	d_a	$d_{a1}=d_1+2m\cos\delta_1$,$d_{a2}=d_2+2m\cos\delta_2$
齿根圆直径	d_f	$d_{f1}=d_1-2.4m\cos\delta_1$,$d_{f2}=d_2-2.4m\cos\delta_2$
锥距	R	$R=\sqrt{d_1^2+d_2^2}/2=m\sqrt{z_1^2+z_2^2}/2$
齿宽	b	$b=\Phi_R R$,$\Phi_R\approx 0.25\sim 0.3$
齿顶角	θ_a	$\theta_{a1}=\theta_{a2}=\arctan\left(\dfrac{h_a}{R}\right)$
齿根角	θ_f	$\theta_{f1}=\theta_{f2}=\arctan\left(\dfrac{h_f}{R}\right)$

四、直齿圆锥齿轮传动强度计算

1. 轮齿上的作用力

不计齿面间的摩擦力,并把齿面间的法向力 F_n 看作集中作用在齿宽中点 P 处,如图7.36(a)所示,将 F_n 分解为三个互相垂直的分力,即圆周力 F_t、径向力 F_r 和轴向力 F_a,则

$$\begin{cases} F_{t1} = 2T_1/d_{m1} \\ F_{r1} = F_{t1}\tan\alpha\cos\delta_1 \\ F_{a1} = F_{t1}\tan\alpha\sin\delta_1 \end{cases} \tag{7.46}$$

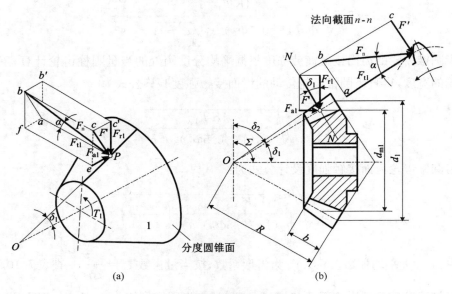

图 7.36 直齿圆锥齿轮受力分析

式中 d_{m1} 为小齿轮齿宽中点的分度圆直径,由图7.36(b)中几何关系可得

$$d_{m1} = d_1 - b\sin\delta_1 \tag{7.47}$$

圆周力 F_t 的方向在主动轮上与运动方向相反,在从动轮上与运动方向相同。两轮径向力 F_r 的方向都是垂直指向齿轮轴线。两轮轴向力 F_a 的方向都是背着锥顶。当 $\delta_1+\delta_2=90°$,$\sin\delta_1=\cos\delta_2$,$\cos\delta_1=\sin\delta_2$ 时,小齿轮上的径向力和轴向力在数值上分别等于大齿轮上的轴向力和径向力,但力的方向相反。

2. 强度计算

为了简化计算,可以近似认为直齿圆锥齿轮传动的强度与其齿宽中点处的当量直齿圆柱齿轮传动的强度相当。由此可得轴交角为90°的一对钢制直齿圆锥齿轮的轮齿弯曲强度的验算公式:

$$\sigma_F = \frac{2KT_1 Y_F Y_S}{bm^2(1-0.5\Phi_R)^2 z_1} \leqslant [\sigma_F] \tag{7.48}$$

令 $\Phi_R = \dfrac{b}{R}$，则

$$b = R\Phi_R = d_1 \Phi_R \frac{\sqrt{u^2+1}}{2} = mz_1 \Phi_R \frac{\sqrt{u^2+1}}{2}$$

根据 $F_t = \dfrac{2T_1}{d_{m1}} = \dfrac{2T_1}{m_m z_1} = \dfrac{2T_1}{m(1-0.5\Phi_R)z_1}$，可得齿轮弯曲强度的设计公式：

$$m \geqslant \sqrt[3]{\frac{4KT_1}{\Phi_R(1-0.5\Phi_R)^2 z_1^2 \sqrt{u^2+1}} \cdot \frac{Y_F Y_S}{[\sigma_F]}} \tag{7.49}$$

直齿圆锥齿轮的齿面接触疲劳强度根据平均分度圆处的当量圆柱齿轮计算，工作齿宽为锥齿轮的宽度，得直齿圆锥齿轮传动的齿面接触强度验算公式为

$$\sigma_H = z_E z_H \times \sqrt{\frac{4KT_1}{\Phi_R(1-0.5\Phi_R)^2 d_1^3 u}} \leqslant [\sigma_H] \tag{7.50}$$

直齿圆锥齿轮齿面接触强度设计公式为：

$$d_1 \geqslant \sqrt[3]{\frac{4KT_1}{\Phi_R(1-0.5\Phi_R)^2 u} \cdot \left(\frac{z_E z_H}{[\delta_H]}\right)^2} \tag{7.51}$$

以上式中：m_m 为平均模数。Y_F、Y_S 为齿形系数，按当量齿数 $z_v = \dfrac{z}{\cos\delta}$ 查表 7.10。z_H、z_E 分别为区域系数和弹性影响系数，对于 $\alpha = 20°$ 的直齿圆锥齿轮，$z_H = 2.5$。Φ_R 为齿宽系数，$\Phi_R = \dfrac{b}{R}$，一般取值范围为 $\dfrac{1}{4} \sim \dfrac{1}{3}$。$\Phi_R$ 与 $\Phi_{dm} = b/d_{m1}$ 的关系为

$$\Phi_{dm} = \frac{\Phi_R \sqrt{1+u^2}}{2-\Phi_R} \tag{7.52}$$

第九节　齿轮结构设计

齿轮的结构设计与齿轮的几何尺寸、毛坯种类、材料性能、制造工艺要求及经济性等因素有关，在进行齿轮结构设计时必须综合考虑以上因素。通常先按齿轮直径大小选定合适的结构形式，然后根据经验公式及数据进行结构设计。非金属材料的齿轮可参照实心

式和腹板式进行结构设计。常用的齿轮的结构形式见表 7.14。齿轮与轴相配合的轮毂部分的结构设计要与轴的结构设计、轴毂连接设计相关联,如要确定毂孔、键槽的形式和尺寸。

表 7.14 齿轮结构

名称	结构形式	结构尺寸
齿轮轴	(a) (b)	圆柱齿轮 $e \leqslant (2 \sim 2.5) m_t$ 圆锥齿轮 $e < (1.6 \sim 2) m$ 注:e 为齿根到轴孔键槽顶部距离
实心结构齿轮	(a)　(b)	适用于 $d_a \leqslant 200$ mm 圆柱齿轮 $e > (2 \sim 2.5) m$ 圆锥齿轮 $e > (1.6 \sim 2) m$
腹板式圆柱齿轮		$200 \text{ mm} < d_a \leqslant 500 \text{ mm}$ $d_0 = 0.5(d_a - 2\delta + d_2)$ $\delta = (5 \sim 6) m_n \geqslant 10 \text{ mm}$ $d_2 = 1.6 d$ $l = (1.2 \sim 1.5) d \geqslant b$ $c = 0.3 b$ $n = 0.5 m_n$ $r = 5 \text{ mm}$

（续表）

名称	结构形式	结构尺寸
腹板式圆锥齿轮		$200 \text{ mm} < d_a \leqslant 500 \text{ mm}$ $\Delta = (3 \sim 4)m \geqslant 100 \text{ mm}$ $d_2 = 1.6d$ $l = (1 \sim 1.2)d \geqslant b$ $c = (0.1 \sim 0.7)R \geqslant 10 \text{ mm}$ d_0, d_1, n, r 由结构定
轮辐式圆柱齿轮		$d_a > 400 \text{ mm}$ $\Delta = (3 \sim 4)m \geqslant 8$ $c = 0.2H, c_1 = 0.8c$ $H = 0.8d, H_1 = 0.8H$ $r \approx 5 \text{ mm}, n = 0.5 m_n$ $s = 1/6H \geqslant 10 \text{ mm}$ $e = (1 \sim 1.2)\Delta$ $d_1 = (1.6 \sim 1.8)d$ $l = (1.2 \sim 1.5)d \geqslant b$ $R = 0.5H$
轮辐式圆锥齿轮		$d_a > 300 \text{ mm}$ $d_s = (1.6 \sim 1.8)d$ $\Delta = (3 \sim 4)m \geqslant 10 \text{ mm}$ $l = (1 \sim 1.2)d$ $c = (0.1 \sim 0.17)R \geqslant 10 \text{ mm}$ $s = 0.8c \geqslant 10 \text{ mm}$ $n = 0.5 m$ $r \approx 5 \text{ mm}$ d_1, d_h 由结构定

习 题

1. 齿轮的结构形式主要由哪些因素决定？常见的齿轮结构形式有哪几种？它们分别适用于何种场合？

2. 已知一对外啮合正常齿制标准直齿圆柱齿轮 $m = 2 \text{ mm}$，$z_1 = 20$，$z_2 = 45$，试计算这对齿轮的分度圆直径、齿顶高、齿根高、顶隙、中心距、齿顶圆直径、齿根圆直径、基圆直径、齿距、齿厚和齿槽宽。

3. 已知一正常齿制标准直圆柱齿轮 $m=5$ mm，$z=45$，试分别求出该齿轮的分度圆、基圆、齿顶圆上渐开线齿廓的曲率半径和压力角。

4. 已知一正常齿制渐开线标准外啮合圆柱齿轮传动，其齿数 $z_1=30$，中心距 $a=300$ mm，传动比 $i_{12}=3$，试求两齿轮的模数 m，齿数 z_2，分度圆直径 d_1、d_2，齿顶圆直径 d_{a1}、d_{a2}。

5. 已知一对正常齿制标准斜齿圆柱齿轮传动的中心距 $a=250$ mm，$z_1=23$，$z_2=98$，$m_n=4$ mm，$h_{an}^*=1$，$c_n^*=0.25$。试求：

(1) 这对齿轮的螺旋角 β、端面模数 m_t 和端面压力角 α_t；

(2) 齿轮 2 的分度圆直径 d_2、齿顶圆直径 d_{a2} 和齿根圆直径 d_{f2}。

6. 已知一对渐开线外啮合标准直齿圆柱齿轮传动，其模数 $m=3$ mm，齿数 $z_1=18$，$z_2=54$。试求这对齿轮传动的标准中心距 a、传动比 i_{12} 及小齿轮的分度圆直径 d_1、齿顶圆直径 d_{a1}。

7. 已知在图示某二级斜齿圆柱齿轮传动中，齿轮 1 为主动轮，齿轮 4 的螺旋线方向和转动方向已知。为了使Ⅱ轴轴承上所承受的轴向力被抵消一部分，试确定齿轮 1、2 的螺旋线方向和转速方向，以及齿轮 2、3 轴向力 F_{a2}、F_{a3} 的方向，并将其标在图中。

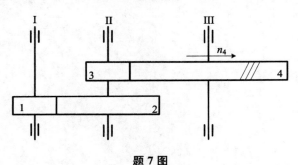

题 7 图

8. 已知在某二级直齿锥齿轮—斜齿圆柱齿轮传动中，齿轮 1 为驱动轮，齿轮 3 的螺旋线方向如图所示。为了使Ⅱ轴轴承上所受的轴向力被抵消一部分，试确定齿轮 1 的转动方向，并将各轮轴向力 F_{a1}、F_{a2}、F_{a3}、F_{a4} 的方向和齿轮 4 的螺旋线方向标在图中。

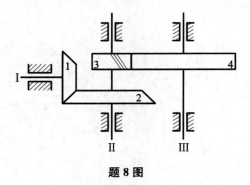

题 8 图

9. 单级闭式直齿圆柱齿轮传动中,小齿轮材料为 45 钢,并进行调质处理,大齿轮的材料为 ZG270-500,并进行正火处理,$P=4\text{ kW}$,$n_1=960\text{ r/min}$,$m=4\text{ mm}$,$z_1=25$,$z_2=75$,$b_1=80\text{ mm}$,$b_2=75\text{ mm}$,单向传动,载荷有中等冲击,动力由电动机提供,试验算此齿轮传动中的结构强度。

第八章 蜗杆传动

蜗杆传动是一种应用广泛的机械传动形式,本章主要介绍蜗杆传动的常见类型、传动特点和应用场合,分析蜗杆传动的效率、润滑和热平衡问题,讨论蜗杆、蜗轮的材料和结构,并给出了蜗杆传动的基本设计方法。

第一节 蜗杆传动的特点和类型

一、蜗杆传动的特点

蜗杆传动由蜗杆和蜗轮组成,如图 8.1 所示,用于传递空间交错轴间的运动和动力。两轴在空间的交错角为 90°。传动中通常以蜗杆为主动件,蜗轮为从动件。蜗杆的形状像圆柱形螺杆,蜗轮形状像斜齿轮,只是它的轮齿沿齿长方向又弯曲成圆弧形,以便与蜗杆更好地啮合。

蜗杆与螺杆相仿,也有左旋、右旋以及单头和多头之分。通常采用右旋蜗杆,蜗杆的头数就是其齿数(从端面看)z_1,一般取 $z_1=1\sim6$。只有一条螺旋线的蜗杆称为单头蜗杆,即蜗杆转一周,蜗轮转过一个齿。若蜗杆上有两条螺旋线,则其称为双头蜗杆,蜗杆转一周,蜗轮转过两个齿。以此类推,设蜗杆头数为 z_1,蜗轮齿数为 z_2,则传动比 i 为

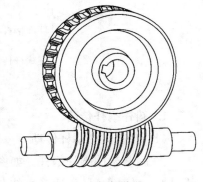

图 8.1 蜗杆传动

$$i=\frac{n_1}{n_2}=\frac{z_2}{z_1} \tag{8.1}$$

式中 n_1 和 n_2 分别是蜗杆和蜗轮的转速,单位为 r/min。

1. 蜗杆传动的优点

(1) 传动比大,结构紧凑。当 $z_1=1$,即蜗杆为单头时,蜗杆须转 z_2 转蜗轮才转一转,因而可得到很大的传动比。一般在动力传动中,取传动比 $i=10\sim80$;在分度机构中,i 可达 1 000。如用齿轮传动,这样大的传动比则需要采取多级传动。因此,与齿轮传动相比,蜗杆

传动结构紧凑,体积小,重量轻。

(2) 传动平稳,无噪声。蜗杆齿是连续不间断的螺旋齿,它与蜗轮齿啮合时是连续不断的,蜗杆齿无啮入和啮出的过程,因此蜗杆传动工作平稳,冲击、振动、噪声都小。

(3) 具有自锁性。当蜗杆的螺旋升角很小时,蜗杆只能带动蜗轮传动,而蜗轮不能带动蜗杆转动。

2. 蜗杆传动的缺点

(1) 蜗杆传动效率低。蜗杆传动效率比齿轮传动低,尤其是具有自锁性的蜗杆传动,其效率在 0.5 以下,一般蜗杆传动效率只有 0.7~0.9。

(2) 发热量大,齿面容易磨损,成本高。蜗杆与蜗轮啮合时轮齿间相对滑动速度大,这将造成摩擦发热,因此需要有良好的润滑和散热装置。同时,为了减少磨损,需要使齿面更光洁,并采用减摩性能良好的有色金属材料制造蜗轮,常采用青铜,故蜗轮制造成本较高。

二、蜗杆传动的类型

蜗杆传动种类繁多,常用的蜗杆传动分类如图 8.2 所示。

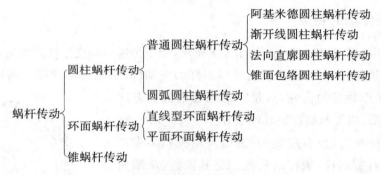

图 8.2 蜗杆传动分类

1. 圆柱蜗杆传动

(1) 普通圆柱蜗杆传动

① 阿基米德圆柱蜗杆。如图 8.3 所示,阿基米德圆柱蜗杆端面齿廓为阿基米德螺旋线,轴向剖面 I-I 上具有直线齿廓,法向剖面 N-N 上为外凸曲线。这种蜗杆制造方便,应用广泛,但导程角大($\gamma > 15°$)时加工困难,齿面磨损较快。因此,一般用于头数少、载荷较小、低速或不太重要场合的传动。

② 渐开线圆柱蜗杆。如图 8.4 所示,渐开线圆柱蜗杆齿面为渐开线螺旋面,端面齿廓为渐开线,轴向剖面 I-I 上具有凸廓。蜗杆通常采用车刀车削加工,也可以用齿轮滚刀滚铣,为

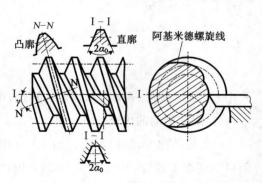

图 8.3 阿基米德圆柱蜗杆

获得较高精度还可以进行磨削。这种蜗杆加工精度容易保证，传动效率高。一般用于蜗杆头数较多（3个以上）、转速较高和要求较精密传动的场合，如滚齿机、磨齿机上的精密蜗杆副等。

（2）圆弧圆柱蜗杆传动

如图8.5所示，圆弧圆柱蜗杆在轴向平面内具有凹圆弧齿廓，与蜗轮组成凹凸啮合传动形式。这种蜗杆传动承载能力大，效率高，耐磨，在冶金、建筑、化工等机械中得到了广泛的应用。

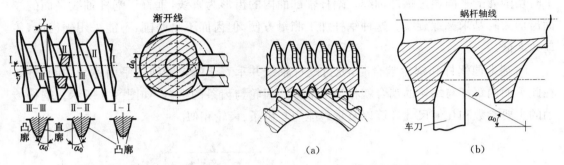

图8.4　渐开线圆柱蜗杆　　　　图8.5　圆弧圆柱蜗杆传动

2. 环面蜗杆传动

环面蜗杆传动如图8.6(b)所示，蜗杆螺纹段的外形是以凹圆弧为母线所形成的旋转曲面。该传动同时啮合的齿对数较多，承载能力为普通圆柱蜗杆的2～4倍，齿间润滑油膜易形成和保持，且效率高，体积小，寿命长，但制造、安装复杂。

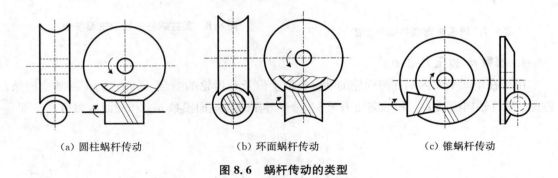

(a) 圆柱蜗杆传动　　　　(b) 环面蜗杆传动　　　　(c) 锥蜗杆传动

图8.6　蜗杆传动的类型

3. 锥蜗杆传动

锥蜗杆传动中，蜗杆为等导程的锥形螺纹，故称锥蜗杆，如图8.6(c)所示。蜗轮像一个曲线齿锥齿轮，故称锥轮。它们的轴线在空间交错，交错角通常为90°。锥蜗杆传动的特点是：啮合齿数多，重合度大，故传动平稳，承载能力高；蜗轮能用淬火钢制造，可节省有色金属。

由于普通圆柱蜗杆传动容易制造，且在各种机械中得到广泛应用，故本章仅讨论普通圆柱蜗杆传动。

第二节 蜗杆传动的主要参数和几何尺寸

一、蜗杆传动的主要参数

如图 8.7 所示,车削阿基米德蜗杆与加工梯形螺纹类似,车刀切削刃夹角 $2\alpha = 40°$,加工时切削刀的平面通过蜗杆轴线。蜗杆轴剖面内的齿形为直线,垂直于蜗杆轴线平面的端面齿形为阿基米德螺旋线。这种蜗杆加工测量方便,但齿面不易磨削,不能采用硬齿面,传动效率低。

阿基米德蜗杆和蜗轮啮合时,通过蜗杆轴线并垂直于蜗轮轴线的平面称为中间平面,在此平面内蜗杆与蜗轮的啮合就相当于渐开线齿轮与齿条的啮合,如图 8.8 所示。蜗杆传动的主要参数和几何尺寸计算以及承载能力与齿条、齿轮相似。

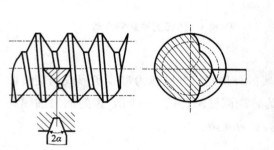

图 8.7 阿基米德圆柱蜗杆加工

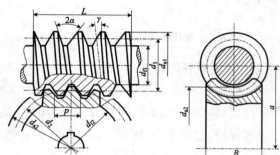

图 8.8 圆柱蜗杆传动的主要参数

1. 模数 m 和压力角 α

由于在中间平面内蜗杆与蜗轮的啮合类似于齿条和齿轮的啮合,因此它们正确啮合的条件是:蜗杆轴向模数 m_{a1} 和轴向压力角 α_{a1} 分别等于蜗轮端面模数 m_{t2} 和端面压力角 α_{t2},即

$$\begin{cases} m_{a1} = m_{t2} = m \\ \alpha_{a1} = \alpha_{t2} = 20° \\ \gamma_1 = \beta_2 \end{cases} \tag{8.2}$$

式中,β_2 为蜗轮的螺旋角,γ_1 和 β_2 必须大小相等且旋向相同。

2. 传动比 i、蜗杆头数 z_1 和蜗轮齿数 z_2

设蜗杆头数为 z_1,蜗轮齿数为 z_2,当蜗杆转一周时,蜗轮将转过 z_2 个齿。因此,其传动比为

$$i = \frac{n_1}{n_2} = \frac{z_2}{z_1} = \frac{d_2/m}{q \tan \gamma} = \frac{d_2/m}{d_1/m \tan \gamma} = \frac{d_2}{d_1 \tan \gamma} \tag{8.3}$$

式中：n_1——蜗杆的转速，r/min；

n_2——蜗轮的转速，r/min；

d_1——蜗杆的分度圆直径，mm；

d_2——蜗轮的分度圆直径，mm；

q——蜗杆的直径系数。

通常蜗杆头数一般为 $z_1=1、2、4、6$。当 z_1 过大时，难以制造具有较高精度的蜗杆与蜗轮；对于传动比大且要求自锁的蜗杆传动，取 $z_1=1$，但这样的蜗杆传动传动效率较低。传递功率较大时，为提高效率可采用多头蜗杆，取 $z_1=2$ 或 4。蜗轮齿数 $z_2=iz_1$。z_1、z_2 的推荐值见表 8.1。

表 8.1　蜗杆头数 z_1 与蜗轮齿数 z_2 的推荐值

传动比 i	7～13	14～27	28～40	>40
蜗杆头数 z_1	4	2	2 或 1	1
蜗轮齿数 z_2	28～52	28～54	28～80	>40

为了避免蜗轮轮齿发生根切，z_2 应不少于 26，但也不宜大于 80。若 z_2 过大，会使结构尺寸过大，蜗杆长度也会随之增加，致使蜗杆刚度和啮合精度下降。

3. 蜗杆导程角 γ

蜗杆螺旋面和分度圆柱的交线是螺旋线，如图 8.9 所示，设蜗杆分度圆柱上的螺旋线导程角为 γ，其头数为 z_1，轴向齿距为 p_x，螺旋线的导程为 p_z，则

$$\begin{cases} p_z = z_1 p_x = z_1 \pi m \\ \tan \gamma = \dfrac{z_1 p_x}{\pi d_1} = \dfrac{z_1 m}{d_1} \end{cases} \tag{8.4}$$

式中：d_1——蜗杆分度圆直径。

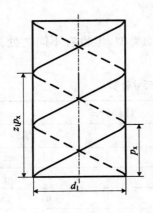
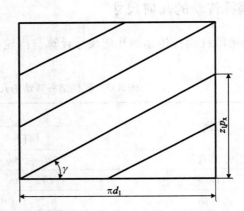

图 8.9　蜗杆的分度圆柱展开图

4. 蜗杆分度圆直径 d_1 和蜗杆直径系数 q

切制蜗轮时,滚刀的直径及齿形参数(如模数 m、螺旋线数 z_1 和导程角 γ 等)必须与相应的蜗杆相同。如果不对蜗杆分度圆直径 d_1 作必要的限制,刀具品种和数量势必太多。为了减少刀具数量及便于标准化,规定蜗杆分度圆直径为标准值。每一个模数只与一个或几个蜗杆分度圆直径的标准值对应,如表 8.2 所示,表中 q 为蜗杆的直径系数,$q=d_1/m$。

表 8.2 圆柱蜗杆的基本尺寸和参数

m/mm	d_1/mm	z_1	q	$m^2 d_1$	m/mm	d_1/mm	z_1	q	$m^2 d_1$
1	18	1	18.000	18	6.3	63	1、2、4、6	10.000	2 500
1.25	20	1	16.000	31.25		112	1	17.0778	4 445
	22.4	1	17.920	35	8	80	1、2、4、6	10.000	5 120
1.6	20	1、2、4	12.500	51.25		140	1	17.500	8 960
	28	1	17.500	71.68	10	90	1、2、4、6	9.000	9 000
2	22.4	1、2、4、6	11.200	89.6		160	1	16.000	16 000
	35.5	1	17.750	142	12.5	112	1、2、4	8.960	17 500
2.5	28	1、2、4、6	11.200	175		200	1	16.000	31 250
	45	1	18.000	281	16	140	1、2、4	8.750	35 840
3.15	35.5	1、2、4、6	11.270	352		250	1	15.625	64 000
	56	1	17.780	556	20	160	1、2、4	8.000	64 000
4	40	1、2、4、6	10.000	640		315	1	15.750	126 000
	71	1	17.750	1 136	25	200	1、2、4	8.000	125 000
5	50	1、2、4、6	10.000	1 250		400	1	16.000	250 000
	90	1	18.000	2 250					

注:1. 本表所列 d_1 数值为国际规定的优先使用值。
2. 表中同一模数有两个 d_1 值时,若选取其中较大的 d_1 值,蜗杆导程角 γ 小于 $3°30'$,蜗杆具有较好的自锁性。

二、蜗杆传动的几何尺寸

阿基米德圆柱蜗杆传动的几何尺寸计算与齿轮传动类似,但也有不同之处。其计算式列于表 8.3。

表 8.3 圆柱蜗杆传动的几何尺寸计算

名称	计算公式	
	蜗杆	蜗轮
分度圆直径	$d_1 = mq$	$d_2 = mz_2$
齿顶高	$h_a = m$	$h_a = m$
齿根高	$h_f = 1.2m$	$h_f = 1.2m$
蜗杆齿顶圆直径/蜗轮喉圆直径	$d_{a1} = m(q+2)$	$d_{a2} = m(z_2+2)$
齿根圆直径	$d_{f1} = m(q-2.4)$	$d_{f2} = m(z_2-2.4)$

(续表)

名称	计算公式	
	蜗杆	蜗轮
蜗杆轴向齿距	$p_{a1}=p_{t2}=p_x=\pi m$	
径向齿距	$c=0.2m$	
中心距	$a=0.5(d_1+d_2)=0.5m(q+z_2)$	

注：蜗杆传动中心距标准系列为 40、50、63、80、100、125、160、(180)、200、(225)、250、(280)、315、(355)。

第三节　蜗杆传动的转动方向和滑动速度

一、蜗杆和蜗轮的转动方向判断

根据蜗杆的转动方向和螺旋线旋向，可采用左、右手定则判断蜗轮转动方向，如图 8.10 所示，当蜗杆的螺旋线为右旋时，则使用右手定则判断，四个手指沿着蜗杆转动方向握起来，让拇指与蜗杆轴线一致，其反方向即是蜗轮在节点处的速度方向，此速度是蜗轮转动时在节点处产生的圆周速度，因此蜗轮为逆时针方向转动，如图 8.10(a)所示。当蜗杆的螺旋线为左旋时，则使用左手定则按相同方法判断蜗轮转动方向，如图 8.10(b)所示。

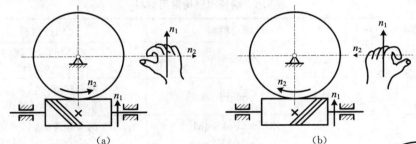

图 8.10　蜗轮的转动方向判断

二、齿面间滑动速度 v_s

蜗杆传动即使在节点处啮合，齿廓之间也有较大的相对滑动，滑动速度 v_s 方向为蜗杆螺旋线方向。设蜗杆圆周速度为 v_1，蜗轮圆周速度为 v_2，由图 8.11 可得

$$v_s=\sqrt{v_1^2+v_2^2}=\frac{v_1}{\cos\gamma} \tag{8.5}$$

滑动速度的大小对齿面的润滑情况、齿面失效形式、发热以及传动效率等都有很大影响。

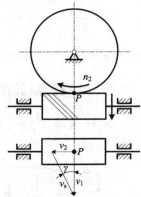

图 8.11　蜗杆与蜗轮的滑动速度

第四节 蜗杆传动的失效形式、材料和结构

一、蜗杆传动的失效形式

由于材料和结构方面的原因,蜗杆传动蜗杆螺旋齿部分的强度总是高于蜗轮轮齿的强度,失效经常发生在蜗轮轮齿上。蜗杆传动中的相对速度较大,传动效率低,发热量大,其主要失效形式是蜗轮齿面胶合、点蚀及磨损。

二、蜗杆传动的常用材料

鉴于蜗杆传动的特点,蜗杆副的材料不仅要有足够的强度,更重要的是要有良好的减摩、耐磨性能和抗胶合能力。蜗杆常采用碳钢或合金钢制成,并经热处理,蜗轮材料选择要考虑齿面相对滑动速度。对于高速而重要的蜗杆传动,蜗轮常用铸造锡青铜(如ZCuSn10P1、ZCuSn5Pb5Zn5 等)制成,这些材料抗胶合和减摩、耐磨性能较好,但价格较昂贵。当相对滑动速度较小时,可采用价格较低的铸造铝青铜 ZCuAl10Fe3,这种材料抗高温氧化性较好、耐冲击,但抗胶合性能、铸造和切削性能均低于锡青铜。对于低速轻载的蜗杆传动,可采用球墨铸铁、灰铸铁等材料。蜗杆、蜗轮常用材料如表 8.4 所示。

表 8.4 蜗杆和蜗轮常用材料

相对滑动速度 $v_s/(\text{m}\cdot\text{s}^{-1})$	蜗轮材料	蜗杆材料
≤25	ZCuSn10P1	20CrMnTi,渗碳淬火 56～62HRC
≤12	ZCuSn5Pb5Zn5	45 钢高频淬火,40～50HRC 40Cr,50～55HRC
≤10	ZCuAl9Fe4Ni4Mn2 ZCuAl9Mn2	45 钢高频淬火,45～50HRC 40Cr,50～55HRC
≤2	HT150 HT200	45 钢调质,220～250HBS

三、蜗杆、蜗轮的结构设计

蜗杆螺旋部分的直径不大,因此蜗杆一般和轴做成整体,称为蜗杆轴,结构形式见图 8.12。

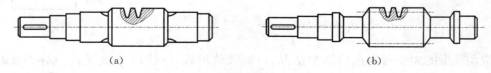

(a)　　　　　　　　　　　　　　(b)

图 8.12　蜗杆的结构形式

蜗轮的结构形式要根据所用蜗轮材料和蜗轮的尺寸大小来确定。常用蜗轮的结构形式有整体式和组合式两种。整体式如图 8.13(a)所示,适用于铸铁蜗轮和直径小于 100 mm 的青铜蜗轮。组合式分为齿圈式和镶铸式两种,齿圈式如图 8.13(b)所示,青铜齿圈与铸铁轮芯采用过盈配合,为增加连接可靠性,通常在结合缝上设置 4~8 个螺钉,螺钉孔中心线由配合缝向材料较硬的轮芯部分偏移 2~3 mm。螺钉直径取$(1.2\sim1.5)m$,m 为蜗轮的模数。螺钉拧入深度为$(0.3\sim0.4)B$,B 为蜗轮宽度。直径较大时采用铰制孔用螺栓连接,如图 8.13(c)所示,螺栓个数由剪切强度确定。齿圈式结构能有效地节约贵重金属,青铜蜗轮应尽可能采用这种结构。镶铸式如图 8.13(d)所示,该结构是将青铜轮缘镶铸在铸铁轮芯上,然后再切齿,适用于成批制造的蜗轮。

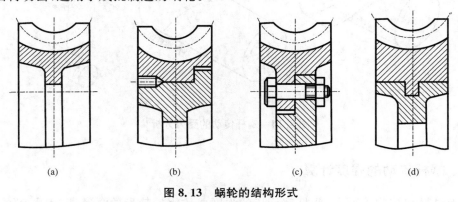

图 8.13 蜗轮的结构形式

第五节 蜗杆传动的受力分析和强度计算

一、蜗杆传动的受力分析

蜗杆传动的受力分析与斜齿圆柱齿轮传动相似,齿面上作用的法向力 F_n 可分解为三个互相垂直的分力,即圆周力 F_t、轴向力 F_a 和径向力 F_r。设蜗杆 1 主动,蜗轮 2 从动,则力的分解图如图 8.14 所示,各力之间的计算公式如下:

$$\begin{cases} F_{t1} = -F_{a2} = \dfrac{2T_1}{d_1} \\ F_{a1} = -F_{t2} = \dfrac{2T_2}{d_2} \\ F_{r1} = -F_{r2} = F_{t2}\tan\alpha \end{cases} \quad (8.6)$$

式中:T_1、T_2——分别为蜗杆及蜗轮上的转矩,且 $T_2 = T_1 i\eta$,η 为蜗杆传动效率;

d_1、d_2——分别为蜗杆和蜗轮的分度圆直径。

蜗杆、蜗轮所受三个分力的方向可作如下判定:

(1) 蜗杆上的圆周力方向与回转方向相反；蜗轮上的圆周力方向与回转方向相同。

(2) 蜗杆和蜗轮上的径向力分别指向各自的回转中心。

(3) 蜗杆上的轴向力按左、右手定则来判定,蜗轮上的轴向力与蜗杆上的圆周力方向相反。

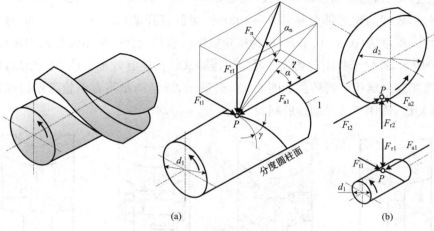

图 8.14　蜗杆传动的受力分析

二、蜗杆传动的强度计算

由于材料和结构等因素,蜗杆螺旋齿的强度要比蜗轮轮齿的强度高,因而在强度计算中一般只对蜗轮进行计算。

由于目前缺乏成熟的计算胶合和磨损的方法,因而通常是仿照设计圆柱齿轮的方法进行齿面接触疲劳强度和齿根弯曲疲劳强度的计算,但在选取许用应力时,应适当考虑胶合和磨损等因素的影响。

闭式传动中,蜗杆副多因齿面胶合和点蚀而失效。因此,通常按齿面接触疲劳强度进行设计,而按齿根弯曲疲劳强度进行校核。此外,闭式蜗杆传动散热较为困难,还应作热平衡计算。

开式传动中容易发生齿面磨损和轮齿折断,应以保证齿根弯曲疲劳强度作为开式传动的主要设计准则。

蜗轮齿面的接触强度计算与斜齿轮相似,也是以节点啮合处的相应参数代入赫兹公式,并考虑蜗轮轮齿齿形及载荷分布情况,蜗轮齿面接触疲劳强度设计公式和验算公式分别为

(1) 设计公式

$$m^2 d_1 \geqslant \frac{KT_2}{G}\left[\frac{500}{z_2[\sigma_H]}\right]^2 \tag{8.7}$$

(2) 验算公式

$$\sigma_H = \frac{500}{z_2 m}\sqrt{\frac{KT_2}{Gd_1}} \leqslant [\sigma_H] \tag{8.8}$$

式中：m——蜗杆传动的标准模数，mm。

d_1——蜗杆分度圆直径，mm，设计计算时可按 m^2d_1。

K——载荷系数，一般可取 $K=1.1\sim1.3$，当工作载荷平稳时，取较小值，否则取大值。

T_2——作用在蜗轮上的转矩，N·mm。

z_2——蜗轮齿数。

G——承载能力提高系数，对于普通圆柱蜗杆传动，$G=1$；对于圆弧圆柱蜗杆传动，$G=1.10\sim3.9$，当中心距 a 和蜗轮齿数 z_2 较小时，G 取较大值。

$[\sigma_H]$——蜗轮材料的许用接触应力，MPa，可根据表 8.5 和表 8.6 选取。

σ_H——蜗轮齿面最大接触应力。

表 8.5 铸造锡青铜蜗轮的许用接触应力 $[\sigma_H]$

蜗轮材料	铸造方法	适用的滑动速度 $v_s/(\text{m}\cdot\text{s}^{-1})$	许用接触应力/MPa	
			蜗杆齿面硬度≤350HBS	蜗杆齿面硬度>45HRC
ZCuSn10P1	砂型	≤12	180	200
	金属型	≤25	200	220
ZCuSn5Pb5Zn5	砂型	≤10	110	125
	金属型	≤12	135	150

表 8.6 铸造铝青铜及铸铁蜗轮的许用接触应力 $[\sigma_H]$

蜗轮材料	蜗杆材料	许用接触应力/MPa						
		$v_s=0.5$ m/s	$v_s=1$ m/s	$v_s=2$ m/s	$v_s=3$ m/s	$v_s=4$ m/s	$v_s=6$ m/s	$v_s=8$ m/s
ZCuAl10Fe3	淬火钢	250	230	210	180	160	120	90
HT150,HT200	渗碳钢	130	115	90				
HT150	调质钢	110	90	70				

在多数情况下，由于蜗轮轮齿弯曲强度所限定的承载能力都超过齿面接触强度所限定的承载能力，因此，只需按照齿面接触疲劳强度计算即可。如需验算，可参阅有关文献。

蜗杆未经淬火时，需将以上表中 $[\sigma_H]$ 值降低 20%。

第六节 蜗杆传动的效率、润滑和热平衡计算

一、蜗杆传动的效率

闭式蜗杆传动一般有三方面的功率损失：(1)啮合摩擦损耗；(2)轴承摩擦损耗；(3)搅油的油阻损耗。对应的总效率计算式为 $\eta=\eta_1\eta_2\eta_3$。以上功率损失中最主要的是齿面相对

滑动引起的啮合摩擦损耗,相应的啮合效率可根据螺旋传动的效率公式求得。此外,当蜗杆主动时,传动总效率也可按下式计算:

$$\eta = (0.95 \sim 0.97) \frac{\tan \gamma}{\tan(\gamma + \rho')} \tag{8.9}$$

式中:η——传动总效率;

γ——蜗杆导程角;

ρ'——蜗杆与蜗轮轮齿齿面间的当量摩擦角。

当量摩擦角 ρ' 与蜗杆蜗轮的材料、表面状况、相对滑动速度及润滑条件有关。啮合传动时齿面间的滑动有利于油膜形成。所以,滑动速度愈大,当量摩擦角愈小。表 8.7 中数据为实验所得的当量摩擦角。当需要初步估计总效率时,可按表 8.8 选取。当蜗杆传动具有自锁性时,其总效率 $\eta < 0.5$。

表 8.7 蜗杆传动的当量摩擦角 ρ'

蜗轮齿圈材料		锡青铜		无锡青铜		灰铸铁
钢蜗杆齿面硬度		≥45HRC	其他情况	≥45HRC	≥45HRC	其他情况
滑动速度 $v_s/(m \cdot s^{-1})$	0.01	6°17′	6°51′	10°12′	10°12′	10°45′
	0.05	5°09′	5°43′	7°58′	7°58′	9°05′
	0.10	4°34′	5°09′	7°24′	7°24′	7°58′
	0.25	3°43′	4°17′	5°43′	5°43′	6°51′
	0.50	3°09′	3°43′	5°09′	5°09′	5°43′
	1.00	2°35′	3°09′	4°00′	4°00′	5°09′
	1.50	2°17′	2°52′	3°43′	3°43′	4°34′
	2.00	2°00′	2°35′	3°09′	3°09′	4°00′
	2.50	1°43′	2°17′	2°52′		
	3.00	1°36′	2°00′	2°35′		
	4.00	1°22′	1°47′	2°17′		
	5.00	1°16′	1°40′	2°00′		
	8.00	1°02′	1°29′	1°43′		
	10.00	0°55′	1°22′			
	15.00	0°48′	1°09′			
	24.00	0°45′				

表 8.8 蜗杆传动的效率

传动类型	闭式传动				开式传动	
蜗杆头数 z_1	1	2	4	6	1	2
传动效率 η	0.7~0.75	0.75~0.82	0.87~0.92	0.95	0.60~0.70	

二、蜗杆传动的润滑

蜗杆传动常采用的润滑方式为油润滑,分为油浴润滑和喷油润滑。滑动速度 $v_s \leqslant$ 10 m/s 的蜗杆传动用油池浸油润滑,以减小搅油损失,下置式蜗杆不宜浸油过深。蜗杆线速度 $v_1 > 4$ m/s 时,常将蜗杆置于蜗轮之上,形成上置式传动,由蜗轮带油润滑。若 $v_s > 10$ m/s,则应采用压力喷油润滑(压力为 0.1~0.3 MPa)。

润滑油应具有较高的黏度和黏度指数以及良好的油性,且其应含有抗压、减摩、耐磨性好的添加剂。对于一般蜗杆传动,可采用极压齿轮油;对于大功率的重要蜗杆传动,应采用专用蜗轮蜗杆油。目前,我国已生产出蜗杆传动专用润滑油,如合成极压蜗轮蜗杆油、复合蜗轮蜗杆油等。对于闭式蜗杆传动,常用润滑油黏度牌号及润滑方式如表 8.9 所示。

表 8.9 蜗杆传动的常用润滑油黏度牌号及润滑方式

滑动速度 v_s/(m·s^{-1})	≤1	>1~2.5	>2.5~5	>5~10	>10~15	>15~20	>25
工作条件	重载	重载	中载	(不限)	(不限)	(不限)	(不限)
黏度 v_{40c}/(mm^2·s^{-1})	900	500	350	220	150	100	80
润滑方式	油池润滑			油池润滑、喷油	压力喷油润滑及其压力/MPa		
					0.07	0.2	0.3

蜗杆减速器每运转 2 000~4 000 h 应换新油,更换润滑油应注意:不同厂家、不同牌号的油不要混用。换新油时,应将箱体内原来牌号的油清洗干净。

三、蜗杆传动的热平衡计算

由于蜗杆传动齿面间的相对滑动速度较大,所以传动效率低,发热量大。若不及时散热,将会使箱体内工作温度急剧升高,润滑油的黏度降低,从而加剧磨损甚至导致胶合失效。因此,对于连续工作的闭式蜗杆传动,应进行热平衡计算,以保证油温处于规定的范围内。

设蜗杆传动的输入功率为 P_1(kW),传动效率为 η,则其单位时间内产生的热量为

$$Q_1 = 1\,000 P_1 (1-\eta) \tag{8.10}$$

自然冷却时箱体外壁散发的热量为

$$Q_2 = K_t A (t - t_0) \tag{8.11}$$

热平衡时应当使 $Q_1 = Q_2$,于是满足热平衡条件时润滑油的温度为

$$t = \frac{1\,000 P_1 (1-\eta)}{K_t A} + t_0 \leqslant [t] \tag{8.12}$$

式中：t_0——环境温度，通常取 $t_0 = 20$℃。

P_1——蜗杆传递功率，kW。

η——传动效率。

K_t——表面散热系数，kW/(m²·℃)，通常取 $K_t = 0.009 \sim 0.017$ kW/(m²·℃)。

A——散热面积，m²，指箱体外壁与空气接触而内壁被油飞溅到的箱壳面积。对于箱体上的散热片，其散热面积按 50% 计算；设计时可按下式粗估所需的散热面积：

$$A = 0.33\left(\frac{a}{100}\right)^{1.75} \tag{8.13}$$

式中：a——中心距，mm。

油温 t 应小于 80℃，最高不超过 90℃。如果油温过高，可采用如下散热措施：

(1) 提高散热面积：合理设计箱体结构，铸出或焊上散热片。

(2) 提高表面散热系数：在蜗杆轴上安装风扇，或在箱体油池内装设蛇形水管，或用循环油冷却。

习 题

1. 在图示某一级蜗杆传动中，蜗杆为主动轮，其转动方向已知，蜗轮的螺旋线方向为左旋。试将两轮的轴向力、圆周力、蜗杆的螺旋线方向和蜗轮的转动方向标在图中。

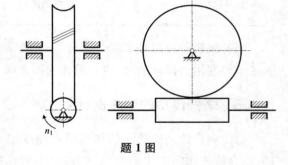

题 1 图

2. 下图所示为斜齿圆柱齿轮减速器和蜗杆减速器组成的二级减速装置。

(1) 试判断斜齿轮 4、蜗轮 6 的螺旋线方向；

(2) 试将斜齿轮 4、蜗轮 6 的转动方向标在图中；

(3) 试将斜齿轮 4、蜗杆 5 的轴向力 F_{a4}、F_{a5} 标在图中。

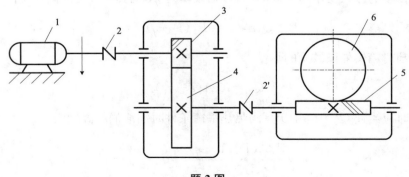

题 2 图

第九章 轮　　系

在工程中,通常采用一系列彼此啮合的齿轮所组成的齿轮传动系统来满足实际需要,这种由一系列相互啮合的齿轮所组成的传动系统称为轮系。轮系可分为两大类:定轴轮系和周转轮系。

定轴轮系:轮系在转动时,各齿轮轴线的几何位置都是固定不动的,如图9.1所示。

周转轮系:轮系在转动时,各齿轮轴线的几何位置并非都是固定的,即至少有一个齿轮的轴线绕另一个齿轮轴线转动,如图9.2所示的轮系,齿轮2的轴线随构件H绕齿轮1的轴线转动。

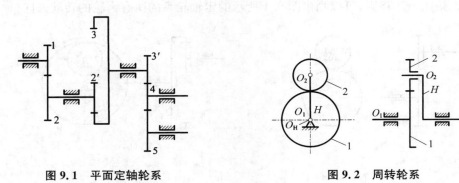

图9.1　平面定轴轮系　　　　　　　图9.2　周转轮系

第一节　定轴轮系及传动比

一、轮系的传动比

轮系的传动比是指轮系运动时其输入轴与输出轴的角速度之比,用i_{ab}表示,下标a和b分别代表输入轴和输出轴。轮系的传动比满足下式:

$$i_{ab}=\frac{n_a}{n_b}=\frac{\omega_a}{\omega_b} \tag{9.1}$$

式中:n_a——输入轴转速;

n_b——输出轴转速;

ω_a——输入轴角速度；

ω_b——输出轴角速度。

轮系的传动比的确定包括计算传动比大小和确定输入轴与输出轴的转向关系两方面内容。

二、定轴轮系传动比的计算

定轴轮系中各轮相对转向可以通过为每对齿轮标注箭头的方法确定，标注规则如图9.3所示。对于一对平行轴外啮合齿轮，若两轮转向相反，可用方向相反的箭头表示转向，如图9.3(a)所示。两齿轮内啮合时，两轮转向相同，可用方向相同的箭头表示转向，如图9.3(b)所示。对于在节点具有相同的速度的一对圆锥齿轮传动，可用同时指向节点或同时背离节点的箭头表示转向，如图9.3(c)所示；对于蜗杆传动，蜗轮的转向需根据蜗杆的旋向和蜗杆的转向来确定。具体方法是，可把蜗杆看成螺杆，把蜗轮看成螺母来考察其相对运动。若蜗杆为右旋则用右手定则确定转向，反之则用左手定则。图9.3(d)中的右旋蜗杆转向如图所示，可用右手定则判定蜗轮转动方向：拇指伸直，其余四指握拳，四指弯曲方向与蜗杆的转向一致，则拇指指向的相反方向便是蜗轮的转动方向。对左旋蜗杆，用左手定则按上述方法分析。采用上述规则，可以画出图9.1所示的定轴轮系的所有齿轮的转动方向。

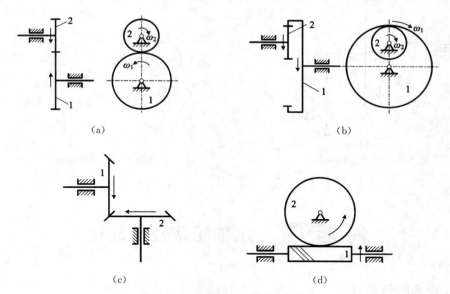

图9.3 齿轮传动的转动方向

在图9.1所示的定轴轮系中，齿轮1上的轴为输入轴，齿轮5上的轴为输出轴，它们的转速比即首末两轮的转速比，称为该轮系的传动比，这里用i_{15}表示。设z_1、z_2、z_2'、z_3、z_3'、z_4和z_5为各轮的齿数，n_1、n_2、n_2'、n_3、n_3'、n_4和n_5为各轮的转速，则该轮系的传动比i_{15}可由各对齿轮的传动比求得。即

$$i_{12} = \frac{n_1}{n_2} = -\frac{z_2}{z_1}; \quad i_{23} = \frac{n_2}{n_3} = \frac{n_2'}{n_3} = \frac{z_3}{z_2'}$$

$$i_{34} = \frac{n_3}{n_4} = \frac{n_3'}{n_4} = -\frac{z_4}{z_3'}; \quad i_{45} = \frac{n_4}{n_5} = -\frac{z_5}{z_4}$$

$$i_{15} = \frac{n_1}{n_5} = \frac{n_1}{n_2}\frac{n_2}{n_3}\frac{n_3}{n_4}\frac{n_4}{n_5} = i_{12}i_{23}i_{34}i_{45} = \left(-\frac{z_2}{z_1}\right)\left(\frac{z_3}{z_2'}\right)\left(-\frac{z_4}{z_3'}\right)\left(-\frac{z_5}{z_4}\right)$$

$$= (-1)^3 \frac{z_2 z_3 z_4 z_5}{z_1 z_2' z_3' z_4}$$

上式表明：该定轴轮系的传动比等于组成轮系的各对齿轮传动比的连乘积，也等于各对齿轮传动的从动轮齿数的乘积与主动轮齿数的乘积之比。传动比的正负（首末两轮转向相同或相反）取决于外啮合的次数。

现将以上结论推广到一般情况，设 1 为定轴轮系的输入轴，K 为定轴轮系的输出轴，m 为外啮合次数，则所有轴线平行的定轴轮系的传动比为

$$i_{1K} = \frac{\omega_1}{\omega_K} = \frac{n_1}{n_K} = (-1)^m \frac{\text{所有从动轮齿数乘积}}{\text{所有主动轮齿数乘积}} \tag{9.2}$$

需要注意的是，用 $(-1)^m$ 来判断转向（传动比的正、负），只限于所有轴线都平行的定轴轮系。若轮系中含有圆锥齿轮、交错齿轮和蜗杆蜗轮等轴线不平行的齿轮转动，其传动比的大小仍可用式（9.2）来计算，但由于不平行轴间的转动方向不能用正负号表示，故其转向不能以 $(-1)^m$ 来判断，而是必须在图上用箭头表示各自的实际转向。如果该轮系中的输入轴和输出轴相互平行，则当用画箭头的方法判断其转向之后，仍应在传动比符号之前冠以正/负号表示两轴的转向相同或相反。

例 9.1 在图 9.4 所示的轮系中，$z_1 = 60$，$z_2 = 48$，$z_2' = 80$，$z_3 = 120$，$z_3' = 60$，$z_4 = 40$，蜗杆 $z_4' = 2$（右旋），蜗轮 $z_5 = 80$，$z_5' = 65$。主动轮 1 的转速为 $n_1 = 240$ r/min，转向如图所示，求蜗轮转速 n_5，画出各轮的转向及齿条的运动方向。

解：

这一轮系为定轴轮系，又因为有圆锥齿轮和蜗轮蜗杆等空间齿轮传动，所以只能用式（9.2）来求轮系传动比的大小，则

$$i_{15} = \frac{n_1}{n_5} = \frac{z_2 z_3 z_4 z_5}{z_1 z_2' z_3' z_4'} = \frac{48 \times 120 \times 40 \times 80}{60 \times 80 \times 60 \times 2} = 32$$

求解得到

$$n_5 = \frac{n_1}{i_{15}} = \frac{240}{32} = 7.5 (\text{r/min})$$

各轮的转向及齿条的运动方向如图 9.4 所示。

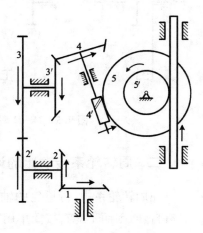

图 9.4 定轴轮系

第二节 周转轮系及传动比

一、周转轮系的组成

如图 9.5 所示的周转轮系中,齿轮 1、3 和构件 H 各绕固定的相互重合的几何轴线转动。齿轮 2 空套在构件 H 上,并与齿轮 1、3 相啮合。所以,齿轮 2 一方面绕轴线转动(自转),同时还随构件 H 绕固定的几何轴线转动(公转),因此齿轮 2 的运动犹如天体中的行星运动,故称它为行星轮。支承行星轮 2 的构件 H 称为系杆(或转臂、行星架)。与行星轮 2 相啮合且做定轴转动的齿轮 1 和 3 称为中心轮或太阳轮。

每一个单一的周转轮系具有一个转臂(H),且转臂与中心轮的几何轴线必须重合,否则便不能传动。图 9.5(a)所示的轮系中的两个中心轮都能转动。该机构的自由度为 2,需要两个原动件,这种周转轮系称为差动轮系。图 9.5(b)和图 9.5(c)所示的轮系只有一个中心轮转动,该机构的自由度为 1,只需一个原动件,这种周转轮系称为行星轮系。

此外,还常根据基本构件的不同来对周转轮系进行分类。设以 K 表示中心轮,H 表示系杆,则图 9.5 所示轮系可称为 2K-H 型周转轮系。而图 9.6 的周转轮系称为 3K 型周转轮系,其系杆 H 仅起支承行星轮 2-2′ 的作用,不传递外力矩,因此不是基本构件。图 9.7 为 K-H-V 型周转轮系。

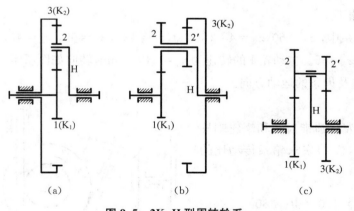

图 9.5　2K-H 型周转轮系

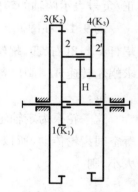

图 9.6　3K 型周转轮系

二、周转轮系传动比的计算

在周转轮系中,行星轮的轴线是转动的,行星轮既有公转又有自转,因而不能直接简单用定轴轮系齿数比计算两个回转轴之间的传动比。求解周转轮系传动比最常用的方法是转化轮系法,其基本思想是:设法把周转轮系转化为定轴轮系,然

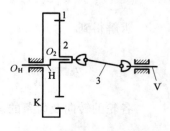

图 9.7　K-H-V 型周转轮系

后间接地利用定轴轮系的传动比公式来求解周转轮系的传动比。下面以图 9.8 所示的周转轮系为例,说明转化轮系法的基本思想和计算方法。

在图 9.8(a)所示的周转轮系中,ω_1、ω_2、ω_3 及 ω_H 分别表示齿轮 1、2、3 及系杆 H 在周转轮系中的角速度。若给整个周转轮系加上一个与系杆 H 的角速度大小相等、方向相反的公共角速度,系杆 H 的角速度将变为零,即系杆 H 将静止不动,如图 9.8(b)所示。根据相对运动原理,这样的变化并不影响轮系中各构件之间的相对运动。此时,整个周转轮系便转化为一个假想的定轴轮系,此假想的定轴轮系称为原周转轮系的转化轮系。

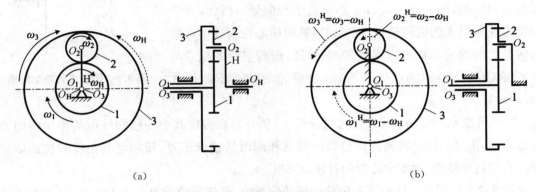

图 9.8 周转轮系及转化轮系

表 9.1 列出了转化前后各构件的角速度,表中所列转化轮系中各构件的角速度都以 H 为上标,表示这些角速度是构件相对系杆 H 的角速度。

表 9.1 转化前后各构件的角速度

构件名称	原周转轮系各构件角速度	转化轮系中各构件的角速度
系杆 H	ω_H	$\omega_H^H = \omega_H - \omega_H = 0$
中心轮 1	ω_1	$\omega_1^H = \omega_1 - \omega_H$
行星轮 2	ω_2	$\omega_2^H = \omega_2 - \omega_H$
中心轮 3	ω_3	$\omega_3^H = \omega_3 - \omega_H$

周转轮系的转化齿轮系为定轴轮系,故此转化轮系的传动比就可以按定轴轮系的计算传动比的方法求出,齿轮转向也用定轴轮系的判断转向的方法来确定。如图 9.8(b)所示的周转轮系,齿轮 1、3 在转化机构中的传动比为

$$i_{13}^H = \frac{\omega_1^H}{\omega_3^H} = \frac{\omega_1 - \omega_H}{\omega_3 - \omega_H} = (-1)^1 \frac{z_3}{z_1} = -\frac{z_3}{z_1}$$

等式右边的"—"表示在转化轮系中轮 1 与轮 3 的转向相反。

将以上分析推广到一般情况,设 n_G 和 n_K 为周转轮系中任意两个齿轮 G 和 K 的转速,它们和行星架 H 的转速 n_H 之间的关系为

$$i_{GK}^{H} = \frac{n_G^H}{n_K^H} = \frac{n_G - n_H}{n_K - n_H} = (-1)^m \frac{G、K 间各从动轮齿数乘积}{G、K 间各主动轮齿数乘积} \quad (9.3)$$

应用上式时,用 G 表示主动轮(输入构件),K 表示从动轮(输出构件),中间各轮的主从地位应按这一假定去判断,m 为齿轮 G 到 K 间外啮合的次数。

应用式(9.3)时,还应注意以下几点:

(1) n_G、n_K、n_H 必须是轴线平行或重合的齿轮或系杆的转速。其原因在于:公式推导中,转速 $-n_H$ 与各构件原来的转速是线性相加的,因而 n_G、n_K、n_H 必须是平行向量。因此,对于圆锥齿轮所组成的周转轮系(图 9.9),其两中心轮间或中心轮与转臂之间的传动比可应用式(9.3)计算,但行星轮的轴线与中心轮(或转臂)的轴线不平行,故行星轮的转速不能用式(9.3)计算。

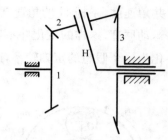

图 9.9 圆锥齿轮差动轮系

(2) 转速 n_G、n_K、n_H 代入公式时须带正/负号。在假定其中一已知转速的齿轮转向为正号之后,则另一已知转速的齿轮转向与其相同时转速取正号,转向与其相反时转速取负号。对于行星轮系,固定中心轮的转速以"0"代入。

例 9.2 在图 9.9 所示圆锥齿轮的周转轮系中,已知齿轮齿数 $z_1 = 40$,$z_3 = 60$,两中心轮同向回转,转速 $n_1 = 100 \text{ r/min}$,$n_3 = 200 \text{ r/min}$,求行星架 H 的转速 n_H。

解:

由式(9.3)得

$$i_{13}^{H} = \frac{n_1 - n_H}{n_3 - n_H} = -\frac{z_3}{z_1}$$

齿数比前的"一"号表示在转化轮系中轮 1 与轮 3 转向相反。由题意知,轮 1 和轮 3 同向回转,故 n_1 和 n_3 都取正,则有

$$\frac{100 - n_H}{200 - n_H} = -\frac{60}{40}$$

解得 $n_H = 160 \text{ r/min}$,经计算 n_H 为正,故 n_H 与 n_1 转向相同。

例 9.3 图 9.10 所示的周转轮系中,已知 $z_1 = 100$,$z_2 = 101$,$z_2' = 100$,$z_3 = 99$。试求主动件 H 对从动件 1 的传动比 i_{H1}。

解:

在图示轮系中,由于轮 3 为固定轮,即 $n_3 = 0$,故轮系为行星轮系,传动比可根据式(9.3)求得:

$$i_{13}^{H} = \frac{n_1 - n_H}{-n_H} = 1 - i_{1H} = (-1)^2 \frac{z_2 z_3}{z_1 z_2'} = \frac{101 \times 99}{100 \times 100} = \frac{9\,999}{10\,000}$$

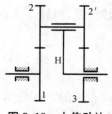

图 9.10 大传动比行星轮系

则

$$i_{1H} = 1 - \frac{9\,999}{10\,000} = \frac{1}{10\,000}$$

因此

$$i_{H1} = \frac{1}{i_{1H}} = 10\,000$$

由计算结果可知,转臂 H 转 10 000 转,轮 1 才转 1 转,其转向与转臂 H 的转向相同。可见轮系能获得很大的传动比。

第三节 混合轮系及传动比

所谓混合轮系,是指轮系中既有定轴轮系又有周转轮系,或轮系中包含几部分周转轮系。显然,对于这样复杂的轮系,既不能将其视为定轴轮系应用式(9.2)来计算传动比,也不能将其视为单一周转轮系应用式(9.3)来计算传动比,唯一正确的方法是将其所包含的各部分定轴轮系和各部分周转轮系一一加以分开,并分别应用定轴轮系和周转轮系传动比的计算公式求出它们的传动比,然后加以联立求解,从而求出该混合轮系的传动比。

在计算混合轮系传动比时,首要的问题是必须正确地将轮系中的定轴轮系部分和周转轮系部分加以划分,即先要把其中的周转轮系部分找出来。找周转轮系的方法是:先找出轴线不固定的行星轮,支持行星轮的构件就是系杆(注意有时系杆不一定呈简单的杆状),而几何轴线与系杆的回转轴线相重合且直接与行星轮相啮合的定轴齿轮就是中心轮。这样的行星轮、系杆和中心轮便组成一个周转轮系。混合轮系其余部分可按上述同样方法继续划分,若有行星轮存在,同样可以找出与此行星轮相对应的周转轮系。若无行星轮存在,则轮系为定轴轮系。下面通过例题说明混合轮系传动比的计算方法与计算步骤。

例 9.4 在图 9.11 所示的电动卷扬机减速器中,各齿轮的齿数分别为 $z_1=24, z_2=52, z_2'=21, z_3=97, z_3'=18, z_4=30, z_5=78$,求 i_{1H}。

解:
在该轮系中,双联齿轮 2-2′ 的几何轴线随构件 H(卷筒)转动,其是行星轮,支持它的构件 H 就是系杆,和行星轮相啮合的齿轮 1 和 3 是两个中心轮。这两个中心轮都能转动,因此齿轮 1、2-2′、3 和系杆 H 组成一个差动轮系。齿轮 3′、4、5 组成一个定轴轮系。齿轮 3′ 和 3 是同轴连接,转速相同。

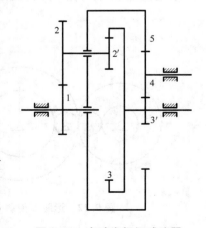

图 9.11 电动卷扬机减速器

在轮系 1、2-2′、3、H(5) 的转化轮系中：

$$i_{13}^{H}=\frac{n_1-n_H}{n_3-n_H}=-\frac{z_2 z_3}{z_1 z_2'}$$

在定轴轮系 5、4、3′ 中：

$$i_{35}=\frac{n_3}{n_5}=-\frac{z_5}{z_3'}$$

考虑到 $n_5=n_H$，解得：

$$i_{1H}=\frac{n_1}{n_H}=1+\frac{z_2 z_3}{z_1 z_2'}+\frac{z_5 z_3 z_2}{z_3' z_2' z_1}=1+\frac{52\times 97}{24\times 21}+\frac{78\times 97\times 52}{18\times 21\times 24}=54.38$$

齿轮 1 和系杆 H 的转向相同。

第四节 轮系的功用

轮系广泛应用于各种机械设备中，其主要有以下几个方面功用。

1. 传递相距较远的两轴间的运动和动力

当两轴间的距离较大时，若仅用一对齿轮来传动，则齿轮尺寸将会过大，既占空间，又浪费材料，且制造、安装均不方便。若改用轮系传动，就能克服上述缺点，如图 9.12 所示，可用 a、b、c、d 四个齿轮代替齿轮 1 和 2。

2. 实现分路传动

当输入轴的转速一定时，利用轮系可将输入轴的转速运动同时传到几根输出轴上，使输出轴获得所需的各种转速。图 9.13 为滚齿机实现轮坯与滚刀范成运动的传动简图，主动轴的运动经过锥齿轮 1、2 传给滚刀，经齿轮 3、4、5、6、7 和蜗杆传动 8、9 传给轮坯。

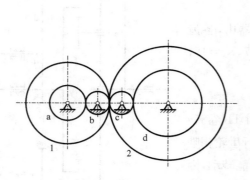

图 9.12 远距离传动

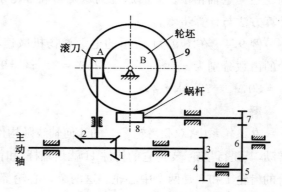

图 9.13 滚齿机轮系

3. 实现变速、变向运动

输入轴的转速转向不变，利用轮系可使输出轴得到若干种转速或改变输出轴的转向，如汽车在行驶中经常变速，倒车时要变向等，这种传动称为变速变向传动。

图 9.14 所示为汽车上常用的三轴四速变速器的传动结构，发动机的运动由安装有齿轮 1 和牙嵌离合器的一半 x 的轴Ⅰ输入，输出轴Ⅲ用滑键与双联齿轮 4、6 和离合器的另一半 y 相连。齿轮 2、3、5、7 安装在轴Ⅱ上，齿轮 8 则安装在轴Ⅳ上。操纵变速杆拨动双联齿轮 4、6，使之与轴Ⅱ上的不同齿轮啮合，从而得到不同的输出转速。如果轮 4 与轮 3 啮合或轮 6 与轮 5 啮合，可得中速或低速挡；当向右移动双联齿轮使离合器 x 和 y 接合时，可得高速挡；当双联齿轮移至最左边位置时，轮 6 与 8 啮合，可得最低速倒车挡。

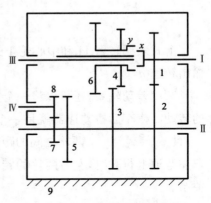
图 9.14　汽车变速器的传动结构

变速变向传动还广泛地应用在金属切削机床等设备上。

4. 实现大速比和大功率传动

在齿轮外形尺寸较小的情况下，利用轮系可以获得大的传动比，如图 9.12 所示。同样，采用行星轮系时，可由很少的几个齿轮获得很大的传动比，如例 9.3 中仅采用两对齿轮，但其传动比竟高达 10 000。值得注意的是，这类行星轮系用于减速传动时，其传动比愈大，机械效率愈低，因此这类行星轮系只适用于某些微调机构，不宜用于传递动力。

周转轮系中采用了多个均布的行星轮来同时传动，多个行星轮共同承担载荷，使得齿轮尺寸可以减小，又可使各啮合点处的径向分力和行星轮公转所产生的离心惯性力得到平衡，这使得主轴承内的作用力减少了。因此周转轮系传递功率较高，同时效率也较高。大功率传动越来越多地采用周转轮系或混合轮系。

5. 实现运动的合成与分解

应用差动轮系可将两个构件的输入运动合成为另一个构件的输出运动。这种运动的合成在机床、计算机构和补偿装置中得到了广泛的应用。

图 9.15 所示为滚齿机中的差动轮系，它包括中心轮 1 和 3、行星轮 2 和行星架 H 等构件，该机构的自由度为 2。滚齿时，由齿轮 4 传来的运动给中心轮 1，使其得到转速 n_1（分齿运动），由蜗轮 5 传来的运动给转臂 H，使其得到转速 n_H（附加运动），这两个运动合成后给中心轮 3，中心轮 3 以转速 n_3 输出。此转速经过变速齿轮等（图中未画）使滚齿机工作台得到所需要的转速，从而使轮坯的转动与滚刀的转动配合而组成范成运动。

在图 9.15 所示轮系中，两中心轮的齿数相等，即 $z_1 = z_3$，由式 (9.3) 可得

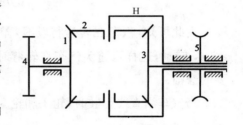
图 9.15　滚齿机的差动轮系

$$i_{13}^{H}=\frac{n_1-n_H}{n_3-n_H}=-\frac{z_3}{z_1}=-1$$

即

$$n_3=2n_H-n_1$$

上式表明转臂 H 和中心轮 1 的两个输入转速 n_1 和 n_H 经差动轮系合成为轮 3 的一个输出转速 n_3。

利用差动轮系,还可以将一个主动件的转动按所需的可变的比例分解为两个从动构件的转动。汽车后桥差速器就是一个例子,如图 9.16 所示,已知各轮的齿数分别为 z_1、z_2、z_3,且 $z_1=z_2=z_3$,两轮之间的距离为 B。现分析汽车在弯道上行驶时,左右两轮的转速 n_1 和 n_3 之间的关系。

汽车向左转弯时,由于后桥上右车轮比左车轮走过的路径长,所以轮 3 的转速 n_3 比轮 1 的转速 n_1 高。为了避免车轮和地面之间产生相对滑动而使轮胎磨损,后轮轴被做成两轴,并用差速器来连接。发动机动力通过变速器经底盘下的传动轴和齿轮 5 带动齿轮 4,使差速器工作。齿轮 4、5 组成定轴轮系。行星架 H 与齿轮 4 固连在一起,轮 1、2、3、H(4) 组成差动轮系。由式(9.3)可得:

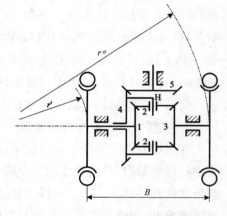

图 9.16 汽车后桥差速器

$$i_{13}^{H}=\frac{n_1-n_H}{n_3-n_H}=-\frac{z_3}{z_1}=-1$$

因 $n_4=n_H$,则上式可变为

$$2n_4=n_1+n_3 \tag{9.4}$$

设车轮在路面上做纯滚动时,两轮转速 n_1、n_3 与其转弯半径成正比,则

$$\frac{n_1}{n_3}=\frac{r'}{r''}=\frac{r'}{r'+B} \tag{9.5}$$

由此可知,汽车在转弯行驶时,差速器将输入轴转速 n_4 分解,使两后轮以不同的转速 n_1、n_3 转动,这样可避免汽车在转弯时,汽车后轮对地面产生相对滑动,防止轮胎遭受不必要的磨损。

当汽车沿直线行驶时,轮 1 和轮 3 转速相等,且转向相同,由(9.4)式得:

$$n_1=n_3=n_4$$

习 题

1. 在图示传动装置中,已知各轮齿数分别为 $z_1=18$, $z_2=36$, $z_2'=20$, $z_3=40$, $3'$ 为单头右旋蜗杆,4 为蜗轮,$z_4=40$,运动从齿轮1输入,$n_1=1\,000$ r/min,方向如图所示。试求蜗轮 4 的转速 n_4,并指出其转动方向。

2. 在图示的轮系中,已知 $z_1=z_2=z_4=z_5=20$,且齿轮 1、3、4、6 同轴线,均为标准齿轮传动。若已知齿轮 1 的转速 $n_1=1\,440$ r/min,试求齿轮 6 的转速(大小和方向)。

3. 由圆锥齿轮组成的行星轮系如图所示。已知 $z_1=36$,$z_2=40$,$z_2'=z_3=20$,$n_1=n_3=120$ r/min。设中心轮 1、3 的转向相反,试求 n_H 的大小与方向。

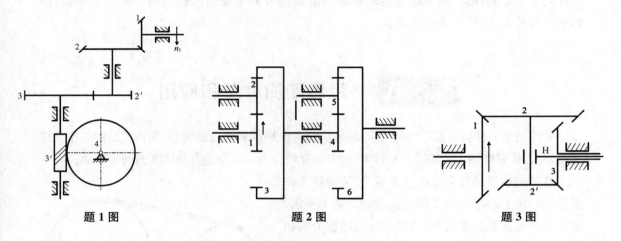

题 1 图　　　　题 2 图　　　　题 3 图

4. 在下图所示复合轮系中,已知各轮均为标准齿轮,各轮齿数为 $z_1=18$, $z_2=51$, $z_2'=30$, $z_3=18$, $z_4=73$。试求该轮系的传动比 i_{1H},并说明齿轮 1 与系杆的转向关系。

5. 在图示轮系中,已知各轮齿数分别为 $z_1=30$, $z_2=36$, $z_3=15$, $z_4=56$, $z_5=78$, $z_6=24$, $z_7=35$。试求传动比 i_{1H}。

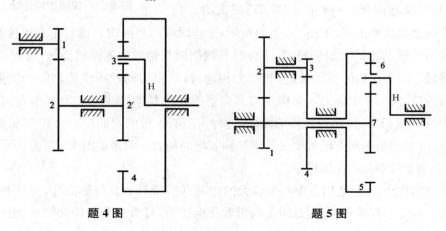

题 4 图　　　　题 5 图

第十章 带传动与链传动

带传动和链传动都是挠性传动,两者的不同之处在于:带传动主要是由带和带轮的正压力产生的摩擦力来传递运动和动力的,因为它有弹性滑动和整体打滑现象,所以它的传动比是不恒定的;链传动是通过链轮轮齿与链条链节的啮合来传递运动和动力的,其有准确的平均传动比,传动效率较高。

第一节 带传动的类型和应用

带传动是一种应用很广的挠性机械传动,分为摩擦型和啮合型两类,两种类型的工作原理不同,前者依靠摩擦力传递运动和转矩,后者依靠啮合力。本章主要阐述摩擦型带传动。

摩擦型带传动通常是由主动轮 1、从动轮 2 和张紧在两轮上的环形带 3 所组成,如图 10.1 所示。安装时带被张紧在带轮上,这时带所受的拉力为初拉力,初拉力使带与带轮的接触面间产生压力。主动轮回转时,依靠带与带轮的接触面间的摩擦力拖动从动轮一起回转,从而传递一定的运动和动力。

摩擦型传动带按横截面形状的不同可分为平带、V 带和特殊截面带(多楔带、圆带等)三大类。

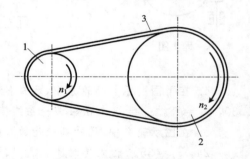

图 10.1 摩擦型带传动

平带的横截面为扁平矩形,如图 10.2(a)所示,工作时带的环形内表面与轮缘相接触。V 带的横截面为梯形,如图 10.2(b)所示,工作时其两侧面与轮槽的侧面相接触,而 V 带与轮槽槽底不接触。由于轮槽的楔形效应,初拉力相同时,V 带传动较平带传动能产生更大的摩擦力,故具有较大的牵引能力。多楔带以其扁平部分为基体,如图 10.2(c)所示,其下面有几条等距纵向槽,其工作面为楔形的侧面,这种带兼有平带的弯曲应力小和 V 带的摩擦力大的优点,常用于传递动力较大而又要求结构紧凑的场合。圆带如图 10.2(d)所示,其牵引能力小,常用于仪器和家用器械中。

带传动的优点:(1)适用于中心距较大的传动;(2)带具有良好的挠性,可缓和冲击,吸收振动;(3)有安全保护作用,过载时带与带轮间会打滑,打滑虽会使传动失效,但可防止损坏其他零件;(4)结构简单、成本低廉。

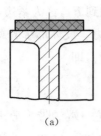 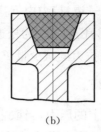 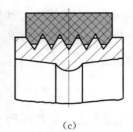 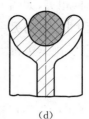

图 10.2　摩擦型带传动类型

带传动的缺点：(1)传动的外廓尺寸较大；(2)需要张紧装置；(3)存在弹性滑动，故不能保证固定不变的传动比；(4)带的寿命较短；(5)传动效率较低。

通常，带传动适用于中小功率的传动。近年来平带传动的应用已大为减少，但在多轴传动或高速情况下，平带传动仍然是很有效的。目前 V 带传动应用最广，一般带速为 $v = 5 \sim 25$ m/s，传动比 $i \leqslant 7$，传动效率 $\eta = 0.90 \sim 0.95$。

第二节　带传动工作情况分析

一、带传动的受力分析

如前文所述，带必须以一定的初拉力张紧在带轮上。静止时，带上下两边的拉力都等于初拉力 F_0，如图 10.3(a)所示；传动时，由于带与轮面间摩擦力的作用，带上下两边的拉

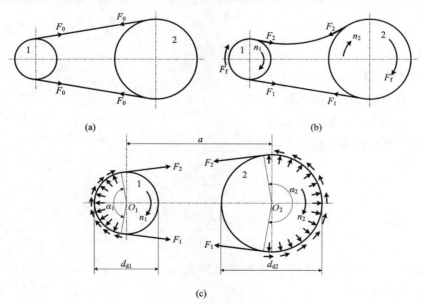

图 10.3　带传动的受力情况

力不再相等,如图10.3(b)所示。带绕进主动轮的一边,拉力由F_0增加到F_1,称为紧边,F_1为紧边拉力;而另一边带的拉力由F_0减为F_2,称为松边,F_2为松边拉力。设环形带的总长度不变,则紧边拉力的增加量F_1-F_0应等于松边拉力的减少量F_0-F_2,即

$$F_1 + F_2 = 2F_0 \tag{10.1}$$

在图10.3(c)中,径向箭头表示带轮作用于带上的压力,当取主动轮一端的带为分离体时,其受到的总摩擦力为有效拉力,即两边的拉力差称为带传动的有效拉力,也就是带传递的圆周力F,表达式为

$$F = F_1 - F_2 \tag{10.2}$$

圆周力F(N)、带速v(m/s)和传递功率P(kW)之间的关系为

$$P = \frac{Fv}{1\,000} \tag{10.3}$$

在带的传动能力范围内,有效拉力F的大小和传递功率P及带的速度v有关。当传递功率增大时,带两边的拉力差也会相应地增大,带的两边拉力的这种变化,实际上正反映了带和带轮接触面上摩擦力的变化。显然,当其他条件不变且初始拉力F_0一定时,这一摩擦力有一极限值。当带有打滑趋势时,这个摩擦力正好达到极限值,带传动的有效拉力也达到了最大值。如果这时再进一步增大带传动的工作载荷,这个摩擦力就会超过带所能传递的最大有效拉力,带和带轮之间将会发生显著的相对滑动,这一现象称为打滑。打滑将使带的磨损加剧,使从动轮转速明显下降,甚至会使传动失效,这种情况应当避免。

对于平带传动,带在即将打滑时,紧边拉力F_1与松边拉力F_2满足著名的柔韧体摩擦的欧拉公式:

$$F_1 = F_2 \mathrm{e}^{f\alpha} \tag{10.4}$$

式中:e——自然对数的底(e=2.718…);
$\quad f$——带与轮面的摩擦系数;
$\quad \alpha$——带在带轮上的包角,rad。

由图10.3可得带在带轮上的包角为

$$\begin{cases} \alpha_1 = 180° - \dfrac{d_{d2} - d_{d1}}{a} \times 57.3° \\ \alpha_2 = 180° + \dfrac{d_{d2} - d_{d1}}{a} \times 57.3° \end{cases} \tag{10.5}$$

式中:d_{d1}、d_{d2}——分别为小带轮、大带轮的基准直径;
$\quad a$——两轮中心距。

用F_{ec}表示带的最大有效拉力,联立求解后可得出以下关系式:

$$\begin{cases} F_1 = F\dfrac{e^{f\alpha}}{e^{f\alpha}-1} \\ F_2 = F\dfrac{1}{e^{f\alpha}-1} \\ F_{ec} = F_1\left(1-\dfrac{1}{e^{f\alpha}}\right) = 2F_0\left(1-\dfrac{2}{e^{f\alpha}+1}\right) \end{cases} \quad (10.6)$$

由此可知,增大初拉力、增大包角以及增大摩擦系数都可提高带传动所能传递的圆周力。因小带轮包角 α_1 小于大带轮包角 α_2,故计算带传动所能传递的圆周力时,上式中 α 应取 α_1。

V 带传动与平带传动的初拉力相等时,它们的法向力 N 则不同,如图 10.4 所示,V 带和平带压向带轮的压力同为 F_N,平带的极限摩擦力为 $Nf=F_N f$,而 V 带的极限摩擦力为

$$Nf = \dfrac{F_N}{\sin\left(\dfrac{\varphi}{2}\right)} \cdot f = F_N f' \quad (10.7)$$

式中:φ ——V 带轮轮槽的楔角;

f' ——当量摩擦系数,$f' = f/\sin\left(\dfrac{\varphi}{2}\right)$。

显然 $f' > f$,故在相同条件下,V 带能传递较大的功率,或者说,在传递相同功率时,V 带传动的结构较为紧凑。

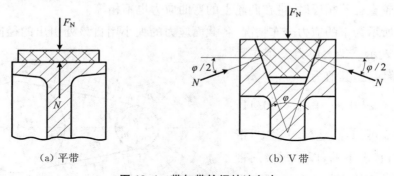

(a) 平带　　　　　　(b) V 带

图 10.4　带与带轮间的法向力

引用当量摩擦系数的概念,以 f' 代替 f,即可将式(10.4)和式(10.6)应用于 V 带传动。

二、带的应力分析

传动时,带中应力由拉力产生的拉应力、离心力产生的拉应力、弯曲应力三部分组成。

1. 拉力产生的拉应力

拉应力 σ 可由下式计算得到:

$$\sigma = \dfrac{F}{A} \quad (10.8)$$

式中:A——带的横截面面积,mm^2。

2. 离心力产生的拉应力

当带以切线速度 v 沿带轮轮缘做圆周运动时,带本身的质量将引起离心力。由于离心力的作用,带中产生的离心拉力在带的横截面上就要产生离心应力 σ_c(单位为 MPa),可用下式计算:

$$\sigma_c = \frac{qv^2}{A} \qquad (10.9)$$

式中:q——传动带每米长的质量,kg/m,其值可参考表 10.1;
$\quad\ v$——带的线速度,m/s;
$\quad A$——带的横截面面积,mm^2。

3. 弯曲应力

带绕过带轮时,因弯曲而产生弯曲应力,由材料力学公式可得带的弯曲应力 σ_b:

$$\sigma_b = \frac{2y}{d_d} E \qquad (10.10)$$

式中:y——带的中性层到带的最外层的垂直距离,mm;
$\quad E$——带的弹性模量,MPa;
$\quad d_d$——带轮直径(对 V 带轮,d_d 为基准直径),mm。

显然,两轮直径不相等时,带在两轮上的弯曲应力也不相等。

图 10.5 所示为带的应力分布情况,各截面应力的大小用自该处引出的径向线(或垂直线)的长短来表示。最大应力发生在紧边与小带轮接触处,其值为

$$\sigma_{max} = \sigma_1 + \sigma_{b1} + \sigma_c \qquad (10.11)$$

由图 10.5 可知,在运转过程中,带是处于变应力状态下的,即带每绕两带轮循环一周时,作用在带上某点的应力是变化的。当应力循环次数达到一定值后,带将产生疲劳破坏。

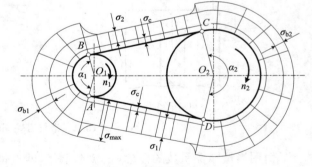

图 10.5 带的应力分布

三、带传动的弹性滑动和传动比

带传动在工作时,带受到拉力后要产生弹性变形,但由于紧边和松边的拉力不同,因而弹性变形也不同。如图 10.6 所示,当紧边在 A 点绕上主动轮时,其所受的拉力为 F_1,此时带的线速度 $v_带$ 和主动轮的圆周速度 v_1 相等。在带由 A 点转到 B 点的过程中,带所受的拉力由 F_1 逐渐降低到 F_2,带的弹性变形也就随之逐渐减小,因而带沿带轮的运动是一面绕

进、一面向后收缩,所以带的速度便逐渐低于主动轮的圆周速度 v_1,即 $v_带 < v_1$。这说明带在绕经主动轮缘的过程中,带与主动轮缘之间发生了相对滑动。相对滑动现象也发生在从动轮上,但变化情况恰恰相反,带绕过从动轮时,拉力由 F_2 增大到 F_1,弹性变形随之逐渐增加,因而带沿带轮的运动是一面绕进、一面向前伸长,所以带的速度便逐渐高于从动轮的圆周速度 v_2,即 $v_带 > v_2$。

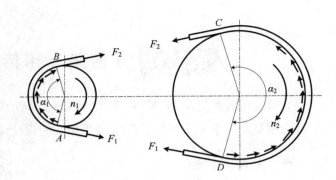

图 10.6 带传动的弹性滑动

弹性滑动和打滑是两个截然不同的概念。打滑是指由过载引起的全面滑动,应当避免。弹性滑动是由拉力差引起的,只要带传递圆周力,出现紧边和松边,就一定会发生弹性滑动,所以弹性滑动是不可避免的,是带传动正常工作时固有的特性。

设 d_{d1}、d_{d2} 为主、从动轮的直径,n_1、n_2 为主、从动轮的转速,则两轮的圆周速度分别为

$$\begin{cases} v_1 = \dfrac{\pi d_{d1} n_1}{60 \times 1\,000} \\ v_2 = \dfrac{\pi d_{d2} n_2}{60 \times 1\,000} \end{cases} \tag{10.12}$$

由于弹性滑动是不可避免的,所以 v_2 总是低于 v_1。传动中由于带的滑动引起的从动轮圆周速度降低率称为滑动率 ε,即

$$\varepsilon = \frac{v_1 - v_2}{v_1} = \frac{d_{d1} n_1 - d_{d2} n_2}{d_{d1} n_1} \tag{10.13}$$

由此得带传动的传动比 i 为

$$i = \frac{n_1}{n_2} = \frac{d_{d2}}{d_{d1}(1 - \varepsilon)} \tag{10.14}$$

或从动轮的转速 n_2 为

$$n_2 = \frac{n_1 d_{d1}(1 - \varepsilon)}{d_{d2}} \tag{10.15}$$

V 带传动的滑动率很小,通常 ε 范围为 0.01~0.02,在一般设计中可不考虑。

第三节　普通 V 带传动的设计计算

V 带又分为普通 V 带、窄 V 带、宽 V 带、大楔角 V 带、汽车 V 带等多种类型,其中普通 V 带应用最广。本节主要介绍普通 V 带传动的设计计算。

一、V 带的规格

V 带由顶胶 1、抗拉体 2、底胶 3 和包布 4 组成,如图 10.7 所示。抗拉体是承受负载拉力的主体,其上下的顶胶和底胶分别承受弯曲时的拉伸和压缩,外壳用橡胶帆布包围成型。抗拉体由帘布或线绳组成,绳芯结构柔软、易弯,有利于延长寿命。抗拉体的材料可以是化学纤维或棉织物,前者的承载能力较强。

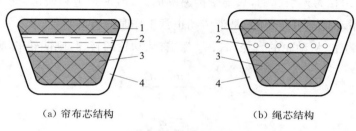

图 10.7　V 带的结构

当带纵向弯曲时,在带中保持原长度不变的周线称为节线,带的名义长度即节线长度称为基准长度。由全部节线构成的面称为节面。带的节面宽度称为节宽 b_p,当带纵向弯曲时,该宽度保持不变。把 V 带套在规定尺寸的测量带轮上,在规定的张紧力下,沿 V 带的节宽绕行一周的长度即为 V 带的基准长度 L_d。普通 V 带已标准化,按截面尺寸的不同,普通 V 带有七种型号,如表 10.1 所示。

表 10.1　各型号普通 V 带截面尺寸

普通 V 带型号	节宽 b_p/mm	顶宽 b/mm	高度 h/mm	单位长度质量 q/(kg·m^{-1})
Y	5.3	6.0	4.0	0.04
Z	8.0	10.0	8.0	0.07
A	11.0	13.0	10.0	0.12
B	14.0	17.0	14.0	0.2
C	19.0	22.0	18.0	0.37
D	27.0	32.0	19.0	0.60
E	32.0	38.0	23.0	0.87

在V带轮上,与所配用V带的节面宽度 b_p 相对应的带轮直径称为基准直径 d_d（如表10.8附图所示）。V带长度系列如表10.2所示。

表10.2 V带基准长度 L_d 和带长修正系数 K_L

基准长度 L_d/mm	带长修正系数 K_L				
	Y型	Z型	A型	B型	C型
400	0.96	0.87			
450	1.00	0.89			
500	1.02	0.91			
560		0.94			
630		0.96	0.81		
710		0.99	0.83		
800		1.00	0.85		
900		1.03	0.87	0.82	
1 000		1.06	0.89	0.84	
1 120		1.08	0.91	0.86	
1 250		1.11	0.93	0.88	
1 400		1.14	0.96	0.90	
1 600		1.16	0.99	0.92	0.83
1 800		1.18	1.01	0.95	0.86
2 000			1.03	0.98	0.88
2 240			1.06	1.00	0.91
2 500			1.09	1.03	0.93
2 800			1.11	1.05	0.95
3 150			1.13	1.07	0.97
3 550			1.17	1.09	0.99
4 000			1.19	1.13	1.02
4 500				1.15	1.04
5 000				1.18	1.07

二、单根普通V带的许用功率

带传动的失效形式是带在带轮上打滑或发生疲劳损坏（脱层、断裂、撕裂）。因此,带传动的设计准则是保证带不打滑及具有一定的疲劳寿命。

为了保证带传动不出现打滑,根据式(10.3)、式(10.6),并以 f' 代替 f,可得单根普通V带能传递的功率 P_0 为

$$P_0 = F_1\left(1 - \frac{1}{e^{f\alpha}}\right)\frac{v}{1\,000} = \sigma_1 A\left(1 - \frac{1}{e^{f\alpha}}\right)\frac{v}{1\,000} \tag{10.16}$$

为了使带具有一定的疲劳寿命,应使 $\sigma_{max} = \sigma_1 + \sigma_{b1} + \sigma_c \leqslant [\sigma]$,即

$$\sigma_1 \leqslant [\sigma] - \sigma_{b1} - \sigma_c \tag{10.17}$$

式中:$[\sigma]$——带的许用应力。

将上式代入式(10.16)得到带传动在既不打滑又有一定寿命时单根 V 带能传递的功率 P_0:

$$P_0 = ([\sigma] - \sigma_{b1} - \sigma_c)\left(1 - \frac{1}{e^{f\alpha}}\right)\frac{Av}{1\,000} \tag{10.18}$$

在载荷平稳,包角 $\alpha_1 = \pi$,带长 L_d 为特定长度,抗拉体为化学纤维绳芯结构的条件下,由式(10.18)可求得单根普通 V 带所能传递的功率 P_0,如表 10.3 所示。

表 10.3 单根普通 V 带的基本额定功率 P_0

型号	小带轮基准直径 d_1/mm	P_0/kW												
		$n_1=$ 400 r/min	$n_1=$ 800 r/min	$n_1=$ 950 r/min	$n_1=$ 1 200 r/min	$n_1=$ 1 450 r/min	$n_1=$ 1 600 r/min	$n_1=$ 1 800 r/min	$n_1=$ 2 000 r/min	$n_1=$ 2 400 r/min	$n_1=$ 2 800 r/min	$n_1=$ 3 200 r/min	$n_1=$ 3 600 r/min	$n_1=$ 4 000 r/min	$n_1=$ 5 000 r/min
Z	50	0.06	0.10	0.12	0.14	0.16	0.17	0.19	0.20	0.22	0.26	0.28	0.30	0.32	0.34
	56	0.06	0.12	0.14	0.17	0.19	0.20	0.23	0.25	0.30	0.33	0.35	0.37	0.39	0.41
	63	0.08	0.15	0.18	0.22	0.25	0.27	0.30	0.32	0.37	0.41	0.45	0.47	0.49	0.50
	71	0.09	0.20	0.23	0.27	0.30	0.33	0.36	0.39	0.46	0.50	0.54	0.58	0.61	0.62
	80	0.14	0.22	0.26	0.30	0.35	0.39	0.42	0.44	0.50	0.56	0.61	0.64	0.67	0.66
	90	0.14	0.24	0.28	0.33	0.36	0.40	0.44	0.48	0.54	0.60	0.64	0.68	0.72	0.73
A	75	0.26	0.45	0.51	0.60	0.68	0.73	0.79	0.84	0.92	1.00	1.04	1.08	1.09	1.02
	90	0.39	0.68	0.77	0.93	1.07	1.15	1.25	1.34	1.50	1.64	1.75	1.83	1.87	1.82
	100	0.47	0.83	0.95	1.14	1.32	1.42	1.58	1.66	1.87	2.05	2.19	2.28	2.34	2.25
	112	0.56	1.00	1.15	1.39	1.61	1.74	1.89	2.04	2.30	2.51	2.68	2.78	2.83	2.64
	125	0.67	1.19	1.37	1.66	1.92	2.07	2.26	2.44	2.74	2.98	3.15	3.26	3.28	2.91
	140	0.78	1.41	1.62	1.96	2.28	2.45	2.66	2.87	3.22	3.48	3.65	3.72	3.67	2.99
	160	0.94	1.69	1.95	2.36	2.73	2.54	2.98	3.42	3.80	4.06	4.19	4.17	3.98	2.67
	180	1.09	1.97	2.27	2.74	3.16	3.40	3.67	3.93	4.32	4.54	4.58	4.40	4.00	1.81
B	125	0.84	1.44	1.64	1.93	2.19	2.33	2.50	2.64	2.85	2.96	2.94	2.80	2.61	1.09
	140	1.05	1.82	2.08	2.47	2.82	3.00	3.23	3.42	3.70	3.85	3.83	3.63	3.24	1.29
	160	1.32	2.32	2.66	3.17	3.62	3.86	4.15	4.40	4.75	4.89	4.80	4.46	3.82	0.81
	180	1.59	2.81	3.22	3.85	4.39	4.68	5.02	5.30	5.67	5.76	5.52	4.92	3.92	
	200	1.85	3.30	3.77	4.50	5.13	5.46	5.83	6.13	6.47	6.43	5.95	4.98	3.47	
	224	2.17	3.86	4.42	5.26	5.97	6.33	6.73	7.02	7.25	6.95	6.05	4.47	2.14	

(续表)

型号	小带轮基准直径 d_1/mm	P_0/kW											
		$n_1=$ 400 r/min	$n_1=$ 800 r/min	$n_1=$ 950 r/min	$n_1=$ 1 200 r/min	$n_1=$ 1 450 r/min	$n_1=$ 1 600 r/min	$n_1=$ 1 800 r/min	$n_1=$ 2 000 r/min	$n_1=$ 2 400 r/min	$n_1=$ 2 800 r/min	$n_1=$ 3 200 r/min	$n_1=$ 3 600 r/min	$n_1=$ 4 000 r/min	$n_1=$ 5 000 r/min

型号	d_1/mm	400	800	950	1200	1450	1600	1800	2000	2400	2800	3200	3600	4000	5000
B	250	2.50	4.46	5.10	6.04	6.82	7.20	7.63	7.87	7.89	7.14	5.60	5.12		
B	280	2.89	5.13	5.85	6.90	7.76	8.13	8.46	8.60	8.22	6.80	4.26			
C	200	2.41	4.07	4.58	5.29	5.84	6.07	6.28	6.34	6.02	5.01	3.23			
C	224	2.99	5.12	5.78	6.71	7.45	7.75	8.00	8.06	7.57	6.08	3.57			
C	250	3.62	6.23	7.04	8.21	9.08	9.38	9.63	9.62	8.75	6.56	2.93			
C	280	4.32	7.52	8.49	9.81	10.72	11.06	11.22	11.04	9.50	6.13				
C	315	5.14	8.92	10.05	11.53	12.46	12.72	12.67	12.14	9.43	4.16				
C	355	6.05	10.46	11.73	13.31	14.12	14.19	13.73	12.59	7.98					
C	400	7.06	12.10	13.48	15.04	15.53	15.24	14.08	11.95	4.34					
C	450	8.20	13.80	15.23	16.59	16.47	15.57	13.29	9.64						

注：n_1 表示小带轮转速。

实际工作条件与上述特定条件不同时，应对表中 P_0 值加以修正。修正后即得实际工作条件下单根 V 带所能传递的功率，称为许用功率$[P_0]$，用下式表示：

$$[P_0] = (P_0 + \Delta P_0) K_a K_L \tag{10.19}$$

式中：ΔP_0——功率增量，考虑传动比 $i \neq 1$ 时，带在大轮上的弯曲应力较小，故在寿命相同条件下，可增大传递的功率。普通 V 带的 ΔP_0 值见表 10.4。

K_a——包角修正系数，考虑 $\alpha_1 \neq 180°$ 时对传动能力的影响，见表 10.5。

K_L——带长修正系数，考虑带长不为特定长度时对传动能力的影响，见表 10.2。

表 10.4 单根普通 V 带额定功率的增量 ΔP_0

型号	传动比 i	ΔP_0/kW									
		$n_1=$ 400 r/min	$n_1=$ 730 r/min	$n_1=$ 800 r/min	$n_1=$ 980 r/min	$n_1=$ 1 200 r/min	$n_1=$ 1 460 r/min	$n_1=$ 1 600 r/min	$n_1=$ 2 000 r/min	$n_1=$ 2 400 r/min	$n_1=$ 2 800 r/min
Z	1.35~1.51	0.01	0.01	0.01	0.02	0.02	0.02	0.02	0.03	0.03	0.04
Z	1.52~1.99	0.01	0.01	0.02	0.02	0.02	0.02	0.03	0.03	0.04	0.04
Z	≥2	0.01	0.02	0.02	0.02	0.03	0.03	0.03	0.04	0.04	0.04
A	1.35~1.51	0.04	0.07	0.08	0.08	0.11	0.13	0.15	0.19	0.23	0.26
A	1.52~1.99	0.04	0.08	0.09	0.10	0.13	0.15	0.17	0.22	0.26	0.30
A	≥2	0.05	0.09	0.10	0.11	0.15	0.17	0.19	0.24	0.29	0.34
B	1.35~1.51	0.10	0.17	0.20	0.23	0.30	0.36	0.39	0.49	0.59	0.69
B	1.52~1.99	0.11	0.20	0.23	0.26	0.34	0.40	0.45	0.56	0.62	0.79
B	≥2	0.13	0.22	0.25	0.30	0.38	0.46	0.51	0.63	0.76	0.89

(续表)

型号	传动比 i	ΔP_0/kW								
		$n_1=$ 400 r/min	$n_1=$ 730 r/min	$n_1=$ 800 r/min	$n_1=$ 980 r/min	$n_1=$ 1 200 r/min	$n_1=$ 1 460 r/min	$n_1=$ 1 600 r/min	$n_1=$ 2 000 r/min	$n_1=$ 2 400 r/min	$n_1=$ 2 800 r/min
C	1.35～1.51	0.27	0.48	0.55	0.65	0.82	0.99	1.10	1.37	1.65	1.92
	1.52～1.99	0.31	0.55	0.63	0.74	0.94	1.14	1.25	1.57	1.88	2.19
	$\geqslant 2$	0.35	0.62	0.71	0.83	1.06	1.27	1.41	1.76	2.12	2.47

表 10.5　包角修正系数 K_α

包角 α_1/(°)	180	170	160	150	140	130	120	110	100	90
K_α	1.00	0.98	0.95	0.92	0.89	0.86	0.82	0.78	0.74	0.69

三、带的型号和根数的确定

考虑到载荷性质和每天运行时间等因素的影响，设 P 为带传动的额定功率(kW)，K_A 为工作情况系数，其大小参考表 10.6 内容，则计算功率为

$$P_C = K_A P \qquad (10.20)$$

表 10.6　工作情况系数 K_A

载荷性质	工作机	工作情况系数 K_A					
		电动机(交流启动、三角启动、直流并励)、四缸以上的内燃机			电动机(联机交流启动、直流复励或串励)、四缸以下的内燃机		
		$t<10$ h	10 h$\leqslant t\leqslant 16$ h	$t>16$ h	$t<10$ h	10 h$\leqslant t\leqslant 16$ h	$t>16$ h
载荷变动很小	液体搅拌机、通风机和鼓风机($\leqslant 7.5$ kW)、离心式水泵和压缩机、轻负荷输送机	1.0	1.1	1.2	1.1	1.2	1.3
载荷变动小	带式输送机(不均匀负荷)、通风机(>7.5 kW)，旋转式水泵和压缩机(非离心式)、发电机、金属切削机床、印刷机、旋转筛、锯木机和木工机械	1.1	1.2	1.3	1.2	1.3	1.4
载荷变动较大	制砖机、斗式提升机、往复式水泵和压缩机、起重机、磨粉机、冲剪机床、橡胶机械、振动筛、纺织机械、重载输送机	1.2	1.3	1.4	1.4	1.5	1.6
载荷变动很大	破碎机(旋转式、颚式等)、磨碎机(球磨、棒磨、管磨)	1.3	1.4	1.5	1.5	1.6	1.8

注：t 表示每天工作小时数。

根据计算功率 P_C 和小带轮转速 n_1，按图 10.8 的推荐选择普通 V 带的型号。图中以粗斜直线划定型号区域，若工况坐标点临近两种型号的交界线，可按两种型号同时计算，并

分析比较进行取舍,带的截面较小则带轮直径小,但根数较多。V 带根数按下式计算:

$$z = \frac{P_C}{[P_0]} = \frac{P_C}{(P_0 + \Delta P_0)K_\alpha K_L} \tag{10.21}$$

带的根数 z 应取整数,并且为了使每根 V 带受力均匀,V 带根数不宜太多,通常取 $z<10$。

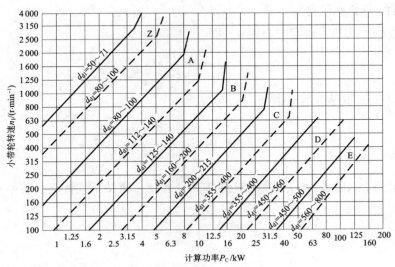

图 10.8 普通 V 带选型图

四、主要参数的选择

1. 带轮直径和带速

小带轮的基准直径 d_{d1} 应大于等于表 10.7 中的 d_{dmin}。若 d_{d1} 过小,带的弯曲应力将过大而导致带的寿命缩短;反之,若 d_{d1} 过大,虽能延长带的寿命,但带传动的外廓尺寸却会随之增大。

由式(10.15)得大轮的基准直径:

$$d_{d2} = \frac{n_1}{n_2} d_{d1}(1-\varepsilon) \tag{10.22}$$

d_{d1}、d_{d2} 应符合带轮基准直径尺寸系列,如表 10.7 所示。

表 10.7 V 带轮最小基准直径

型号	Y	Z	A	B	C	D	E
d_{dmin}/mm	20	50	75	125	200	355	500
基准直径系列/mm	20 22.4 25 28 31.5 40 45 50 56 63 71 75 80 85 90 95 100 106 112 118 125 132 140 150 160 170 180 200 212 224 236 250 265 280 300 315 355 375 400 425 450 475 500 530 560 600 630 670 710 750 800 900 1 000							

带的线速度为

$$v = \frac{\pi d_{d1} n_1}{60 \times 1\,000} \tag{10.23}$$

一般应使 v 在 5~25 m/s 的范围内，v 过小则传递的功率小，过大则离心力大。

2. 中心距、带长和包角

一般推荐按下式初步确定中心距 a_0，即

$$0.7(d_{d1} + d_{d2}) < a_0 < 2(d_{d1} + d_{d2})$$

按下式初定 V 带基准长度 L_0：

$$L_0 = 2a_0 + \frac{\pi}{2}(d_{d1} + d_{d2}) + \frac{(d_{d2} - d_{d1})^2}{4a_0} \tag{10.24}$$

根据初定的 L_0，由表 10.2 选取接近的基准长度 L_d，再按下式计算所需中心距 a：

$$a \approx a_0 + \frac{L_d - L_0}{2} \tag{10.25}$$

考虑带传动的安装、调整和 V 带张紧的需要，中心距变动范围为：$(a - 0.015L_d) \sim (a + 0.03L_d)$。

小轮包角 α_1 由式(10.5)计算：

$$\alpha_1 = 180° - \frac{d_{d2} - d_{d1}}{a} \times 57.3°$$

一般应使 $\alpha_1 \geqslant 120°$，否则应加大中心距或增设张紧轮。

3. 初拉力

保持适当的初拉力是带传动正常工作的首要条件。初拉力不足时会出现打滑，初拉力过大将增大轴和轴承上的压力，并缩短带的寿命。

单根普通 V 带合宜的初拉力 F_0 可按下式计算：

$$F_0 = \frac{500 P_C}{zv}\left(\frac{2.5}{K_\alpha} - 1\right) + qv^2 \tag{10.26}$$

式中：P_C——计算功率，kW；

z——V 带根数；

v——V 带线速度，m/s；

K_α——包角修正系数，见表 10.5；

q——V 带每米长的质量，kg/m，见表 10.1。

4. 作用在带轮轴上的压力 F_Q

在设计支承带轮的轴和轴承时,需知道 F_Q,由图 10.9 可得

$$F_Q = 2zF_0 \sin\frac{\alpha}{2} \quad (10.27)$$

设计带传动时要考虑的因素包括:传动用途、载荷性质、传递的功率、带轮的转速以及对传动

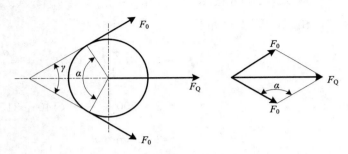

图 10.9 作用在轴上的力

外廓尺寸的要求等。V 带传动设计的主要任务是:选择合理的传动参数,确定 V 带的型号、长度和根数,确定带轮的材料、结构和尺寸。设计的一般步骤见例 10.1,带轮的结构设计参见本章第四节内容。

例 10.1 设计一通风机用的 V 带传动。选用异步电动机驱动,已知电动机转速 $n_1 = 1\,460$ r/min,通风机转速 $n_2 = 640$ r/min,通风机输入功率 $P = 9$ kW,该通风机为两班制工作。

解:

(1) 求计算功率 P_C

查表 10.6 得 $K_A = 1.2$,故

$$P_C = K_A P = 1.2 \times 9 = 10.8 \text{(kW)}$$

(2) 选 V 带型号

可用普通 V 带或窄 V 带,现以普通 V 带为例。

根据 $P_C = 10.8$ kW,$n_1 = 1\,460$ r/min,由图 10.8 查出此坐标点位于 V 带型号 A 型与 B 型的交界处,现选用 B 型进行计算。

(3) 求大、小带轮基准直径 d_{d2}、d_{d1}

由表 10.7,d_{d1} 应不小于 125 mm,现取 $d_{d1} = 140$ mm,由式(10.22)得

$$d_{d2} = \frac{n_1}{n_2} d_{d1}(1-\varepsilon) = \frac{1\,460}{640} \times 140 \times (1-0.02) = 313 \text{(mm)}$$

由表 10.7,取 $d_{d2} = 315$ mm(虽使 n_2 略有减小,但其误差小于 5%,故允许)。

(4) 验算带速 v

$$v = \frac{\pi d_{d1} n_1}{60 \times 1\,000} = \frac{\pi \times 140 \times 1\,460}{60 \times 1\,000} = 10.7 \text{(m/s)}$$

带速在 5~25 m/s 范围内,合适。

(5) 求 V 带基准长度 L_d 和中心距 a

初步选取中心距:

$$a_0 = 1.5(d_{d1} + d_{d2}) = 1.5 \times (140 + 315) = 682.5 \text{(mm)}$$

取 $a_0 = 700$ mm，符合 $0.7(d_{d1} + d_{d2}) < a_0 < 2(d_{d1} + d_{d2})$。

由式(10.24)得带长

$$L_0 = 2a_0 + \frac{\pi}{2}(d_{d1} + d_{d2}) + \frac{(d_{d2} - d_{d1})^2}{4a_0}$$

$$= 2 \times 700 + \frac{\pi}{2} \times (140 + 315) + \frac{(315 - 140)^2}{4 \times 700}$$

$$= 2\,126 \text{(mm)}$$

查表 10.2，对 B 型带选用 $L_d = 2\,240$ mm。再由式(10.25)计算实际中心距：

$$a \approx a_0 + \frac{L_d - L_0}{2} = 700 + \frac{2\,240 - 2\,126}{2} = 757 \text{(mm)}$$

(6) 验算小带轮包角 α_1

由式(10.5)得

$$\alpha_1 = 180° - \frac{d_{d2} - d_{d1}}{a} \times 57.3° = 180° - \frac{315 - 140}{757} \times 57.3° = 167° > 120°$$

α_1 大小合适。

(7) 求 V 带根数 z

由式(10.21)得

$$z = \frac{P_C}{(P_0 + \Delta P_0)K_\alpha K_L}$$

由 $n_1 = 1\,460$ r/min，$d_{d1} = 140$ mm，查表 10.3 得

$$P_0 = 2.82 \text{ kW}$$

由式(10.14)得传动比

$$i = \frac{d_{d2}}{d_{d1}(1 - \varepsilon)} = \frac{315}{140 \times (1 - 0.02)} = 2.3$$

查表 10.4 得：$\Delta P_0 = 0.46$ kW。根据 $\alpha = 167°$，查表 10.5 得 $K_\alpha = 0.97$，查表 10.2 得 $K_L = 1$，由此可得

$$z = \frac{10.8}{(2.82 + 0.46) \times 0.97 \times 1} = 3.39$$

取带的根数为 4 根。

(8) 求作用在带轮轴上的压力 F_Q

查表 10.1 得 $q = 0.2$ kg/m，由式(10.26)得单根 V 带的初拉力为

$$F_0 = \frac{500 P_C}{zv}\left(\frac{2.5}{K_\alpha} - 1\right) + qv^2 = \frac{500 \times 10.8}{4 \times 10.7} \times \left(\frac{2.5}{0.97} - 1\right) + 0.2 \times 10.7^2 = 222 \text{(N)}$$

由式(10.27)得作用在轴上的压力为

$$F_Q = 2zF_0\sin\frac{\alpha_1}{2} = 2 \times 4 \times 222 \times \sin\frac{167°}{2} = 1\,765(\text{N})$$

(9) 带轮结构设计(略)

第四节　V带轮结构

带轮常用铸铁制造,有时也采用钢或非金属材料(塑料、木材)制造。铸铁带轮(HT150、HT200)允许的最大圆周速度为 25 m/s。速度更高时,可采用铸钢或钢板冲压后焊接的方法。塑料带轮的重量轻、摩擦系数大,常用于机床中。

带轮直径 $d_d \leqslant (2.5 \sim 3)d$($d$ 为轴的直径),可采用实心式,如图 10.10(a)所示;中等直径的带轮直径 $d_d \leqslant 300$ mm,可采用腹板式,如图 10.10(b)所示;带轮直径 $d_d > 300$ mm

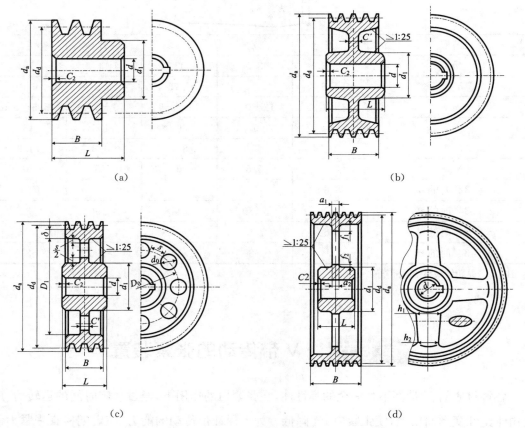

$d_1 = (1.8 \sim 2)d$; $D_1 = d_a - 2(H+\delta)$, $H = h_a + h_f$, d_a、h_a、h_f、δ 见表 10.8;$D_0 = (d_1 + D_1)/2$;$C' = (0.2 \sim 0.3)B$;$s \geqslant 1.5C'$;$L = (1.5 \sim 2)d$;$h_1 = 290\sqrt[3]{P/(nA)}$;$h_2 = 0.8h_1$;$a_1 = 0.4h_1$;$a_2 = 0.8a_1$;$f_1 = 0.2h_1$;$f_2 = 0.2h_2$

图 10.10　带轮的结构

时，可采用孔板式和轮辐式，如图 10.10(c)、(d) 所示。带轮结构设计时可参考图 10-10 中经验公式。各种型号 V 带轮的其他尺寸，可查阅机械设计手册。

普通 V 带轮轮缘的截面图及其各部分尺寸如表 10.8 所示。V 带两侧面的夹角均为 40°，但在带轮上弯曲时，由于截面变形将使夹角变小。为了使胶带仍能紧贴轮槽两侧，将 V 带轮槽角 α 规定为 32°、34°、36°、38°。

表 10.8　V 带轮的轮槽尺寸　　　　　　　　　　　单位：mm

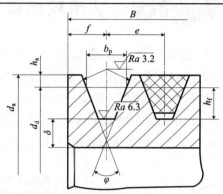

槽型	Y	Z	A	B	C
b_p	5.3	8.5	11	14	19
h_{amin}	1.6	2	2.75	3.5	4.8
e	8±0.3	12±0.3	15±0.3	19±0.4	25.5±0.5
f_{min}	6	7	9	11.5	16
h_{fmin}	4.7	7	8.7	10.8	14.3
δ_{min}	5	5.5	6	7.5	10
$\varphi=32°$ 时的 d_d	≤60				
$\varphi=34°$ 时的 d_d		≤80	≤118	≤190	≤315
$\varphi=36°$ 时的 d_d	>60				
$\varphi=38°$ 时的 d_d		>80	>118	>190	>315

注：δ_{min} 是轮缘最小壁厚推荐值。

第五节　V 带传动的张紧装置

各种材质的 V 带都不是完全的弹性体，在张紧力的作用下，经过一定时间的运转后，就会由于塑性变形而松弛，使张紧力 F_0 降低。为了保证带传动的能力，应定期检查张紧力的数值。如发现张紧力不足，必须重新将 V 带张紧，才能使其正常工作。常见的张紧装置有定期张紧装置、自动张紧装置及采用张紧轮的装置。

一、定期张紧装置

定期张紧装置采用定期改变中心距的方法来调节带的张紧力,使带重新张紧。在水平或倾斜不大的传动中,可用图 10.11(a)所示的滑道式张紧装置,通过调节螺钉 2 使装有带轮的电动机沿滑轨 1 移动。在垂直或接近垂直的传动中,可用图 10.11(b)所示的摆架式张紧装置,将装有带轮的电动机安装在可调的摆架上。

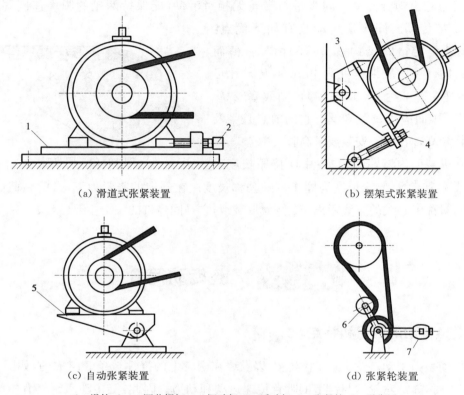

(a) 滑道式张紧装置　　　　　　　　(b) 摆架式张紧装置

(c) 自动张紧装置　　　　　　　　(d) 张紧轮装置

1—滑轨;2,4—调节螺钉;3—摆动架;5—浮动架;6—张紧轮;7—平衡锤

图 10.11　带的张紧装置

二、自动张紧装置

自动张紧装置将装有带轮的电动机安装在浮动的摆架上[图 10.11(c)],利用电动机的自重,使带轮随同电动机绕固定轴摆动,以自动保持张紧力。

三、采用张紧轮的装置

当中心距不能调节时,可用张紧轮将带张紧,如图 10.11(d)所示。张紧轮一般应放在松边的内侧,使带只受单向弯曲。同时张紧轮还应尽量靠近大轮,以免过分影响带在小轮上的包角。张紧轮的轮槽尺寸与带轮的相同,且直径小于小带轮的直径。

第六节 同步带简介

同步带是以钢丝为抗拉体,外面包覆聚氨酯或橡胶的环形传动带。它的横截面为矩形,其工作面具有等距横向齿,如图10.12所示。同步带带轮轮面也制成相应的齿形,工作时靠带齿与轮齿啮合传动。同步带与带轮无相对滑动,能保持两轮的圆周速度同步,故称为同步带传动。同步带传动具有如下优点:
(1)传动比恒定;(2)结构紧凑;(3)由于带薄而轻、抗拉体强度高,故带速可达40 m/s,传动比可达10,传递功率可达200 kW;(4)传动效率较高,约为0.98,因而应用日益广泛。它的缺点是带及带轮价格较高,对制造、安装要求高。

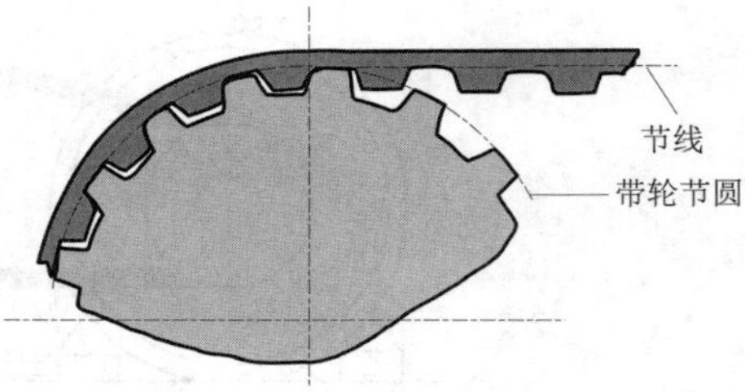

带在纵截面内弯曲时,在带中保持原长度不变的周线称为节线,节线长度为同步带的公称长度。在规定的张紧力下,带的纵截面上相邻两齿的对称中心线的直线距离 P_b 称为带节距,它是同步带的一个主要参数。

图 10.12 同步带

第七节 链传动简介

一、链传动的应用和特点

链传动是由主动链轮1、从动链轮2以及绕在两轮上的挠性链条3组成的,如图10.13所示,工作时,靠链轮轮齿与链节的啮合传递运动和动力。因此,链传动属于具有中间挠性件的啮合传动。

与带传动相比,链传动的主要优点是:没有弹性滑动和打滑,能得到准确的平均传动比,需要的张紧力小,作用在轴和轴承上的压力也较带传动小,且其能在高温和潮湿的环境下工作。与齿轮传动相比,链传动的制造与安装精度低,成本也低。链传动适用于远距离传动,其结构比齿轮传动轻便得多。链传动主要用在要求工作可靠,两轴相距较远,低速重载,工作环境恶劣,以及其他不宜采用齿轮传动的场合。

链传动的主要缺点是:瞬时链速和瞬时传动比不恒定,因此传动平稳性差,工作时冲击、

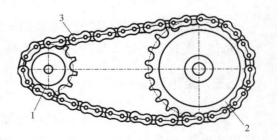

图 10.13 链传动结构示意图

振动和噪声较大,载荷变化大,急速反向转动时性能差。

基于上述特点,链传动广泛应用于中心距较大、要求平均传动比准确的场合,或环境恶劣的开式传动或低速重载传动和润滑良好的高速传动中,如农业机械、矿山机械、机床及摩托车等。通常链传动的传动比 $i \leqslant 8$,传递功率 $P < 100 \text{ kW}$,链速 $v \leqslant 15 \text{ m/s}$,传动效率 η 为 $0.94 \sim 0.98$。

二、链传动的类型

链传动按用途不同,可分为传动链、起重链和输送链。传动链主要用来传递运动和动力,其应用较为广泛,起重链和输送链分别用于起重和运输机械。

链传动按链条结构特点分,可分为滚子链和齿形链等。其中滚子链使用最广,本节主要介绍滚子链传动。

三、滚子链的结构和基本参数

滚子链的结构如图 10.14 所示,它由外链板、内链板、销轴、套筒和滚子五部分组成。销轴与外链板之间及套筒与内链板之间采用过盈配合,而销轴与套筒之间及套筒与滚子之间采用间隙配合,以保证套筒可绕销轴转动,滚子可绕套筒转动。当链与链轮啮合时,滚子沿链轮齿廓滚动,以减少链条和轮齿之间的磨损。链板一般做成 8 字形,以减轻重量并使链板各截面强度接近相等。

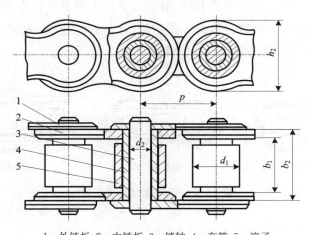

1—外链板;2—内链板;3—销轴;4—套筒;5—滚子

图 10.14 滚子链的结构

滚子链的主要参数是链节距 p,它是链条相邻两销轴中心的距离,节距越大,链的各部分尺寸越大,链的承载能力也越大。当传递较大功率时,可以采用多排链。但排数越多,链的制造和装配精度要求越高,各链之间受载不均匀的现象会越严重,故排数一般不超过 4,最常用的是双排滚子链。

滚子链已标准化,分为 A、B 两个系列。其中 A 系列起源于美国,流行于世界;B 系列起源于英国,主要流行于欧洲。两个系列在我国都有使用,推荐使用 A 系列。表 10.9 列出了 A 系列滚子链的主要参数。

表 10.9 滚子链的主要参数

链号	链节距 p/mm	滚子外径 d_1/mm	销轴直径 d_2/mm	内链节内宽 b_1/mm	内链节外宽 b_2/mm	内链板高度 h_2/mm	排距 p_t/mm	单排每米质量 q/(kg·m^{-1})	单排链极限拉伸载荷 F_Q/N
08A	12.70	7.95	3.96	7.85	11.18	12.07	14.38	0.6	1 380
10A	15.875	10.16	5.08	9.40	13.84	15.09	18.11	1.0	21 800
12A	19.05	11.91	5.94	12.57	17.75	18.08	22.78	1.5	31 100
16A	25.40	15.88	7.92	15.88	22.61	24.13	29.29	2.6	55 600
20A	31.75	19.05	9.53	18.90	27.46	30.18	35.76	3.8	86 700
24A	38.10	22.23	11.10	25.22	35.46	36.20	45.44	5.6	124 600
28A	44.45	25.40	12.70	25.22	37.19	42.24	48.87	7.5	169 000
32A	50.80	28.58	14.27	31.55	45.21	48.26	58.55	10.10	222 400
40A	63.50	39.68	29.84	37.85	54.89	60.33	71.55	16.10	347 000
48A	76.20	47.63	23.80	47.35	67.82	72.39	87.83	22.60	500 400

滚子链的接头型式与链节数有关,当链节数为偶数时,恰好内链板与外链板相连接,接头处可用开口销[图 10.15(a)]、弹簧卡片[图 10.15(b)];当链节数为奇数时,需要采用过渡链节,如图 10.15(c)所示。过渡链节在工作中链板受拉时将受到附加弯矩的作用,使强度降低,应尽量避免,故设计时链节数最好取偶数。

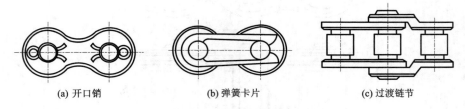

(a) 开口销　　　　　(b) 弹簧卡片　　　　　(c) 过渡链节

图 10.15 滚子链的接头型式

四、链传动的布置和张紧

链传动的布置对传动的工作状况和使用寿命有较大影响。一般链传动应布置在铅垂平面内,尽量避免布置在水平或倾斜平面内。两链轮轴线应平行,两链轮的回转平面应共面,否则易引起脱链或非正常磨损。两链轮中心线的连线与水平面的夹角应小于 45°,以免下链轮啮合不良。尽量使紧边在上,松边在下,以免松边垂度过大使链与轮齿相干涉,图 10.16 所示为常见链传动的布置。

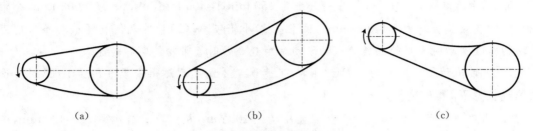

图 10.16 链传动的布置

链传动是靠链条与链轮的啮合传递动力,不需要很大的张紧力。链传动张紧的目的主要是避免链条松边垂度过大,增大包角及补偿链条磨损后的伸长,保证链轮与链条啮合良好,减轻振动。常用的张紧方法有:

(1) 调整中心距使链张紧。

(2) 拆除 1～2 个链节使链张紧。

(3) 采用张紧轮张紧。如图 10.17 所示,张紧轮一般是紧压在松边外侧靠近小链轮处,张紧轮可以是链轮,也可以是滚轮,直径应与小链轮的直径相近。

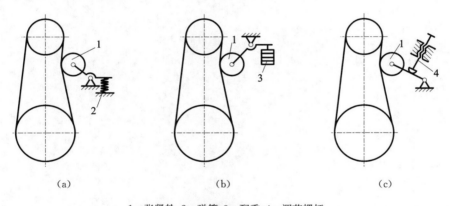

1—张紧轮;2—弹簧;3—配重;4—调节螺杆

图 10.17 链传动的张紧

关于链传动的设计问题,更详细的内容可参阅其他有关资料。

习 题

1. 在 V 带传动中,为什么要限制带的速度在 5～25 m/s 范围内?
2. 什么是 V 带传动的弹性滑动?它影响 V 带传动的什么性能?是否可以避免?
3. 简要叙述在带拉力允许范围内怎样提高带的传动能力。
4. 链传动应该放在传动系统的哪一级上?
5. 链传动设计中,链节距 p 的选择原则是什么?

6. 平带传动中,已知两带轮直径分别为 150 mm 和 400 mm,中心距为 1 000 mm,小带轮为主动轮且其转速为 1 440 r/min。试求:(1)小轮包角;(2)带的几何长度;(3)不考虑带传动的弹性滑动时大带轮的转速;(4)滑动率为 0.015 时大带轮的实际转速。

7. V 带传动所传递的功率 $P=9$ kW,带速 $v=12$ m/s,现测得张紧力 $F_0=1\ 125$ N。试求紧边拉力 F_1 和松边拉力 F_2。

8. 已知一 V 带传动的主动轮基准直径 $d_1=100$ mm,从动轮基准直径 $d_2=400$ mm,中心距 $a_0=485$ mm,主动轮装在转速 $n_1=1\ 450$ r/min 的电动机上,三班制工作,载荷平稳,采用两根基准长度 $L_d=1\ 800$ mm 的 A 型普通 V 带,试求该传动所能传递的功率。

9. 某 V 带传动中,所传递的功率 $P=15$ kW,小带轮转速 $n_1=900$ r/min,两带轮基准直径分别为 $d_1=150$ mm 和 $d_2=355$ mm,若测得初拉力 $F_0=4\ 000$ N,不考虑带的弹性打滑。试确定:(1)带线速度 v 和大带轮的转速 n_2;(2)带的有效拉力 F_e;(3)紧边拉力 F_1 和松边拉力 F_2。

第十一章 螺纹连接

在机器和设备的各零部件之间广泛采用各种连接,可以使机器的制造、安装、维修和运输更加方便。机械连接可分为静连接和动连接。把两个零部件连接起来使之没有相对运动的机械连接称为静连接。静连接分为可拆连接和不可拆连接两类。将连接在一起的零部件拆开时,连接件和被连接件都不发生破坏的连接称为可拆连接,这种连接可装拆反复多次,如螺纹连接、平键连接、花键连接等。如果在拆卸时,连接件或被连接件中的任一件必须被破坏,则该连接称为不可拆连接,如铆钉连接、焊接、粘接等。过盈配合连接则介于可拆连接和不可拆连接之间。

螺纹连接是利用螺纹零件构成的连接,这种连接构造简单、拆装方便、工作可靠。由专业工厂大量生产的标准螺纹连接件(也称螺纹紧固件)购买方便,成本很低,故得到广泛应用。对螺纹连接的主要工作要求是不松动并有足够的强度。本章主要讨论螺纹连接的结构、计算和设计,重点介绍螺纹的主要参数和类型、螺栓连接的强度计算、螺栓组的受力分析及提高螺栓连接强度的措施。

第一节 螺纹类型和参数

一、螺纹的形成

如图 11.1 所示,将一直角三角形绕在直径为 d_2 的圆柱体上,使底边 BC 和圆柱体的底边重合,则斜边 AC 在圆柱体上形成的是一条螺旋线。

取一平面图形(如三角形、梯形、矩形等),使其一边与圆柱体的母线贴合,同时使平面始终通过圆柱体的轴线并沿着螺旋线运动,则该平面图形在空间所形成的连续凸和凹体轨迹即为相应的螺纹。通过轴线剖面剖出的螺旋部分的形状称为螺纹的牙型,该形状即为所选平面图形。

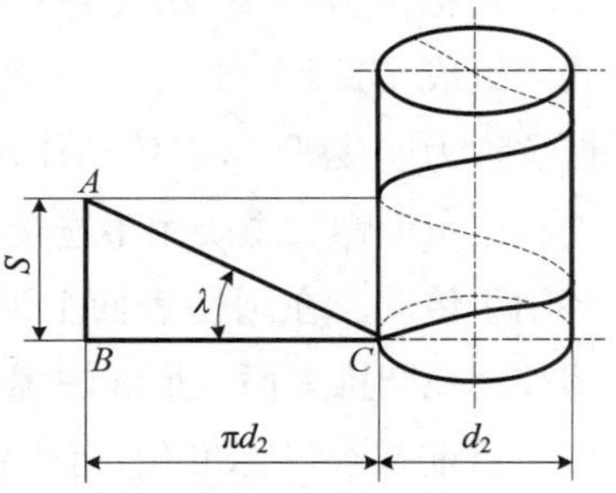

图 11.1 螺旋线的形成

二、螺纹的类型

螺纹牙型有三角形、矩形、梯形和锯齿形等类型,如图 11.2 所示。

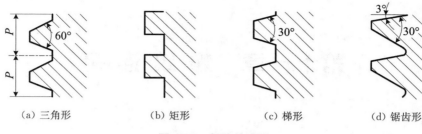

(a) 三角形　　(b) 矩形　　(c) 梯形　　(d) 锯齿形

图 11.2　螺纹的牙型

按螺旋线绕行的方向不同,螺纹可分为右旋螺纹和左旋螺纹,一般常用右旋螺纹。螺纹的旋向可用右手来判定:伸展右手,掌心对着自己,四指并拢与螺杆的轴线平行,并指向旋入方向,若螺纹的旋向与拇指的指向一致则为右旋螺纹,反之则为左旋螺纹,如图 11.3 所示。

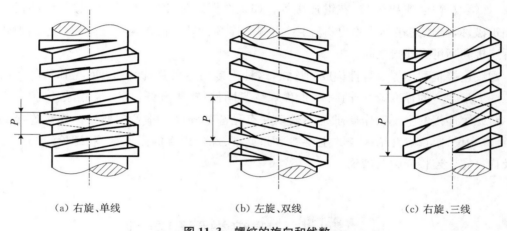

(a) 右旋、单线　　(b) 左旋、双线　　(c) 右旋、三线

图 11.3　螺纹的旋向和线数

按螺旋线的数目的不同,还可将螺纹分为单线螺纹(沿一条螺旋线所形成的螺纹)和多线螺纹(沿两条或两条以上螺旋线所形成的螺纹,该螺旋线在轴向等距分布)。为便于制造,一般螺旋线不超过四条。

根据配合情况,螺纹有外螺纹和内螺纹之分,共同组成螺旋副,如图 11.4 所示。起连接作用的螺纹称为连接螺纹,起传动作用的螺纹称为传动螺纹。三角形螺纹主要用于连接,其余牙型的螺纹则多用于传动。在圆柱表面上形成的螺纹称为圆柱螺纹。在圆锥表面上形成的螺纹称为圆锥螺纹。

目前螺纹已标准化,有米制和英制两种,我国除管螺纹外都采用米制螺纹,标准螺纹的基本尺寸可查阅相关标准。

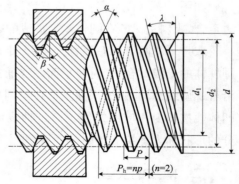

图 11.4　三角形螺纹的主要参数

三、螺纹的主要参数

现以图 11.4 所示的圆柱三角形普通螺纹为例说明螺纹的主要参数。

(1) 大径 d（外螺纹）或 D（内螺纹）：指与外螺纹的牙顶（或内螺纹牙底）相重合的假想圆柱面的直径，在有关螺纹的标准中称为公称直径（管螺纹除外）。

(2) 小径 d_1（外螺纹）或 D_1（内螺纹）：指与外螺纹的牙底（或内螺纹牙顶）相重合的假想圆柱面的直径。常用作危险剖面的计算直径。

(3) 中径 d_2（外螺纹）或 D_2（内螺纹）：指假想的与螺栓同心的圆柱的直径，此圆柱周向切割螺纹，使螺纹在此圆柱面上的牙厚和牙间距相等。

(4) 螺距 P：指相邻两牙在中径线上对应点之间沿轴线方向的距离。

(5) 线数 n：指螺纹的螺旋线数目。$n=1$ 时螺纹的自锁性好；$n=2,3,4$ 时传动效率高。

(6) 导程 S：指沿同一条螺旋线绕圆柱一周在轴线方向上移动的距离。对于单线螺纹，$S=P$；对于多线螺纹，$S=nP$。

(7) 升角 λ：指在中径为 d_2 的圆柱面上，螺旋线的切线与垂直于螺纹轴线的平面间的夹角，关于升角 λ 的公式如下：

$$\tan\lambda = \frac{S}{\pi d_2} = \frac{nP}{\pi d_2} \tag{11.1}$$

(8) 牙型角 α：指轴向剖面内，螺纹牙型相邻两侧边的夹角。牙型侧边与轴线的垂直平面之间的夹角称为牙型斜角 β（又称为牙侧角）。若螺纹牙型对称，则有：$\beta=\alpha/2$。

常用螺纹参数可根据相关的设计计算后查国家标准确定，如表 11.1 所示，优先选用第一系列。

表 11.1 螺纹参数 单位：mm

公称直径 D/d		粗牙			细牙
第一系列	第二系列	螺距 P	中径 D_2/d_2	小径 D_1/d_1	螺距
3		0.5	2.675	2.459	0.35
4		0.7	3.545	3.242	0.35
5		0.8	4.480	4.134	0.5
6		1	5.350	4.918	0.5
8		1.25	7.188	6.647	0.5
10		1.5	9.026	8.376	0.75、1、1.25
12		1.75	10.863	10.106	0.5、1.25、1.5
	14	2	12.701	11.835	1、1.5
16		2	14.701	13.835	1、1.5

(续表)

公称直径 D/d		粗牙			细牙
第一系列	第二系列	螺距 P	中径 D_2/d_2	小径 D_1/d_1	螺距
	18	2.5	16.376	15.294	1、1.5、2
20		2.5	18.376	17.294	
24		3	22.052	20.752	
	27	3	25.052	23.752	
30		3.5	27.727	26.211	

四、常用螺纹的特点及应用

螺纹是螺纹连接和螺旋传动的关键部分,几种常用螺纹及其特性和应用如下:

1. 三角形螺纹

三角形螺纹的牙型为等腰三角形,如图 11.2(a)所示,主要有普通螺纹和管螺纹。普通螺纹多用于紧固连接,管螺纹则用于各种管道的紧密连接。

在国标中,把牙型角 $\alpha=60°$ 的三角形米制螺纹称为普通螺纹。同一公称直径的普通螺纹可以有多种螺距,其中螺距最大的称为粗牙螺纹,其余的称为细牙螺纹。

普通螺纹的当量摩擦系数较大,自锁性能好,螺纹牙根的强度高,广泛应用于各种紧固连接。一般连接多用粗牙螺纹。细牙螺纹的螺距小、升角小,因而自锁性能好,但螺牙强度低、不耐磨、易滑扣,适用于细小零件,薄壁零件,受冲击、振动和变载荷的连接,还可用于微调机构中。

管连接螺纹一般有四种:普通细牙螺纹、非螺纹密封的管螺纹(圆柱管壁,$\alpha=60°$)、用螺纹密封的管螺纹(圆锥管壁,锥度为 $1:16$,$\alpha=55°$)和米制锥管螺纹(圆锥管壁,锥度 $1:16$,$\alpha=60°$)。

管螺纹公称直径是管子的内径。圆柱管螺纹广泛应用于水、煤气、润滑管路系统中,一般需在密封面间添加密封材料。圆锥管螺纹不用填料即能保证紧密性,而且其旋合迅速,适用于密封要求较高的管路连接中。

2. 矩形螺纹

矩形螺纹牙型为正方形,牙型角 $\alpha=0°$,如图 11.2(b)所示。矩形螺纹传动效率最高,但精加工较困难,牙根强度低,且螺旋副磨损后的间隙难以补偿,这会使传动精度降低。矩形螺纹常用于传力或传导螺旋。矩形螺纹未标准化,已很少用,并逐渐被梯形螺纹所替代。

3. 梯形螺纹

梯形螺纹牙型为等腰梯形,牙型角 $\alpha=30°$,牙侧角 $\beta=15°$,如图 11.2(c)所示。梯形螺纹的牙侧角比三角螺纹小很多,而且有较大的间隙,便于储存润滑油,从而可减少摩擦和提高效率。梯形螺纹传动效率略低于矩形螺纹,但其工艺性好,牙根强度高,螺旋副对中性好。当采用剖分螺母时还可以消除因磨损而产生的间隙。因此,梯形螺纹广泛用于传力或传导螺旋中,如机床的丝杠、螺旋举重器等。

4. 锯齿形螺纹

锯齿形螺纹工作面的牙型斜角为 3°,非工作面的牙型斜角为 30°,如图 11.2(d)所示。它兼有矩形螺纹和梯形螺纹的效率高、牙根强度高的优点,但只能用于承受单方向的轴向载荷的传动中。

第二节　螺纹副的受力分析、效率和自锁

一、矩形螺纹的受力分析、效率和自锁

由螺纹形成原理可知,拧紧螺母时,可看作推动重物沿螺纹表面运动。将螺纹沿中径处展开,滑块代表螺母,螺母和螺杆间的运动可视为滑块在斜面上匀速运动,如图 11.5 所示。根据力的平衡条件可得旋紧螺母时作用在螺纹中径上的水平推力(实际为圆周力)F_d。螺旋副在力矩和轴向载荷作用下的相对运动,可看成作用在中径的水平力推动滑块(重物)沿螺纹运动,如图 11.5(a)所示。以矩形螺纹为例进行分析,设其螺母上承受一轴向载荷 F_a,根据螺纹形成原理,可将其沿中径 d_2 展开成一升角为 λ 的斜面,如图 11.5(b)所示。

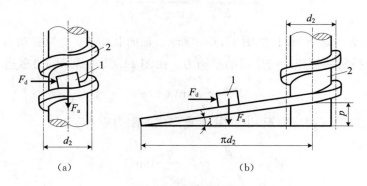

图 11.5　矩形螺纹

当以力矩 M_d 拧紧螺母时,相当于滑块在驱动力 F_d 作用下克服阻力 F_a 沿斜面等速上升,如图 11.6(a)所示。F_d 为作用在螺母中径 d_2 上的圆周力,设此时斜面对滑块的总反作用力为 F_{R21},则根据滑块的力平衡方程可得:

$$F_d + F_a + F_{R21} = 0$$

F_d、F_a 和 F_{R21} 三力组成封闭的力多边形,如图 11.6(b)所示,由图可得:

$$F_d = F_a \tan(\lambda + \varphi) \tag{11.2}$$

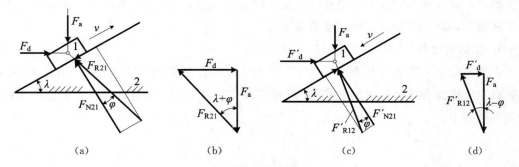

图 11.6 矩形螺纹的受力分析

由图 11.5 可得作用在螺旋副上的相应驱动力矩（拧紧螺母的力矩）M_d 为

$$M_d = F_d \frac{d_2}{2} = F_a \frac{d_2}{2} \tan(\lambda + \varphi) \tag{11.3}$$

若不考虑摩擦力（$\varphi = 0°$），则由上式得理想驱动力矩为

$$M_{d0} = F_a \frac{d_2}{2} \tan \lambda$$

则其效率 η 为

$$\eta = \frac{M_{d0}}{M_d} = \frac{\tan \lambda}{\tan(\lambda + \varphi)} \tag{11.4}$$

当滑块沿斜面等速下滑时，如图 11.6(c)所示，轴向载荷 F_a 变为驱动力，而 F_d 变为阻力 F_d'，它也是维持滑块等速运动所需的平衡力。由图 11.6(d)所示的力多边形可得

$$F_d' = F_a \tan(\lambda - \varphi) \tag{11.5}$$

作用在螺旋副上的相应力矩，也即阻力 F_d' 形成的阻力矩 M_d' 为

$$M_d' = F_d' \frac{d_2}{2} = F_a \frac{d_2}{2} \tan(\lambda - \varphi) \tag{11.6}$$

若不考虑摩擦力（$\varphi = 0°$），则由上式得理想阻力矩为

$$M_{d0}' = F_a \frac{d_2}{2} \tan \lambda$$

此时效率 η' 为

$$\eta' = \frac{M_d'}{M_{d0}'} = \frac{\tan(\lambda - \varphi)}{\tan \lambda} \tag{11.7}$$

如果要求螺母在力 F_a 作用下不会自动松脱，即要求螺旋副自锁，必须使 $\eta' \leqslant 0$，故螺

纹自锁的条件为

$$\lambda \leqslant \varphi \tag{11.8}$$

式(11.5)求出的 F_d' 值可为正,也可为负。当斜面倾角 λ 大于摩擦角 φ 时,滑块在重力作用下有向下加速运动的趋势。求出的 F_d' 为正时,它阻止滑块加速以便保持等速下滑,故 F_d' 是阻力。当斜面倾角 λ 小于等于摩擦角 φ 时,滑块不能在重力作用下自行下滑,即处于自锁状态,这时求出的 F_d' 为负,其方向与运动方向成锐角,F_d' 就成为驱动力。这说明在自锁条件下,必须施加反向驱动力才能使滑块等速下滑。

二、非矩形螺纹的受力分析、效率和自锁

非矩形螺纹是指牙型斜角 $\beta \neq 0°$ 的三角形螺纹、梯形螺纹和锯齿形螺纹。对比图 11.7(a) 和图 11.7(b) 可知,若不考虑螺纹升角的影响,在轴向载荷 F_a 作用下,非矩形螺纹的法向压力比矩形螺纹的大。若把法向压力的增加看作摩擦系数的增加,则非矩形螺纹的摩擦阻力 F_a 满足下式:

$$\frac{F_a}{\cos\beta}f = f_v F_a$$

其中 f_v 为当量摩擦系数,并且

$$f_v = \frac{f}{\cos\beta} = \tan\varphi_v \tag{11.9}$$

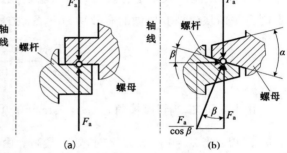

图 11.7 矩形螺纹与非矩形螺纹的法向力

式中:φ_v ——当量摩擦角;
β ——牙型斜角。

因此,将分析矩形螺纹中的 f 改为 f_v,φ 改成 φ_v 就可对非矩形螺纹进行力的分析。当滑块沿非矩形螺纹等速上升时,可得水平推力

$$F_d = F_a \tan(\lambda + \varphi_v) \tag{11.10}$$

相应驱动力矩 M_d 为

$$M_d = F_d \frac{d_2}{2} = F_a \frac{d_2}{2}\tan(\lambda + \varphi_v) \tag{11.11}$$

当滑块沿非矩形螺纹等速下滑时,可得

$$F_d' = F_a \tan(\lambda - \varphi_v) \tag{11.12}$$

相应的力矩为

$$M_d' = F_d' \frac{d_2}{2} = F_a \frac{d_2}{2}\tan(\lambda - \varphi_v) \tag{11.13}$$

与矩形螺纹分析相同,若螺纹升角 λ 小于等于当量摩擦角 φ_v,则螺纹具有自锁特性,如不施加驱动力矩,无论轴向驱动力 F_a 多大,都不能使螺旋副相对运动。考虑到极限情况,非矩形螺纹的自锁条件可表示为

$$\lambda \leqslant \varphi_v \tag{11.14}$$

为了防止螺母在轴向力作用下自动松开,用于连接的紧固螺纹必须满足自锁条件。以上分析适用于各种螺旋传动和螺纹连接,归纳如下:

(1) 当轴向载荷为阻力,阻止螺纹副相对运动时,相当于滑块沿斜面等速上升,应使用式(11.3)或式(11.11)。例如:螺纹连接拧紧螺母时,材料变形的反弹力会阻止螺母轴向移动;螺旋千斤顶举升重物时,重力会阻止螺杆上升。

(2) 当轴向载荷为驱动力,与螺旋副相对运动方向一致时,相当于滑块沿斜面等速下滑,应采用式(11.6)或式(11.13)。例如,旋松螺母时,材料变形的反弹力与螺母方向一致;用螺旋千斤顶降落重物时,重力与下降方向一致。

(3) 螺旋副的效率是有效功与输入功之比。若按螺旋转动一圈计算,输入功为 $2\pi M_d$,此时升举滑块(重物)所做的有效功为 $F_a S$,故螺旋副的效率为

$$\eta = \frac{F_a S}{2\pi M_d} = \frac{\tan \lambda}{\tan(\lambda + \varphi_v)} \tag{11.15}$$

由上式可知,当量摩擦角 φ_v($\varphi_v = \arctan f_v$)一定时,效率只是螺纹升角 λ 的函数。取 $\frac{d\eta}{d\lambda} = 0$,可得:当 $\lambda = 45° - \varphi_v/2$ 时,效率最高。由于过大的螺纹升角制造起来较为困难,且效率提高也不显著,所以一般 λ 不大于 25°。

第三节　螺纹连接和螺纹连接件

一、螺纹连接类型

1. 螺栓连接

螺栓连接是将螺杆穿过被连接件的孔,拧上螺母,将几个被连接件连成一体,通常用于被连接件不太厚,且有足够装配空间的场合。这种连接下的被连接件的孔不需加工螺纹,因而这种连接不受被连接件材料的限制。螺栓连接有普通螺栓连接和铰制孔螺栓连接之分。

图 11.8(a)所示为普通螺栓连接,被连接件上的孔和螺栓杆之间有间隙,故孔的加工精度可以较低。普通螺栓连接结构简单,装拆方便,应用最广泛,螺栓主要受拉伸工作载荷作用。

图 11.8(b)所示为铰制孔螺栓连接,孔和螺栓杆之间常采用基孔制过渡配合,所以螺栓杆和通孔的加工精度要求较高,这种连接能精确固定被连接件的相对位置,螺栓杆受剪切

和挤压。铰制孔螺栓连接一般用于需螺栓承受横向载荷或需靠螺栓杆精确固定被连接件相对位置的场合。

对于普通螺栓连接,螺纹伸出长度 $a=(0.2\sim 0.3)d$;螺栓轴线到边缘的距离 $e=d+(3\sim 6)$mm。普通螺栓螺纹余留长度 l_1 一般根据以下情况来确定:(1)静载荷,$l_1 \geqslant (0.3\sim 0.5)d$;(2)变载荷,$l_1 \geqslant 0.75d$;(3)冲击载荷或弯曲载荷,$l_1 \geqslant d$。铰制孔螺栓余留长度 $l_1 \approx 0$。

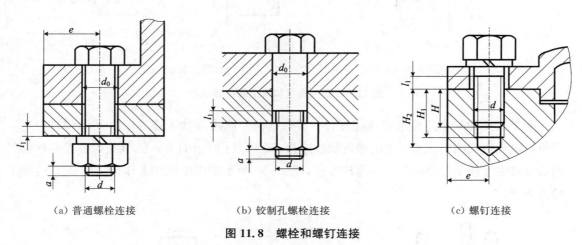

(a) 普通螺栓连接　　　　　(b) 铰制孔螺栓连接　　　　　(c) 螺钉连接

图 11.8　螺栓和螺钉连接

2. 螺钉连接

图 11.8(c)所示为螺钉连接,这种连接不需要螺母,适用于一个被连接件较厚,不便钻成通孔,且受力不大,不经常拆卸的场合。

设螺钉连接的螺纹旋入深度为 H,H 的大小由螺孔材料决定:(1)当螺孔材料为钢或青铜时,$H \approx d$;(2)当螺孔材料为铸铁时,$H=(1.25\sim 1.5)d$;(3)当螺孔材料为铝合金时,$H=(1.5\sim 2.5)d$。螺纹孔深度 $H_1=H+(2\sim 2.5)P$(P 为螺距),钻孔深度 $H_2=H_1+(0.5\sim 1)d$。螺钉 l_1、e 值与螺栓一致。

3. 双头螺柱连接

图 11.9(a)所示为双头螺柱连接,这种连接用于一个被连接件较厚而不宜制成通孔,且经常拆卸的场合。拆卸时,只需拧下螺母而不必从螺纹孔中拧出螺柱即可将被连接件分开。

螺钉与双头螺柱的 l_1、a、e 值与螺栓一致,螺纹孔深度 $H_1=H+(2\sim 2.5)P$,钻孔深度 $H_2=H_1+(0.5\sim 1)d$。设座端拧入深度为 H,H 的大小由螺孔材料决定:(1)当螺孔材料为钢或青铜时,$H \approx d$;(2)当螺孔材料为铸铁时,$H=(1.25\sim 1.5)d$;(3)当螺孔材料为铝合金时,$H=(1.5\sim 2.5)d$。

4. 紧定螺钉连接

图 11.9(b)所示为紧定螺钉连接,将紧定螺钉旋入一零件的螺纹孔中,并用螺钉端部顶住或顶入另一个零件,可以固定两个零件的相对位置,并可传递不大的力或转矩。紧定螺钉的端部有平端、锥端和柱端等。螺钉公称直径 $d=(0.2\sim 0.3)d_h$。

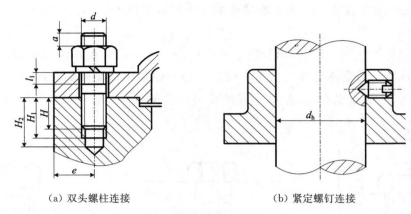

(a) 双头螺柱连接　　　　　　　(b) 紧定螺钉连接

图 11.9　双头螺柱和紧定螺钉连接

除上述 4 种基本连接形式外还有一些特殊结构的连接,例如:图 11.10 所示的专门用于将机座或机架固定在地基上的地脚螺栓连接,图 11.11 所示的装在机器或大型零部件的顶盖或外壳上便于起吊用的吊环螺栓连接,图 11.12 所示的用于机床工作台上的 T 型槽螺栓连接等。

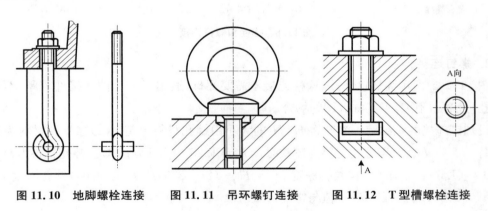

图 11.10　地脚螺栓连接　　　图 11.11　吊环螺钉连接　　　图 11.12　T 型槽螺栓连接

二、螺纹连接件

螺纹连接件有很多类型,在机械制造中常用的螺纹连接件除了有螺栓、螺钉、双头螺柱外,还有螺母和垫圈等,其结构型式和尺寸都已标准化,设计时可根据要求参考有关标准选用。

1. 螺栓

螺栓杆部可制出一段螺纹或全螺纹,如图 11.13 所示。螺栓的头部形状很多,最常用的有六角头和小六角头两种。冷镦工艺生产的小六角头螺栓具有材料利用率高,生产率高和成本低等优点,但由于其头部尺寸较小,不宜用于装拆频繁、被连接件强度低和易锈蚀的地方。

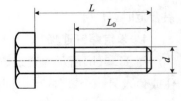

图 11.13　螺栓

2. 螺钉、紧定螺钉

螺钉、紧定螺钉的头部有内六角头、十字槽头等多种形式(图 11.14),以适应不同的拧紧程度需求。紧定螺钉末端要顶住被连接件之一的表面或相应的凹坑,其末端具有平端、锥端、圆尖端等各种形状,如图 11.15 所示,以适应不同的拧紧力矩和支承面。

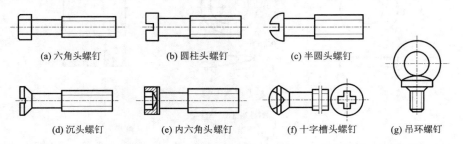

图 11.14　螺钉

3. 双头螺柱

螺柱两端都制有螺纹,两端螺纹可相同或不同,如图 11.16 所示。旋入被连接件螺纹孔的一端称为座端,旋入后一般不拆卸,另一端为螺母端,其公称长度为 L,用于安装螺母以固定其他零件,L_1 为底座长度,L_0 为螺母端长度。

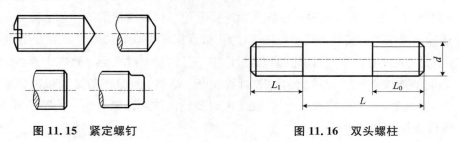

图 11.15　紧定螺钉　　　　　图 11.16　双头螺柱

4. 螺母

螺母的形状有六角形、圆形等,如图 11.17 所示,以六角形螺母应用最广。六角形螺母又分为普通螺母、厚螺母和薄螺母,以普通螺母应用最广,薄螺母用于尺寸受到限制的场合,厚螺母用于经常装拆易于磨损之处。圆螺母常用于轴上零件的轴向固定。

图 11.17　螺母

5. 垫圈

垫圈是螺纹连接中不可缺少的附件,常放置在螺母和被连接件之间。常用的有平垫圈、弹簧垫圈和斜垫圈,如图 11.18 所示。平垫圈和斜垫圈的作用是增加被连接件的支承面积以减小接触处的压强(尤其当被连接件材料强度较差时),以及避免拧紧螺母时擦伤被连接件的表面。弹簧垫圈主要起防松作用。斜垫圈只用于倾斜的支承面上。

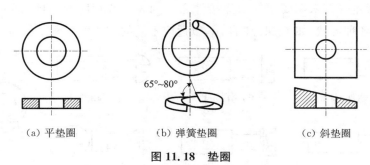

(a) 平垫圈　　(b) 弹簧垫圈　　(c) 斜垫圈

图 11.18　垫圈

螺纹连接件按制造精度分为 A、B、C 三个精度等级,A 级精度最高,B 级精度次之,C 级精度最低。C 级用于一般螺纹连接。螺纹连接选用的基本原则为:综合考虑连接部分的结构、受载情况、装拆要求、外观等。

三、螺纹连接的预紧

在机械工程中使用的螺纹连接,绝大多数都要拧紧到一定程度,称为预紧,此时螺杆所受轴向拉力称为预紧力 F_0,这种连接称为紧连接。预紧使被连接的零件接合面之间压力增大,使连接的紧密性和可靠性得到了提高,以防止被连接件受载后产生缝隙或发生相对滑移,并使其能承受一定的横向载荷,还能起到防松作用。但预紧力过大会导致整个连接的结构尺寸增大,也会使连接件在装配或偶然过载时被拉断。因此,为保证所需的较高预紧力又不使螺纹连接件过载,对重要的螺纹连接,在装配时要设法控制预紧力矩来控制预紧力。

1. 螺纹连接的预紧力矩

在拧紧螺母时,其拧紧力矩 T:

$$T = FL$$

式中:F——作用在手柄上的力;

　　　L——力臂长度。

如图 11.19 所示,螺纹连接的拧紧力矩 T 等于克服螺纹副相对转动的阻力矩 T_1 和螺母支承面上的摩擦阻力矩 T_2 之和,即

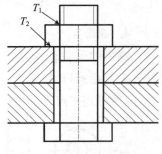

图 11.19　拧紧螺栓需要克服的阻力矩

$$T = T_1 + T_2 = \frac{F_a d_2}{2}\tan(\lambda + \varphi_v) + f_c F_a r_f \tag{11.16}$$

式中:F_a——轴向力,对于不承受轴向工作载荷的螺纹,F_a 即预紧力 F_0,N;

　　　d_2——螺纹中径,mm;

　　　f_c——螺母与被连接件支承面之间的摩擦系数,当无润滑时可取 $f_c = 0.15$;

r_f——支承面摩擦半径，$r_f \approx \dfrac{d_w + d_0}{4}$，其中 d_w 为螺母支承面的外径，d_0 为螺栓孔直径，mm。

对于 M10～M68 粗牙普通螺纹的钢制螺栓，$\lambda = 1°42' \sim 3°2'$，$d_2 \approx 0.9d$，$d_0 \approx 1.1d$，$d_w \approx 1.5d$，$f_v = \tan\varphi_v \approx 0.15$，$f_c = 0.15$，则式(11.16)可简化为

$$T \approx 0.2 F_a d \tag{11.17}$$

式中　d——螺纹的公称直径，mm。

2. 螺纹连接预紧力的控制

绝大多数情况下，设计及装配螺栓连接时，应使其具有足够的预紧力，以确保连接的可靠性，并且也要在螺栓强度条件允许的前提下选用适当的预。

为了充分发挥螺栓工作能力和保证预紧可靠，通常规定螺栓的预紧应力可达材料屈服极限的 50%～70%。对于一般连接用的钢制螺栓连接的预紧力 F_0，推荐按下列要求确定：(1)对于碳素钢螺栓，$F_0 \leqslant (0.6 \sim 0.7)\sigma_s A_1$；(2)对于合金钢螺栓，$F_0 \leqslant (0.5 \sim 0.6)\sigma_s A_1$。其中 σ_s 为螺栓的屈服极限，A_1 为螺栓危险截面的面积，且 $A_1 = \pi d_1^2 / 4$。

对于重要的连接，应尽可能不采用直径过小的螺栓，以避免螺栓杆被拉断。预紧力 F_0 的大小取决于拧紧力矩 T。必须使用时，应严格控制其拧紧力矩。通常螺纹连接拧紧的程度是工人凭经验决定的。为了能保证装配质量，对于重要的螺纹连接，应按计算值控制拧紧力矩，可用测力矩扳手和定力矩扳手来施加所要求的拧紧力矩，如图 11.20 所示。对于一些更为重要的或大型的螺栓连接，可用控制螺栓在拧紧前后发生的伸长变形量的方法来达到更为精确的预紧力控制。

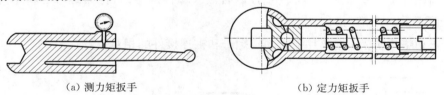

(a) 测力矩扳手　　　　　　　　(b) 定力矩扳手

图 11.20　测力矩扳手和定力矩扳手

四、螺纹连接的防松

螺纹连接件一般采用单线普通螺纹，在静载荷作用下可以满足自锁条件，不会出现松脱。但在冲击、振动或变载荷的作用下螺旋副间的摩擦力可能减小或瞬间消失，多次重复后就可能会使连接松动。在高温或温度变化较大时，若螺栓与被连接件存在变形差异或材料的蠕变，也可能导致连接的松脱。螺纹连接一旦出现松脱，轻则会影响机器的正常运转，严重时会造成重大事故。因此，设计时应采取有效的防松措施。

螺纹连接防松的根本问题在于防止螺旋副的相对运动。防松的方法有很多，常用的有以下几种。

1. 摩擦防松（图 11.21）

（1）弹簧垫圈防松：弹簧垫圈材料为弹簧钢，装配后垫圈被压平，其反弹力能使螺纹间保持压紧力和摩擦力。

（2）对顶螺母防松：利用两螺母的对顶作用使螺栓始终受到附加的拉力和附加的摩擦力。

（3）弹性圈螺母防松：螺纹旋入处嵌入纤维或尼龙来增加摩擦力，该弹性圈还起防止液体泄漏的作用。

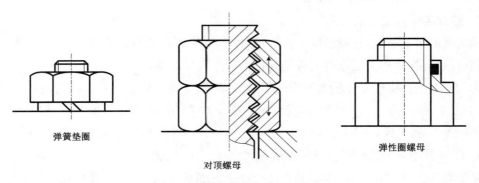

图 11.21 摩擦防松

2. 机械防松（图 11.22）

（1）槽形螺母和开口销防松：槽形螺母拧紧后，用开口销穿过螺栓尾部小孔和螺母的槽，也可将普通螺母拧紧后再配钻开口销孔。

（2）圆螺母用带翅垫片防松：使垫片内舌嵌入螺栓的槽内，拧紧螺母后将垫片外舌之一褶嵌于螺母的一个槽内。

（3）止动垫片防松：用垫片褶边固定螺母和被连接件的相对位置。

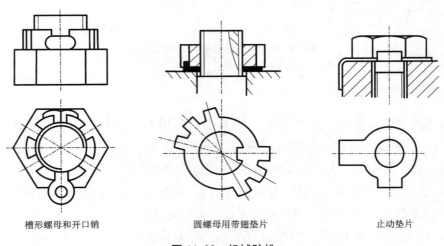

图 11.22 机械防松

3. 破坏螺纹副法(图 11.23)

(1) 冲点法：端面冲点、侧面冲点，冲点中心在钉头的直径上。

(2) 粘接法：在螺纹副上涂粘接剂，通常将厌氧性粘接剂涂于螺纹旋合表面，拧紧螺母后粘接剂能自行固化，该方法防松效果良好。

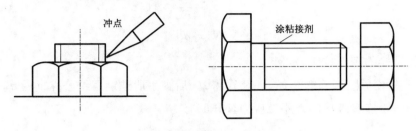

图 11.23 破坏螺纹副防松

第四节 螺栓连接的强度计算

根据螺栓连接的工作情况，可按受力形式将螺栓分为受拉螺栓和受剪螺栓，前者主要受的是轴向力，后者主要受的是垂直于轴线方向的横向力。

螺栓连接的主要失效形式有：受拉螺栓的螺栓杆发生塑性变形或断裂；在横向力的作用下螺栓杆和孔壁间可能发生压溃或螺栓杆被剪断现象；经常装拆时会因磨损而发生的滑扣现象。根据统计分析，在静载荷作用下螺栓连接很少发生破坏，只有在严重过载的情况下才会发生破坏。就破坏性质而言，约有 90% 的螺栓属于疲劳破坏。因此，对于受拉螺栓，要保证螺栓的静力拉伸强度；对于受剪螺栓，其设计准则是保证被连接件的挤压强度和剪切强度。

受拉螺栓连接的强度计算主要是确定螺纹小径 d_1，然后按标准选定螺纹的公称直径(大径)d，螺栓与螺母的螺纹牙及其他各部分尺寸是根据等强度原则及使用经验确定的。采用标准件时，无须对这些部分进行强度计算。螺母、垫圈等的尺寸，一般可从手册中查出，不必进行强度计算。

一、松螺栓连接的强度计算

松螺栓连接装配时，螺母不需要拧紧，除相关零件的自重外(自重一般很小，强度计算时可略去)，在承受工作载荷之前，螺栓不受力。松螺栓连接的应用范围有限，如可应用于拉杆、起重吊钩等，图 11.24 所示吊钩尾部的松螺栓连接是其应用实例之一。若松螺栓连接工作时受轴向力 F 作用，则螺栓的抗拉强度条件为

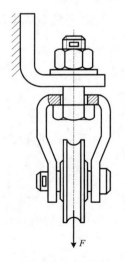

图 11.24 松螺栓连接

$$\sigma = \frac{F}{\frac{\pi}{4}d_1^2} \leqslant [\sigma] \tag{11.18}$$

设计公式:

$$d_1 \geqslant \sqrt{\frac{4F}{\pi[\sigma]}} \tag{11.19}$$

式中：σ——螺栓的工作拉应力,MPa；

d_1——螺栓危险截面的小径,mm,算得 d_1 后查手册选定螺纹公称直径 d；

$[\sigma]$——松连接螺栓的许用拉应力,MPa。

二、紧螺栓连接强度计算

紧螺栓连接是指工作时螺栓必须被拧紧到一定程度的连接。紧连接使被连接件之间产生足够的预紧力,这样在承受横向工作载荷时,被连接件之间不致因摩擦力不足而发生滑动,或在承受轴向工作载荷时,被连接件之间不致出现间隙。紧螺栓连接可承受静载荷和变载荷。

1. 只受预紧力的紧螺栓连接

只受预紧力的紧螺栓连接,其螺纹部分不仅有受预紧力 F_0 的作用而产生的拉伸应力 σ,还有因受螺纹摩擦力矩 T_1 的作用而产生的扭转剪应力 τ,它们使螺栓螺纹部分处于拉伸和扭转的复合应力状态。

螺栓危险截面上的拉伸应力 σ 为

$$\sigma = \frac{F}{\frac{\pi}{4}d_1^2} \leqslant [\sigma]$$

螺栓危险截面上的扭转剪应力 τ 为

$$\tau = \frac{T_1}{\frac{\pi d_1^3}{16}} = \frac{F_0 \tan(\lambda + \varphi_v)\frac{d_2}{2}}{\frac{\pi d_1^3}{16}}$$

对于常用的单线、三角形螺纹的普通螺栓(一般为 M10～M68),取 $f_v = \tan\varphi_v = 0.15$,经简化处理得 $\tau \approx 0.5\sigma$。按第四强度理论,可求出计算应力 σ_{ca} 为

$$\sigma_{ca} = \sqrt{\sigma^2 + 3\tau^2} \approx 1.3\sigma$$

因此,螺栓螺纹部分的强度条件为

$$\sigma_{ca} = 1.3\sigma \leqslant [\sigma]$$

即

$$\frac{1.3F_0}{\frac{\pi d_1^2}{4}} \leqslant [\sigma] \tag{11.20}$$

设计公式：

$$d_1 \geqslant \sqrt{\frac{1.3 \times 4F_0}{\pi[\sigma]}} \tag{11.21}$$

因此，紧螺栓连接的强度可按（松螺栓连接）纯拉伸计算，只需将拉力增大 30%，以考虑螺纹摩擦力矩的影响。

2. 同时承受预紧力和轴向工作拉力的普通螺栓连接

这种受力形式的紧螺栓连接应用最广，也是最重要的一种螺栓连接形式。图 11.25 所示为压力容器的螺栓连接（气缸端盖的螺栓组），其每个螺栓承受的平均轴向工作载荷 F 为

$$F = \frac{p\pi D^2}{4z} \tag{11.22}$$

式中：p——缸内气压；
D——缸径；
z——螺栓数。

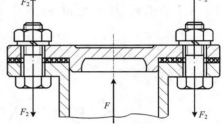

图 11.25　压力容器的螺栓连接

在受轴向工作载荷的螺栓连接中，螺栓实际承受的总拉伸载荷 $F_2 \neq F_0 + F$。首先假定所有的零件材料都服从胡克定律，零件中的应力没有超过比例极限。图 11.26 展示了气缸盖螺栓组中一个螺栓的受力与变形情况，可分为如下三种状态：

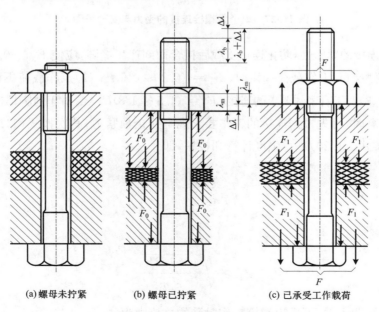

(a) 螺母未拧紧　　(b) 螺母已拧紧　　(c) 已承受工作载荷

图 11.26　螺栓受力变形图

(1) 自由状态：螺母刚好拧到和被连接件接触，螺母和被连接件都不受力，如图 11.26(a)所示。

(2) 安装状态：螺母已拧紧，但未承受工作载荷，如图 11.26(b)所示，螺栓受到拉力 F_0（预紧力）作用而发生拉伸变形，伸长了 λ_b，被连接件受预紧压力 F_0 的作用而缩短，从而产生压缩变形 λ_m。图 11.27 所示为单个紧螺栓连接的受力与变形线图，图 11.27(a)和图 11.27(b)分别反映了螺母已拧紧后螺杆及被连接件受力与变形情况。

(3) 工作状态：螺栓受到轴向外载荷 F 作用时，螺栓继续被拉伸，伸长量增加 $\Delta\lambda$，拉力由 F_0 增至 F_2，伸长量由 λ_b 增至 $\Delta\lambda + \lambda_b$，如图 11.26(c)和图 11.27(c)所示。与此同时，被连接件则随着螺栓的伸长而放松，压缩量相应减少。由变形协调条件可知，被连接件随着螺栓的伸长而伸长（弹回），其压缩减少量也为 $\Delta\lambda$，压缩量变成 $\lambda_m - \Delta\lambda$，被连接件的压缩力由 F_0 减至 F_1，我们称其为残余预紧力。显然，螺栓在承受轴向工作载荷时，总的轴向拉力 F_2 并不等于 F_0 与 F 之和，而是 F_1 与 F 之和，即

$$F_2 = F + F_1 \tag{11.23}$$

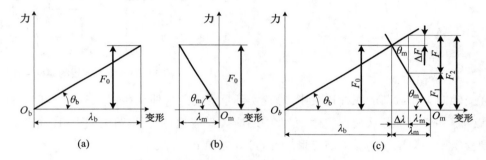

图 11.27 单个紧螺栓连接的受力与变形线图

为了保证连接的紧密性，防止连接受载后接合面间产生缝隙，应使 $F_1 > 0$。推荐不同情况下的 F_1 取值为：(1)工作载荷稳定时，$F_1 = (0.2 \sim 0.6)F$；(2)工作载荷不稳定时，$F_1 = (0.6 \sim 1.0)F$；(3)对于有密封要求的连接，$F_1 = (1.5 \sim 1.8)F$；(4)对于地脚螺栓，$F_1 \geqslant F$。

一般在计算时，可先根据连接的工作要求规定残余预紧力，其次按式(11.23)求出总拉伸载荷，然后按式(11.20)进行强度计算和校核，即

$$\sigma = \frac{1.3F_2}{\pi d_1^2/4} \leqslant [\sigma] \tag{11.24}$$

设计公式为

$$d_1 \geqslant \sqrt{\frac{4 \times 1.3F_2}{\pi[\sigma]}} \tag{11.25}$$

根据变形协调条件，可导出螺栓工作时受的总拉力为

$$F_2 = F_0 + \frac{C_b}{C_b + C_m} F \tag{11.26}$$

式中，$\dfrac{C_b}{C_b + C_m}$ 称为螺栓的相对刚性系数，$C_b = F_0/\lambda_b$，为螺栓的刚度，$C_m = F_0/\lambda_m$，为被连接件的刚度；相对刚性系数的大小与螺栓及被连接件的材料、尺寸和结构有关，其值在 0～1 之间变化，可按表 11.2 选取。

表 11.2　螺栓的相对刚性系数

垫片类型	金属垫片或无垫片	皮革垫片	铜皮石棉垫片	橡胶垫片
$\dfrac{C_b}{C_b + C_m}$	0.2～0.3	0.7	0.8	0.9

3. 承受横向工作载荷的紧螺栓连接

(1) 依靠摩擦力使连接件无相对滑动的紧螺栓连接

图 11.28 所示的普通螺栓连接中，孔的直径大于螺栓直径，因而螺栓与孔壁之间留有间隙，该图中横向工作载荷 F 的方向与螺栓轴线垂直。它靠被连接件接触面间产生的摩擦力保持连接件无相对滑动，最大摩擦力为 $F_0 f$。若接合面间的摩擦力不足，在横向载荷作用下产生相对滑动，则认为连接不符合要求。不产生滑移的条件是摩擦力 $F_0 f$ 大于等于横向载荷。因此，所需的螺栓轴向压紧力 F_a（即预紧力 F_0）应为

$$F_a = F_0 \geqslant \frac{K_f F}{fmz} \tag{11.27}$$

式中：f——接合面间的摩擦系数，钢或铸铁加工表面取 $f = 0.1 \sim 0.16$，具体可查表 11.4；
　　　z——螺栓数目；
　　　m——接合面数；
　　　K_f——可靠性系数（防滑系数），一般取 $K_f = 1.1 \sim 1.3$；
　　　F——横向外载荷，N。

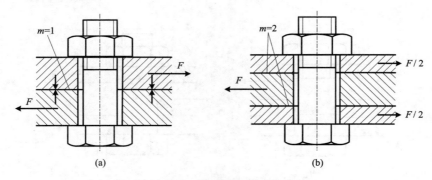

图 11.28　承受横向载荷的普通螺栓连接

表 11.3 接合面间的摩擦系数 f

被连接件	表面状态	f
钢或铸铁零件	干燥的加工表面 有油的加工表面	0.10～0.16 0.06～0.10
钢结构	喷砂处理的表面 涂富锌漆的表面 轧制表面、用钢丝刷清理浮锈的表面	0.45～0.55 0.35～0.40 0.30～0.35
铸铁-榆杨木、混凝土或砖	干燥表面	0.40～0.50

当 $f=0.15$、$K_f=1.1$、$m=1$、$z=1$，代入上式可得：

$$F_0 = \frac{K_f F}{fmz} = \frac{1.1F}{0.15 \times 1 \times 1} \approx 7F$$

由此可见，要使该连接不发生滑动，螺栓要承受 7 倍于横向外载荷的预紧力，即上述靠摩擦力传递横向工作载荷的紧螺栓连接，需要较大的预紧力，才能使接合面不滑动，因此螺栓直径应较大，这样螺栓连接整体结构也会较大，在承受冲击、振动或变载荷时，就会变得不可靠。但由于这种连接加工简单、结构简单、装拆方便，且近年来多使用高强度螺栓，因此仍经常使用。此外，为了减少螺栓上的载荷，可用图 11.29 所示的键、套筒或销承担横向工作载荷，此时螺栓仅起连接作用，所需预紧力小，因此螺栓直径可较小，使得螺栓连接整体结构也较小；也可采用图 11.30 所示的螺栓与孔之间没有间隙的铰制孔用螺栓来承受横向载荷。

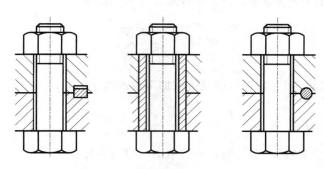

图 11.29 减载装置

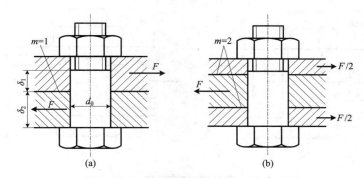

图 11.30 受横向载荷铰制孔螺栓连接

（2）承受工作剪力的铰制孔用螺栓连接

图 11.30 所示的连接，是利用铰制孔用螺栓抗剪切能力来承受载荷 F 的。该连接螺栓杆与孔壁之间无间隙，接触表面受挤压，在连接接合面处，螺栓杆则受剪切。此时螺纹只起连接作用，不受工作载荷的大小影响。因此，预紧力不必很大，连接的预紧力和摩擦力较小，可忽略不计，强度计算时可不考虑它们的影响。

螺栓杆与孔壁的挤压强度条件为

$$\sigma_\mathrm{p}=\frac{F}{d_0\delta_{\min}}\leqslant[\sigma_\mathrm{p}] \tag{11.29}$$

螺栓杆的剪切强度条件为

$$\tau=\frac{F}{m\times\pi d_0^2/4}\leqslant[\tau] \tag{11.30}$$

式中：σ_p——螺栓或孔壁的挤压应力，MPa；

τ——螺栓的剪切应力，MPa；

F——螺栓所受的工作剪力，N；

d_0——螺栓剪切面的直径（可取螺栓孔的直径），mm；

$\delta_{\min}$——螺栓杆与孔壁挤压面的最小高度（δ_1、δ_2 中的最小值），mm，设计时应使 $\delta\geqslant 1.25d_0$；

m——螺栓剪切面的数目；

$[\sigma_\mathrm{p}]$——螺栓或孔壁的许用挤压应力，MPa；

$[\tau]$——螺栓的许用剪切应力，MPa。

这类螺栓连接所承受的工作载荷只能是横向载荷，在装配时，螺栓杆与孔壁间采用过渡配合，无间隙，螺母不必拧得很紧。

第五节　螺纹连接件常用材料和许用应力

一、螺纹连接件的常用材料

可用于制造螺纹连接件的材料有很多种，有金属材料也有非金属材料，机械工程中主要采用金属材料。一般工作条件下的螺纹连接件的常用材料为低碳钢和中碳钢，如 Q215、Q235、15 号、35 号和 45 号钢等；对于受冲击、振动或变载荷作用的螺纹连接件，可采用合金钢，如 15Cr、40Cr、30CrMnSi 和 15CrVB 等。对螺纹有特殊要求（如防腐、耐高温）时，应选择有特殊性能的材料，如不锈钢 1Cr13、2Cr13、CrNi2、1Cr18Ni9Ti 和黄铜 H62、H62 防磁、HPb62、HPb62 防磁及铝合金 2B11（原 LY8）、2A10（原 LY10）等。选择螺母的材料时，考虑到更换螺母比更换螺栓更经济、方便,所以应使螺母材料的强度低于螺栓材料的强度。对于一般机械设计,螺纹连接件常用材料的机械性能列于表 11.4 中。

表 11.4 螺纹连接件常用材料的机械性能

钢号	Q215	Q235	35	45	40Cr
强度极限 σ_b/MPa	335~410	375~460	530	600	980
屈服极限 $\sigma_s(d \leqslant 16 \sim 100$ mm$)$/MPa	185~215	205~235	315	355	785

注:螺栓直径 d 小时,取偏高值

国家标准规定螺纹连接件按材料的机械性能分级,规定重要的或有特殊要求的螺纹连接件才允许采用高性能等级的材料,且应经表面处理。国家标准还规定如采用符合性能等级的螺栓、螺母,在图纸上只标出性能等级,不标出材料牌号。

二、紧螺栓连接的许用应力和安全系数

紧螺栓连接的许用应力和安全系数分别如表 11.5 和表 11.6 所示。

表 11.5 紧螺栓连接的许用应力

紧螺栓连接的受载情况		许用应力 $[\sigma]$
受轴向载荷、横向载荷的普通螺栓连接		$[\sigma] = \sigma_s/S$ 控制预紧力时 $S = 1.25 \sim 1.5$;不控制预紧力时 S 查表 11.6
铰制孔用螺栓受横向载荷	静载荷	$[\tau] = \sigma_s/2.5$ $[\sigma_p] = \sigma_s/1.25$(被连接件为钢) $[\sigma_p] = \sigma_s/(2 \sim 2.5)$(被连接件为铸铁)
	变载荷	$[\tau] = \sigma_s/(3.5 \sim 5)$ $[\sigma_p]$——按静载荷的$[\sigma_p]$值降低 20%~30%

注:$[\sigma]$ 表示螺栓的许用拉应力;σ_s 表示螺栓的屈服强度;S 表示安全系数。

表 11.6 紧螺栓连接的安全系数 S(不严格控制预紧力时)

材料	静载荷		变载荷	
	M6~M16	M16~M30	M6~M16	M16~M30
碳素钢	4~3	3~2	10~6.5	6.5
合金钢	5~4	4~2.5	7.6~5	5

例 11.1 如图 11.25 所示气缸与气缸盖的螺栓连接,已知气缸内径 $D = 200$ mm,气缸内气体的工作压力 $p = 1.2$ MPa,缸盖与缸体之间采用橡胶垫圈密封。若螺栓数目 $z = 10$,螺栓分布圆直径 $D_0 = 260$ mm,试确定螺栓直径,并检查螺栓间距 t 及扳手空间是否符合要求。

解:

1. 确定每个螺栓所受的轴向工作载荷 F

$$F = \frac{p\pi D^2}{4z} = \frac{\pi \times 200^2 \times 1.2}{4 \times 10} = 3\,770 \text{(N)}$$

2. 计算每个螺栓的总拉力 F_2

根据气缸盖螺栓连接的紧密性要求,取残余预紧力 $F_1 = 1.8F$,根据式(11.23)计算螺栓的总拉力:

$$F_2 = F + F_1 = F + 1.8F = 10\,556\,\text{N}$$

3. 确定螺栓的公称直径

(1) 螺栓材料选用 35 号钢,查表 11.4 得 $\sigma_s = 315\,\text{MPa}$,若装配时不控制预紧力,则螺栓的许用应力与其直径有关,故应采用试算法,假定螺栓直径 $d = 16\,\text{mm}$,由表 11.6 查得 $S = 3$,则许用应力 $[\sigma]$:

$$[\sigma] = \frac{\sigma_s}{S} = \frac{315}{3} = 105\,(\text{MPa})$$

(2) 计算螺栓的小径 d_1

$$d_1 \geqslant \sqrt{\frac{4 \times 1.3 F_2}{\pi [\sigma]}} = \sqrt{\frac{4 \times 1.3 \times 10\,556}{\pi \times 105}} = 12.90\,(\text{mm})$$

根据 d_1 计算值,查手册得螺纹的外径 $d = 16\,\text{mm}$,该值为标准值,且与假定值相符,故能适用。

4. 检查螺栓间距 t

$$t = \frac{\pi D_0}{z} = \frac{\pi \times 260}{10} = 81.68\,(\text{mm})$$

查表 11.7,当 $p \leqslant 1.6\,\text{MPa}$ 时,压力容器间距 $t < 7d = 7 \times 16 = 112\,(\text{mm})$,故上述螺栓间距的计算结果能满足紧密性要求。查有关设计手册,M16 的扳手空间 $A = 48\,\text{mm}$,本题中 $t > A$,能满足扳手空间要求。若螺栓间距 t 或扳手空间不符合要求,则应重新选取螺栓数目 z,再按上述步骤重新计算,直到满足要求为止。

表 11.7 压力容器的螺栓间距 t

工作压力 p/MPa	t_0	工作压力 p/MPa	t_0
≤1.6	$t_0 < 7d$	16~20	$t_0 < 3.5d$
1.6~10	$t_0 < 4.5d$	20~30	$t_0 < 3d$

第六节 设计螺纹连接时应注意的问题

一、提高螺纹连接强度

最常见的螺纹连接是螺栓连接,螺栓连接强度主要取决于螺栓的强度,因此,研究影响螺栓强度的因素和提高螺栓强度的措施,对提高螺栓连接的可靠性有着重要的意义。

在螺栓连接中,影响螺栓强度的因素很多,主要有螺纹牙的载荷分配、应力变化幅度、应力集中、附加应力和材料的机械性能等几方面因素。螺栓连接最常见的破坏形式是螺栓杆部分的疲劳断裂,一般发生在应力集中较严重之处,即螺栓头部、螺纹收尾部和螺母支承平面所在处。下面简要说明影响螺栓强度的因素和提高螺栓强度的措施。

1. 缩小螺栓总拉伸载荷 F_2 的变化范围

如图 11.26 和图 11.27 所示,螺栓所受的轴向工作载荷在 $0 \sim F$ 间变化时,螺栓上总拉伸载荷 F_2 也作相应的变化。减小螺栓刚度 C_b 或增大被连接件刚度 C_m 都可以使 F_2 的变化范围减小,均能使应力变化幅度减小,这对增加螺栓的抗疲劳寿命十分有利。

可通过减小螺栓光杆部分直径或采用空心螺杆的方法减小螺栓刚度,如图 11.31 所示。也可以通过在螺母下装弹性元件以降低螺栓刚度。

常用的被连接件本身的刚度是较大的,如还要增大被连接件的刚度,可以从被连接件的结构和尺寸方面入手,还可以采用刚度较大的金属垫片或不设垫片。

当被连接件的接合面必须采用密封元件时,应避免采用图 11.32(a) 所示的软垫片结构,以避免降低其刚度。常采用金属垫片或密封圈作为密封元件,如图 11.32(b) 所示,这样可保证被连接件原有的刚度。

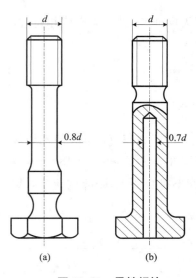

图 11.31　柔性螺栓

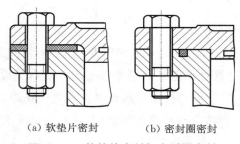

　(a) 软垫片密封　　　(b) 密封圈密封

图 11.32　软垫片密封与密封圈密封

如能同时减小螺栓刚度和增大被连接件刚度,则减小应力变化幅度的效果会更好。

2. 改善螺纹牙间的载荷分布

不论螺栓连接的具体结构如何,螺栓的总拉力都是通过螺栓和螺母的螺纹牙面相接触来传递的。由于螺栓和螺母的刚度及变形性质不同,采用普通螺母时,各圈螺纹牙上的受力是不同的,从螺母支承面算起,第一圈受载最大,约为总载荷的 1/3,以后各圈递减,到第 8~10 圈后的螺纹牙几乎不承受载荷。所以采用圈数多的厚螺母,并不能提高连接强度。为改善各牙受力分布不均的情况,可采用下述方法:

(1) 悬置螺母

如图 11.33(a) 所示,悬置螺母能使螺母悬置部分与螺栓杆均拉伸变形,这有助于减少螺母与螺杆的螺距变化差,从而使载荷分布较为均匀。

(2) 内斜螺母

如图 11.33(b)所示,螺母内斜 10°～15°的内斜角,可使螺栓受力大的螺纹牙的受力面(刚度)减小,从而把力分流到原受力小的螺纹牙上,使螺纹牙间的载荷趋于均匀。

(3) 环槽螺母

环槽螺母如图 11.33(c)所示,其原理与悬置螺母类似。

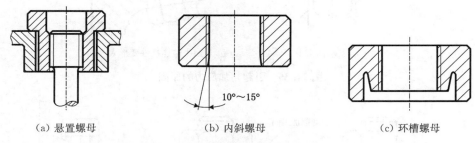

(a) 悬置螺母　　(b) 内斜螺母　　(c) 环槽螺母

图 11.33　改善螺纹牙间载荷分布方式

以上有特殊构造的螺母制造工艺复杂,成本较高,仅限于重要连接时使用。

3. 减少应力集中

通常,螺纹的牙根、收尾、螺栓头部与螺栓杆的交接处都有应力集中。在螺纹尾处加工出退刀槽,适当加大过渡处圆角和切制卸载槽都是使螺栓截面变化均匀,应力集中减小的有效方法(图 11.34),这些方法可以有效提高螺栓的疲劳强度。

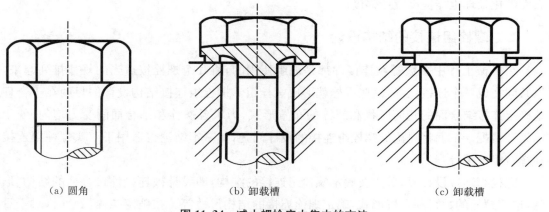

(a) 圆角　　(b) 卸载槽　　(c) 卸载槽

图 11.34　减小螺栓应力集中的方法

4. 避免或减小附加应力

设计、制造或安装上的疏忽,可能会使螺栓承受偏心载荷,导致螺栓产生附加弯曲应力,如图 11.35 所示,这会对螺栓疲劳强度造成很大影响,应设法避免。偏载的原因是螺栓头与相接触的支承面不平。在铸件或锻件等未加工表面上安装螺栓时,常采用凸台或沉头座等结构,经切削加工后可获得平整的支承面,以减小附加应力。在被连接件的悬臂处采用加强筋以提高其刚度或采用斜面垫圈也能不同程度地减小附加应力。避免或减小附加应力的方法如图 11.36 所示。

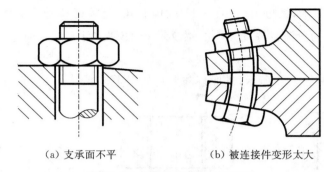

(a) 支承面不平　　(b) 被连接件变形太大

图 11.35　引起附加应力的原因

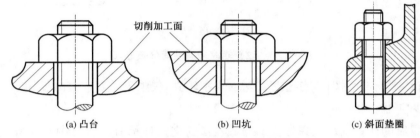

(a) 凸台　　(b) 凹坑　　(c) 斜面垫圈

图 11.36　避免或减小附加应力的方法

除上述方法外,采用疲劳强度较高的冷镦头部和滚压螺纹的螺栓,或进行氰化、氮化等表面硬化处理也能提高疲劳强度。

二、螺栓组连接的结构设计

在机械工程中多数螺纹连接件都是成组使用的,将几个螺栓按适当的规律排列起来,以共同完成一个连接任务,这些螺栓就形成螺栓组。螺栓组连接结构设计的目的在于合理地确定连接结合面的几何形状和螺栓的布置形式,力求各螺栓和结合面间受力均匀,便于加工和装配。下面将讨论的螺栓组连接的设计问题,其基本结论也适用于双头螺柱组连接和螺钉组连接等。

螺栓组连接设计时,首先要确定螺栓组连接的结构,即设计被连接件接合面的结构、形状,选定螺栓的数目和布置形式,确定螺栓连接的结构尺寸等。在确定螺栓尺寸时,对于重要的连接,应根据连接的结构和受力情况,找出受力最大的螺栓并求出所承受的载荷,然后应用单个螺栓连接的强度计算方法进行螺栓的设计或校核。对于不重要的连接或有成熟实例的连接,可采用类比法进行设计。螺栓组连接设计的要求如下:

(1) 连接结合面的形状应简单并成轴对称,最好是矩形、圆形或方形等(图 11.37),一是为了便于加工,二是对称布置螺栓使螺栓组的对称中心和连接结合面的形心重合,从而能保证连接结合面受力比较均匀。

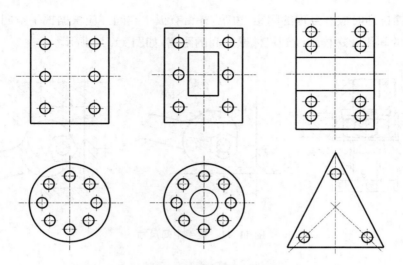

图 11.37 螺栓组连接结合面的几何形状

（2）为了便于装配和维修，同一螺栓组连接中各螺栓的直径和材料均应相同。分布在同一圆周上的螺栓数目应为 3、4、6、8、12 等偶数，如图 11.38 所示，以便于分度、划线、钻孔。

（3）螺栓的布置应使各螺栓的受力合理，这就要求：(1)不要在外力方向上成排布置 8 个以上受剪螺栓，以免载荷分布过于不均(图 11.39)；(2)当连接承受弯矩或扭矩时，螺栓的位置应靠近结合面的边缘，以减小螺栓受力(图 11.40)；(3)同时承受轴向载荷和较大的横向载荷时，应采用键、套筒、销等抗剪零件来承受横向载荷，以减小螺栓的预紧力及其结构尺寸。

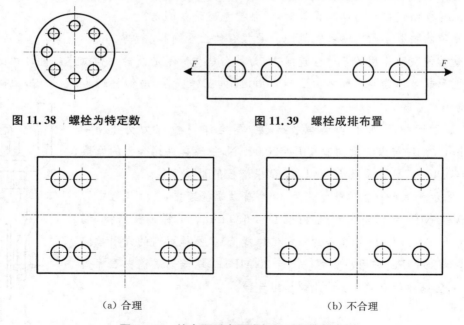

图 11.38 螺栓为特定数　　图 11.39 螺栓成排布置

(a) 合理　　(b) 不合理

图 11.40 结合面受弯矩或扭矩时螺栓的布置

（4）螺栓排列时应有合理的间距、边距，并留有扳手空间。应根据扳手空间尺寸来确定各螺栓中心的间距及螺栓轴线到机体壁面间的距离，如图 11.41 所示。

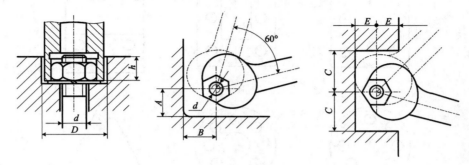

图 11.41　扳手空间尺寸

习　题

1. 常见螺纹牙型有哪些？各用于何场合？
2. 什么样的情况下螺旋副可自锁？
3. 常用螺纹连接的种类有哪些？各用于什么场合？
4. 为什么绝大多数螺纹连接都要预紧？螺纹防松措施主要有哪些？它们防松的原理是怎样的？
5. 有哪些提高螺纹连接强度的措施？
6. 对螺栓组连接进行结构设计时，通常要考虑哪些问题？
7. 螺纹的主要参数有哪些？螺距和导程有什么区别和联系？
8. 受拉伸载荷作用的紧螺栓连接中，为什么总载荷不是预紧力和拉伸载荷之和？
9. 图示起重吊钩要吊起重力 $F=2\,000\,\text{N}$ 的工作载荷，吊钩材料为 45 号钢，试确定吊钩螺杆的螺纹直径。
10. 图示钢板用四个普通螺栓连接，螺栓许用拉应力为 $[\sigma]=160\,\text{N/mm}^2$，允许传递的横向载荷 $F=20\,000\,\text{N}$，被连接件接合面的摩擦系数 $f=0.15$，可靠性系数 $K_\text{f}=1.2$，试求螺栓的最小直径。
11. 图示气缸盖与缸体凸缘采用 30 个普通螺栓连接，已知气缸中的压力在 0～2 MPa 之间变化，气缸内径 $D=600\,\text{mm}$。为保证气密性，剩余预紧力 $F_1=1.5F$（F 为螺栓的轴向工作载荷）。螺栓材料的许用拉伸应力 $[\sigma]=120\,\text{MPa}$，许用应力幅 $[\sigma]_\text{a}=20\,\text{MPa}$。螺栓选用铜皮石棉垫片，相对刚度系数为 0.8。设计此螺栓组连接。

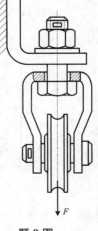

题 9 图

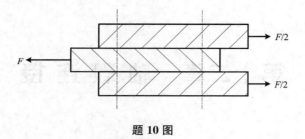

题 10 图

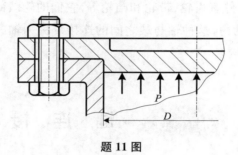

题 11 图

第十二章　轴毂连接

安装在轴上的传动零件有齿轮、带轮和凸轮等,它们的轮毂部分以一定的方法与轴连接在一起,以传递运动和动力,这种轴与毂之间的连接统称为轴毂连接。常见的轴毂连接有键连接、花键连接和销连接。

第一节　键　连　接

键是一种标准件,其主要用于轴和轴上零件之间的周向固定,以传递转矩和旋转运动,有的键还用来实现轴上零件的轴向固定或轴向移动的导向作用。键连接的主要类型有:平键、半圆键、楔键和切向键。

一、平键

按键的用途不同,平键可分为普通平键、薄型平键、导向平键和滑键。

1. 普通平键

图 12.1 所示为普通平键连接的结构,键的两侧面为工作面,靠键与键槽侧面的挤压传递运动和转矩,键的顶面为非工作面,非工作面与轮毂的键槽表面留有间隙。因此,这种连接只能用于轴上零件的周向固定。平键连接结构简单,装拆方便,对中性好,故应用很广泛。

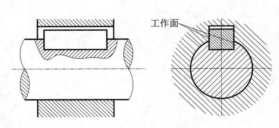

图 12.1　普通平键连接

普通平键包括双圆头(A 型)、方头(B 型)和单圆头(C 型)三种类型,如图 12.2 所示。

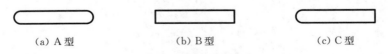

(a) A 型　　　(b) B 型　　　(c) C 型

图 12.2　普通平键类型

2. 薄型平键

薄型平键的高度是普通平键的 60%～70%,也分为圆头、方头、单圆头三种,其传递能力较低,常用于薄壁结构、空心轴或径向尺寸受到限制的场合。

3. 导向平键和滑键

当轮毂在轴上需沿轴向移动时,可采用导向平键或滑键连接。导向平键用螺钉固定在轴上,如图 12.3 所示,轮毂上的键槽与键是间隙配合。当轮毂移动时,键起导向作用。滑键与轮毂连接如图 12.4 所示,轴上的键槽与键是间隙配合,当轮毂移动时,键随轮毂沿键槽滑动。滑键适用于移动距离大的场合,如车床光轴与溜板箱采用滑键连接。

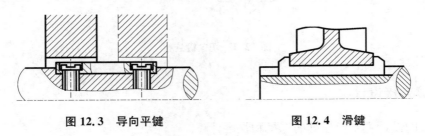

图 12.3　导向平键　　　　　　图 12.4　滑键

二、半圆键

半圆键是以两侧面为工作面来传递转矩和运动的。其侧面为半圆形,能在轴的键槽内摆动,以适应轮毂键槽底面的斜度。半圆键装配方便,特别适合锥形轴端的连接,如图 12.5 所示。但由于轴上键槽过深,对轴的削弱较大,故只适用于轻载场合。

三、楔键

楔键的上下表面是工作面,且键的上表面和轮毂键槽底面都有 1∶100 的斜度。键楔入键槽后,侧面有间隙,工作时靠其上下表面的摩擦力传递转矩,同时其可承受单向的轴向力,起单向轴向固定作用,如图 12.6 所示。楔键连接可靠,但对中精度差。其适用于定心精度要求不高、低转速的场合。

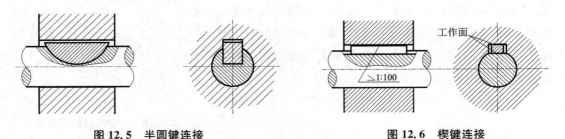

图 12.5　半圆键连接　　　　　　图 12.6　楔键连接

四、切向键

切向键是由一对斜度为 1∶100 的楔键组成的,如图 12.7 所示。装配时,两个键分别自轮毂两端楔入,装配后两个相互平行的窄面是工作面,工作时依靠工作面的挤压传递转矩。一个切向键只能传递单向转矩,当需要传递双向转矩时,应安装两个相互成 120°～130°的切向键。切向键能传递很大的转矩,常用于重型机械。

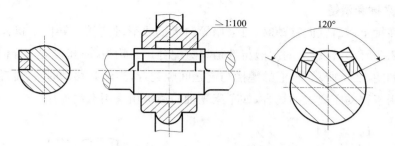

图 12.7 切向键连接

五、键连接设计

键连接的设计主要包括键的选择和强度计算。

1. 键的选择

键的选择包括类型选择和尺寸选择两方面。选择键的类型时主要应考虑以下因素:载荷的类型、传递转矩大小、对中性要求、轮毂是否需要作轴向移动及滑移距离大小、键在轴的中部还是端部,以及键是否要具有轴向固定零件的作用或是承受轴向力等。

平键的主要尺寸包括键宽 b、键高 h 和键长 L。设计时,应根据轴的直径从标准中选择平键的截面尺寸,即宽度和高度($b \times h$),键的长度 L 应略小于轮毂的长度(一般比轮毂长度短 5~10 mm),并符合标准中规定的长度系列。

2. 键的强度校核

平键连接传递扭矩时,受力情况如图 12.8 所示,键的侧面受到挤压,剖面受剪切。平键连接主要失效形式为键和轮毂中强度较弱的工作表面被压溃(对静连接)或磨损(对动连接)。因此,一般只需校核挤压强度(对静连接)或压强(对动连接)。在计算中,假设轴的直径为 d(mm),传动过程中传递的转矩为 T(N·mm),载荷沿键长和高度均匀分布,则静连接下平键侧面受到的作用力 F_t(N)为

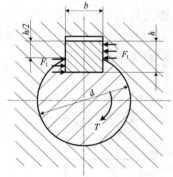

$$F_t = \frac{2T}{d} \quad (12.1)$$

图 12.8 平键连接的受力情况

平键侧面力作用在 $A = hl/2$ 的面积上,则键的挤压强度条件为

$$\sigma_p = \frac{F_t}{A} = \frac{4T}{dhl} \leqslant [\sigma_p] \quad (12.2)$$

式中:l——键的有效工作长度,mm;

$[\sigma_p]$——键连接中较弱零件(通常是轮毂)材料的许用挤压应力,MPa。

动连接是按压强条件限制,即压强 p 应满足:

$$p=\frac{F_\mathrm{t}}{A}=\frac{4T}{dhl}\leqslant [p] \tag{12.3}$$

式中:$[p]$——许用压强,MPa。

半圆键连接和楔键连接的强度计算可参考相关文献。

在进行强度校核后,如果强度不够,可采用双键,这时应考虑键的合理布置。两个平键最好沿周向布置,相隔 180°;两个半圆键应布置在轴的同一条母线上;两个楔键则应沿周向布置,相隔 90°~120°。考虑到两个键上载荷分配的不均匀性,在强度校核中只按 1.5 个键计算。如果轮毂允许适当加长,也可相应增加键的长度,以提高单键连接的承载能力。但由于传递转矩时键上载荷沿其长度分布不均,故键长不宜过大。当键的长度大于 $2.25d$ 时,其多出的长度实际上可认为并不承受载荷,故一般采用的键长不宜超过 $(1.6\sim 1.8)d$。

第二节　花键连接

花键连接由外花键和内花键组成,如图 12.9 所示。花键连接的优点:(1)花键是在轴上与毂孔上直接匀称地制出较多的齿与槽,故其连接受力较为均匀;(2)因槽较浅,齿根处应力集中较小,轴与毂的强度削弱较少;(3)齿数较多,总接触面积较大,因而可承受较大的载荷;(4)轴上零件与轴的对中性好;(5)导向性较好;(6)可用磨削的方法提高加工精度及连接质量。花键连接的缺点:(1)齿根仍有应力集中;(2)有时需用专门设备加工,成本较高。因此,花键连接适用于定心精度要求高、载荷大或经常滑移的连接。花键连接的齿数、尺寸、配合等均应按标准选取。

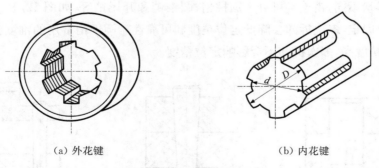

(a) 外花键　　　　　　　　(b) 内花键

图 12.9　花键连接

花键连接可用于静连接和动连接。按其齿形不同,可分为矩形花键和渐开线花键两类,且两类花键均已标准化。

1. 矩形花键

按齿高的不同，标准中规定了两个矩形花键的齿形尺寸系列，即轻系列和中系列。轻系列的承载能力较小，多用于静连接或轻载连接；中系列用于中等载荷连接。

矩形花键的定心方式为小径定心，如图 12.10 所示，即内花键和外花键的小径为配合面。小径定心特点是定心精度高、定心稳定性好，能用磨削方法消除热处理引起的变形。矩形花键连接应用广泛。

2. 渐开线花键

渐开线花键的齿廓为渐开线，如图 12.11 所示。与渐开线齿轮相比，渐开线花键齿较短，齿根较宽，不发生根切的齿数较少。渐开线花键承载能力大，可用制造齿轮的方法来加工，其工艺性好，精度也高，齿根强度高，应力集中小，易于定心。

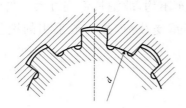
图 12.10 矩形花键

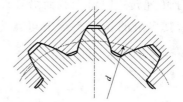
图 12.11 渐开线花键

渐开线花键的定心方式为齿形定心，当齿受载时，齿上的径向力能起到自动定心作用，有利于各齿均匀承载。渐开线花键多用于重要场合或薄壁零件。

第三节 销 连 接

销连接也是工程中常用的一种重要连接形式，主要用于固定零件间的相对位置，并可传递较小的转矩，也可作为安全装置中的过载剪断元件。

按销的形状不同，销连接可分为圆柱销、圆锥销和开尾销等，如图 12.12 所示。圆柱销利用过盈配合固定，多次拆卸会降低定位精度和可靠性。圆锥销常用的锥度为 1∶50，其装配方便，定位精度高，多次拆卸不会影响定位精度。

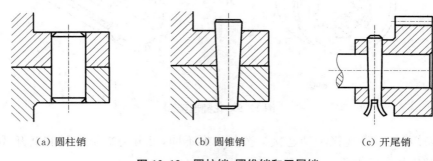

(a) 圆柱销　　　　　(b) 圆锥销　　　　　(c) 开尾销

图 12.12 圆柱销、圆锥销和开尾销

按销的作用不同,销连接可分为定位销、连接销和安全销。

(1) 定位销:主要用于零件间的位置定位,常用作组合加工和装配时的主要辅助零件,如图 12.13(a)所示。

(2) 连接销:主要用于零件间的连接或是锁定,可传递较小的载荷,如图 12.13(b)所示。

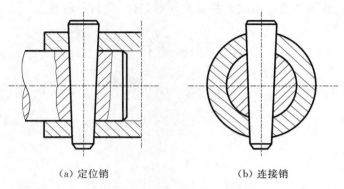

(a) 定位销　　　　　　　　　(b) 连接销

图 12.13　定位销和连接销

(3) 安全销:主要用于安全保护装置中的过载剪断元件,如图 12.14 所示。

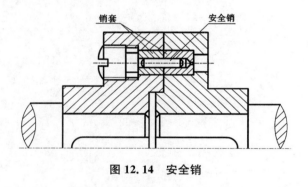

图 12.14　安全销

销连接在工作时通常受到挤压和剪切,设计时可根据连接结构的特点和工作要求来选择销的类型、材料和尺寸,必要时可进行强度校核计算。

习　题

1. 键连接主要有哪些类型?各有何主要特点?
2. 平键连接的工作原理是什么?主要失效形式有哪些?平键的尺寸 $b \times h \times L$ 是如何确定的?
3. 平键和楔键在结构和使用性能上有何区别?为什么平键应用较广?
4. 与普通平键连接相比,半圆键有什么优缺点?它适用在什么场合?

5. 当需采用双键连接时,对轴上键槽有何要求?

6. 与平键连接相比,花键连接有哪些优缺点?矩形花键和渐开线花键各有什么特点?

7. 简述销连接的主要应用场合。销有哪些类型?其特点是什么?

8. 某齿轮与轴之间采用 A 型普通平键连接。已知传递的转矩为 $3\text{ kN}\cdot\text{m}$,轴径 $d=80\text{ mm}$,轮毂宽度 $L=150\text{ mm}$,齿轮、轴、键均采用 45 号钢,工作中有轻微冲击载荷。试确定键尺寸并校核键连接强度。若键连接强度不够,可采取何种措施?

第十三章 轴

机器上所安装的旋转零件,如带轮、齿轮、联轴器和离合器等,都必须用轴来支承,才能正常工作。因此,轴是机械中不可缺少的重要零件。本章将讨论轴的类型、轴的材料和轴的设计,重点讨论轴的设计,包括轴的结构设计和强度计算。结构设计的要求是合理确定轴的形状和尺寸,除应考虑轴的强度和刚度外,还要考虑使用、加工和装配等方面的许多因素。轴的强度计算的要求是要使轴具有可靠的工作能力。对于初学者来说,轴的结构设计较难掌握。因此,轴的结构设计是本章讨论的重点。

第一节 轴的分类

轴是组成机器的重要零件,轴的功用是支承做旋转运动的零件,如齿轮、带轮等,以传递运动和动力。轴的类型很多,由零件传到轴上的载荷使轴受到弯矩、转矩,以及轴向拉伸或压缩的作用,根据受载和变形情况的不同,轴可分为转轴、心轴和传动轴三类。

一、转轴

同时受弯矩和转矩作用的轴,称为转轴。转轴既支承传动零件,又传递转矩,如减速器中的齿轮轴,见图 13.1。

二、心轴

只受弯矩作用的轴,称为心轴。心轴只用于支承零件而不传递转矩,如铁路机车车辆的车轴,如图 13.2 所示。

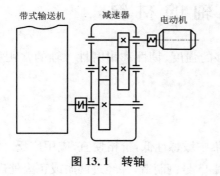

图 13.1 转轴

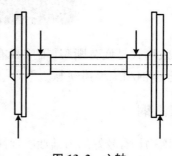

图 13.2 心轴

三、传动轴

只受转矩不受弯矩,或受很小弯矩作用的轴称为传动轴。如汽车中的传动轴,如图 13.3 所示。

此外,轴还可按其几何轴线形状分类,可分为直轴(图 13.1)、曲轴(图 13.4)和挠性轴(图 13.5)。曲轴常用于往复式机械(如内燃机、空气压缩机等)中,挠性轴可将旋转运动灵活地传到所需要的位置,常用于医疗设备中。

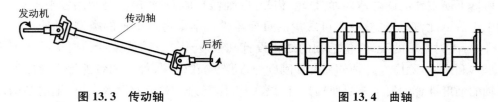

图 13.3　传动轴　　　　　　　　图 13.4　曲轴

直轴按其结构形状可分为光轴、阶梯轴、实心轴和空心轴(质量轻,中空部分可用作供料或润滑油通道,但其制造成本高)等。光轴和阶梯轴如图 13.6 所示。在一般机械中,阶梯形直轴应用最为广泛,因为阶梯轴各剖面直径不同,且其可使轴上零件定位可靠、装拆方便。有些机械(如纺织机械、农业机械等)为实现轴和轴上零件的标准化、系列化,也采用直径不变的光轴。

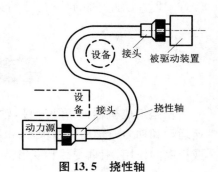

图 13.5　挠性轴

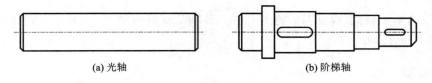

(a) 光轴　　　　　　　(b) 阶梯轴

图 13.6　光轴和阶梯轴

第二节　轴 的 材 料

轴的失效形式是疲劳断裂,轴应具有足够的强度、韧性和耐磨性。轴的常用材料主要有碳素钢、合金钢和球墨铸铁等。

一、碳素钢

优质碳素钢具有较好的力学性能,对应力集中敏感性低,价格便宜,应用广泛。常用的优质碳素钢有 30、35、40、45、50 号钢。一般轴采用 45 号钢制造,并经过调质或正火处理;有耐磨性要求的轴段,应进行表面淬火及低温回火处理。对于轻载或不重要的轴,可用 Q235、Q275 等普通碳素钢。

二、合金钢

合金钢比碳素钢具有更高的机械强度和更好的淬火性能,但其对应力集中比较敏感,价格也较贵。因此,合金钢多用于强度和耐磨性要求较高、重量和尺寸要求较小或非常湿、有腐蚀介质的场合。常用的中碳合金钢有 40Cr、35SiMn、40MnB 等。低碳合金钢 20Cr、20CrMnTi 经渗碳淬火后,表面耐磨性和芯部韧性都比较好,适于制造耐磨和承受冲击载荷的轴。合金钢与碳素钢的弹性模量相差不多,故不宜利用合金钢来提高轴的刚度。

三、球墨铸铁

球墨铸铁吸振性和耐磨性好,对应力集中敏感性低,价格低廉,常用于铸造外形复杂的轴,如内燃机曲轴和凸轮轴等。

表 13.1 中列出了部分轴的常用材料及其主要力学性能。

表 13.1 轴的常用材料及其主要力学性能

材料牌号	热处理	毛坯直径 d/mm	硬度/HBS	拉伸强度 σ_b/MPa	拉伸屈服强度 σ_s/MPa	弯曲疲劳强度 σ_{-1}/MPa	扭转疲劳强度 τ_{-1}/MPa	应用举例
Q235				440	240	180	105	用于载荷不大或不很重要的轴
Q275				580	280	230	135	
45	正火	≤100 >100～300	170～217 162～217	590 570	295 285	255 245	140 135	应用最广泛,表面淬火硬度可达 40～50HRC
	回火	>300～500	156～217	540	275	230	130	
	调质	≤200	217～255	640	355	275	155	
40Cr	调质	≤100 >100～300 >300～500	241～286	735 685 630	540 490 430	355 335 310	200 185 165	用于载荷较大且无很大冲击的重要轴

第三节　轴的结构设计

轴的结构设计的目的是确定轴的形状和尺寸,它与轴上零件的安装、拆卸和零件定位及加工工艺有着密切的关系。轴的结构的基本要求是:(1)轴和轴上的零件被准确定位和固定;(2)轴上零件方便调整和装拆;(3)具有良好的制造工艺性;(4)形状、尺寸应能使应力集中尽量减小;(5)为了方便轴上的零件的装拆,将轴制成阶梯轴。

一、轴的各部分名称

(1) 轴颈:与轴承配合的部分称为轴颈,其直径应符合轴承的相关尺寸要求。

(2) 轴头:与零件轮毂配合的部分称为轴头。轴头的直径应与相配合的轮毂内径一致,并应为标准直径。轴的标准直径如表13.2所示。

表 13.2　轴的标准直径

标准直径/mm									
20	21.2	22.4	23.6	25	26.5	28	30	31.5	33.5
35.5	37.5	40	42.5	45	47.5	50	53	56	60
63	67	71	75	80	85	90	95	100	106
112	118	125	132	140	150	160	170	180	190
200	212	224	236	250	265	280	300	315	335

(3) 轴身:连接轴头与轴颈的部分称为轴身。轴身的直径可为自由尺寸。

(4) 轴肩和轴环:指阶梯轴上截面变化的部位。两边直径尺寸都变化的称为轴环。

轴的结构由多方面因素决定,主要因素有:①轴的受载情况;②轴上零件的数目和零件布置情况;③零件在轴上的定位和固定方式;④轴承的类型和尺寸;⑤轴的加工及装配工艺。此外,也不能脱离整个机器而单纯地讨论某轴的结构,故标准结构轴是不存在的,必须具体情况具体分析比较,以确定最佳方案。

二、轴上零件定位与固定的相关要求

1. 轴向定位与固定

零件在轴上的轴向定位与固定是为了保证零件有确定的相对位置,防止零件做轴向移动,并使零件能承受轴向力。轴向定位与固定常用的结构有以下几种:

(1) 轴肩和轴环

轴肩和轴环既可起定位作用,也有单向轴向固定的作用,且其简单可靠,可以承受较大的轴向力,常用于齿轮、链轮、带轮、联轴器和轴承等部件的定位与固定。

为保证轴上零件紧靠定位面,轴肩和轴环的圆角半径 r 应小于相配零件轮毂孔端的圆角半径 R 或倒角高度 C_1,如图13.7所示,其大小要符合标准。R 和 C_1 等值可查相关手册。

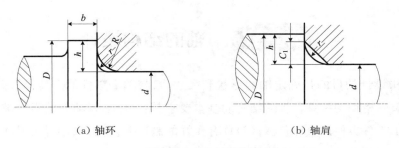

(a) 轴环　　　　　　　　　(b) 轴肩

图 13.7　轴环和轴肩

定位轴肩的高度 h 应大于 R 或 C_1,一般取 $h=(0.07\sim0.1)d$,轴环宽度 $b\approx1.4h$。 与滚动轴承配合处的 h 与 R 值应根据滚动轴承的类型与尺寸确定,其中轴肩的高度 h 必须低于轴承内圈端面的高度。非定位轴肩高度则无严格规定,一般取 $h=1.5\sim2$ mm。

（2）轴端挡圈与圆锥面

轴端挡圈与圆锥面如图 13.8 所示,它们均适用于轴伸端零件的轴向固定。轴端挡圈和轴肩,或圆锥面与轴端压板通常联合使用,以使零件获得双向轴向固定。轴端挡圈可承受剧烈振动和冲击载荷。圆锥面能消除轴与轮毂间的径向间隙,且其装拆方便,可兼作周向固定,能承受冲击载荷。

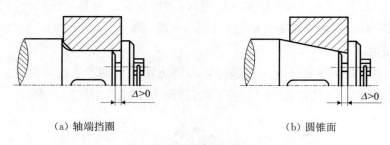

(a) 轴端挡圈　　　　　　　　(b) 圆锥面

图 13.8　轴端挡圈与圆锥面

（3）圆螺母与套筒

圆螺母常用于零件与轴承间距离较大,且允许切制螺纹的轴段,如图 13.9 所示。圆螺母的优点是固定可靠,装拆方便,可承受较大轴向力,并且由于其有止动垫圈,故能可靠地防松;其缺点是由于轴上切制了螺纹,对轴的疲劳强度有较大的削弱。

当两个零件相隔距离不大时,可采用套筒作轴向定位与固定,如图 13.10 所示。采用这种方法能承受较大的轴向力,且定位可靠、结构简单、装拆方便,还可以减少轴的阶梯数量和避免因切制螺纹而削弱轴的强度。但轴的转速很高时不宜采用套筒。

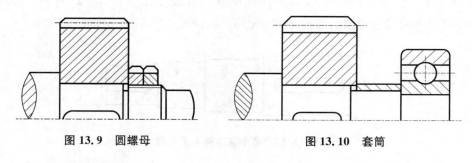

图 13.9　圆螺母　　　　　　　　图 13.10　套筒

（4）弹性挡圈与紧定螺钉

弹性挡圈与紧定螺钉均适用于轴向力很小或仅仅为了防止零件偶然沿轴向移动的场合。弹性挡圈常与轴肩联合使用,可对轴上零件实现双向固定,如图 13.11 所示。紧定螺钉多用于光轴上零件的轴向固定,还可兼作周向固定,如图 13.12 所示。

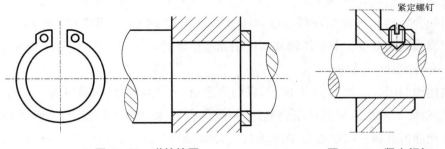

图 13.11　弹性挡圈　　　　　　　图 13.12　紧定螺钉

采用套筒、螺母、轴端挡圈等作轴向固定时,为使定位面可靠地接触,与被固定零件配合的轴头长度应略小于被固定零件的轮毂长度,一般应短 2~3 mm。

2. 周向固定

零件在轴上的周向固定是为了传递转矩和防止零件与轴产生相对转动。常用的周向固定方法有键连接、圆锥销连接、成形连接和过盈配合连接,如图 13.13 所示。

(a) 平键连接　　(b) 花键连接　　(c) 圆锥销连接　　(d) 成形连接　　(e) 过盈配合连接

图 13.13　周向固定的形式

(1) 键连接

平键制造简单,装拆方便,对中性好,适用于较高精度、高转速及受冲击或变载荷作用的连接中。齿轮、蜗轮、带轮与轴的连接常采用平键连接,如图 13.13(a)所示。若轴上有多个键槽,为了加工方便,各轴段的键槽应设计在同一加工线上,如图 13.14 所示。零件的周向固定还可以采用其他类型的键连接,如图 13.13(b)所示的花键连接。

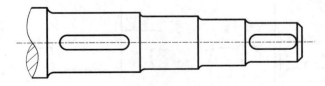

图 13.14　多个键连接布置位置

(2) 销连接

销通常为标准件,如图 13.13(c)所示,主要用于定位,也可用于轴毂连接,还可作为安全装置中的过载剪断元件。销连接传递的载荷不大,且销孔对轴有削弱作用,故作轴毂连接时多用于轻载或不重要的场合。

(3) 成形连接

非圆剖面的轴与相应的轮毂孔的零件构成的轴毂连接称为成形连接,如图 13.13(d)所示。成形连接的优点在于装拆方便,对中性好,又没有键槽或尖角引起的应力集中,故可以传递较大载荷;其缺点是加工复杂。

(4) 过盈配合连接

过盈配合连接是利用零件轮毂孔与轴之间的配合过盈量,在配合表面间产生压力,使零件实现周向固定,如图 13.13(e)所示。过盈配合连接也能使零件轴向固定。选择不同种类的过盈配合,可获得不同的连接强度。过盈配合结构简单,对中性好,固定可靠,承载能力大。过盈量在中等以下的配合常与平键连接同时使用,以承受较大的交变、振动和冲击载荷。

选择零件固定方法时,应根据载荷的大小和性质,轴和轮毂的对中精度要求及连接的重要程度来决定,同时要考虑装拆方便,结构紧凑。

三、提高疲劳强度

轴一般在变应力下工作,其失效多属疲劳破坏。因此,轴的强度问题属疲劳强度问题。轴的结构对其强度和刚度有很大影响,从轴的结构方面采取措施来提高轴的疲劳强度尤其重要。

1. 改进轴的结构,降低应力集中

轴的疲劳破坏多数是从有应力集中的部位开始的。轴的截面变化处会产生应力集中,因此应以较大的圆角半径过渡。若因结构关系圆角半径不能太大时(图 13.15),可采用间隔环[图 13.15(a)]、制成卸载槽[图 13.15(b)]或内凹圆角[图 13.15(c)]。

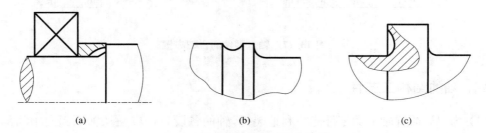

图 13.15　减小圆角处应力集中的结构

采用套筒实现轴向固定,可避免因加工螺纹或凹槽所引起的应力集中。

2. 改善轴的表面质量

轴的表面质量对疲劳强度有显著的影响。实践证明,疲劳裂纹常发生在表面粗糙的部位,因此设计时应使轴具有较低的表面粗糙度值,高强度钢轴更应具有较低的表面粗糙度值。采用碾压、喷丸、渗碳淬火、高频淬火等表面强化方法,可显著提高轴的疲劳强度。

3. 改善轴受力情况

合理布置轴上零件,可减小轴所受载荷,提高轴的疲劳强度。

(1) 降低最大弯矩

如图 13.16 所示,若受均布载荷作用的简支梁两支点跨距为 l,则最大弯矩值 $M_{max}=0.125ql^2$。如果使两支座各向内移动 $0.2l$,则最大弯矩 $M_{max}=0.025ql^2$,是前者的 1/5,这样可使梁的截面尺寸缩小、节省材料。

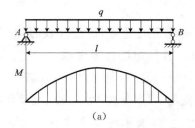 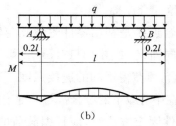

图 13.16 受均布载荷的梁

(2) 合理布置轴上零件的位置,减小轴受的转矩

如图 13.17 所示,如果将输入轮 1 置于输出轮 2、3 之间,则可让图 13.17(a)中轴上最大转矩 $T_{max}=T_2+T_3+T_4$ 减少至 $T_{max}=T_3+T_4$[图 13.17(b)]。

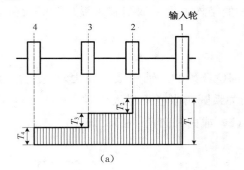 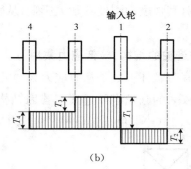

图 13.17 轴上零件的合理布置

四、轴的结构工艺性

(1) 为保证阶梯轴上的零件能顺利地装拆,轴的各段直径应是从轴端起向中间部分逐段加大。轴的台阶数要尽可能少,轴肩高度要尽可能小。滚动轴承处的轴肩外径应小于轴承内圈的外径,以利拆卸。轴上磨削和车螺纹的轴段应分别设有砂轮越程槽[图 13.18(a)]和螺纹退刀槽[图 13.18(b)]。

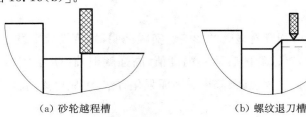

图 13.18 砂轮越程槽和螺纹退刀槽

（2）确定各段轴长度时,应尽可能使结构紧凑,同时要保证零件所需的滑动距离、装配或调整所需的空间,转动件不得与其他不动零件碰撞。

（3）加工工艺所必需的结构要求（如圆角半径、倒角、键槽、中心孔、退刀槽、砂轮越程槽等）要符合标准或规定。同一轴上的各结构应尽量取同样尺寸,以减少刀具规格和换刀次数。不同轴段的各键槽应布置在同一母线上。

（4）为便于导向和避免擦伤配合表面,轴端、轴头、轴颈的端部及有过盈配合的台阶处都应制成倒角。

（5）为了便于加工过程中各工序的定位,轴的两端面上应做出中心孔。中心孔的结构可参考有关手册。

第四节　轴的强度和刚度计算

满足强度条件和刚度条件是保证轴正常工作的基本条件。应根据轴的承载情况,采用相应的计算方法计算轴的强度。常见的轴的强度的计算方法有按扭转强度计算和按弯扭合成强度计算两种。

一、轴的强度计算

1. 按扭转强度计算

这种方法适用于计算主要用于传递转矩的传动轴强度,也可用于在轴的长度和跨度未定,支承反力及弯矩无法求得时,初步估算轴的直径,并在此基础上进行轴的结构设计。

设轴在转矩 T 的作用下产生剪应力 τ,对于圆截面的实心轴,其抗扭截面系数为 W_T,则扭转强度条件为

$$\tau = \frac{T}{W_T} = \frac{9\,549 \times 10^3 P}{0.2 d^3 n} \leqslant [\tau] \tag{13.1}$$

轴的设计计算公式为

$$d \geqslant \sqrt[3]{\frac{9\,549 \times 10^3}{0.2[\tau]}} \cdot \sqrt[3]{\frac{P}{n}}$$

令

$$\sqrt[3]{\frac{9\,549 \times 10^3}{0.2[\tau]}} = C$$

则

$$d \geqslant C\sqrt[3]{\frac{P}{n}} \tag{13.2}$$

式中：d——计算截面处轴的直径，mm；

T——轴传递的转矩，N·mm；

P——轴传递的功率，kW；

n——轴的转速，r/min；

$[\tau]$——轴的许用扭转剪应力，MPa；

C——与轴的材料有关的系数，查表 13.3。

表 13.3 几种常用材料的 $[\tau]$ 值及 C 值

轴的材料	Q235,20	35	45	1Cr18Ni9Ti	40Cr,35SiMn,2Cr13
$[\tau]$/MPa	12~20	20~30	30~40	15~25	40~52
C	160~135	135~118	118~107	148~125	107~98

注：1. 当弯矩相对扭矩较小或只受扭矩时，$[\tau]$ 取较大值，C 取较小值；反之，$[\tau]$ 取较小值，C 取较大值。
    2. 当用 Q235 及 35SiMn 时，$[\tau]$ 取较小值，C 取较大值。

当计算的截面上开有一个键槽时，按式(13.2)计算出的直径应增大 4%～5%；当有两个键槽时，轴径应增大 7%～10%，然后按表 13.2 将直径圆整为标准值。

2. 按弯扭合成强度计算

对于承受较大弯矩的轴，按扭转强度初步计算出轴径并进行结构设计后，轴的支承位置和轴所受载荷大小、方向、作用点及载荷种类均已确定，支点反力及弯矩可以求得时，就可按弯扭合成强度对轴的强度进行校核。其步骤如下：

(1) 作轴的受力简图求支承反力

计算时把轴当作置于铰链支座上的梁，轴上零件传来的力通常作为集中力考虑，其作用点为零件轮缘宽度的中点。轴上转矩则从轮毂宽度的中点算起。轴的支承反力作用点可根据轴承的类型和布置方式来定。作出轴的受力简图后，如果轴上的载荷不在同一平面内，需将轴上的作用力分解到两个互相垂直的平面上，得到水平分力和垂直分力，并求出相应的水平面和垂直面的支承反力。

(2) 作弯矩图

分别作轴的水平面弯矩图、垂直面弯矩图及合成弯矩图，合成弯矩 M 的计算方式为

$$M = \sqrt{M_z^2 + M_y^2} \tag{13.3}$$

式中：M_y——水平面弯矩，N·mm；

M_z——垂直面弯矩，N·mm。

(3) 作轴的转矩图

(4) 作当量弯矩图

按第三强度理论计算各剖面上的当量弯矩,并作当量弯矩图。当量弯矩 M_e 的计算公式为

$$M_e = \sqrt{M^2 + (\alpha T)^2} \tag{13.4}$$

式中 α 是根据转矩性质而定的折合系数,其取值如下:

① 对于频繁正反转的轴,即对称循环变化的转矩,$\alpha = 1$。

② 当转矩脉动变化时

$$\alpha = \frac{[\sigma_{-1}]_b}{[\sigma_0]_b} \approx 0.6$$

③ 对于不变化的转矩

$$\alpha = \frac{[\sigma_{-1}]_b}{[\sigma_{+1}]_b} \approx 0.27$$

上两式中 $[\sigma_{-1}]_b$、$[\sigma_0]_b$、$[\sigma_{+1}]_b$ 分别为对称循环、脉动循环、静应力状态下的许用弯曲疲劳应力,可从表 13.4 中查取。

表 13.4 轴的许用弯曲应力

材料	σ_b/MPa	$[\sigma_{+1}]_b$/MPa	$[\sigma_0]_b$/MPa	$[\sigma_{-1}]_b$/MPa
碳素钢	400	130	70	40
	500	170	75	45
	600	200	95	55
	700	230	110	65
合金钢	800	270	130	75
	1 000	330	150	90
铸钢	400	100	50	30
	500	120	70	40

(5) 核算轴的强度或计算轴的直径

根据当量弯矩图判断危险截面位置时,可按强度条件核算:

$$\sigma = \frac{M_e}{W} = \frac{\sqrt{M^2 + (\alpha T)^2}}{W} \leqslant [\sigma_{-1}]_b \tag{13.5}$$

或计算轴的直径 d:

$$d \geqslant \sqrt[3]{\frac{M_e}{0.1[\sigma_{-1}]_b}} \tag{13.6}$$

式中：σ——轴计算截面上的工作应力，MPa；
M——轴计算截面上的合成弯矩，N·mm；
T——轴计算截面上的扭矩，N·mm；
W——轴计算截面上的抗弯截面系数，mm³。

抗弯截面系数 W 的取值如下：

① 实心圆轴

$$W \approx 0.1d^3$$

② 空心圆轴

$$\begin{cases} W \approx 0.1d^2(1-v^4) \\ v = \dfrac{d_0}{d} \end{cases}$$

式中：d_0——空心轴内径，mm；
v——轴的内外径比；
d——空心轴外径，mm。

例 13.1 一台装配工艺用的带式运输机以圆锥-圆柱齿轮减速器作为减速装置，如图 13.19 所示。试设计该减速器的输出轴。减速器输入轴与电机相连，输出轴通过联轴器与工作机相连，输出轴为单向旋转。已知电机功率 $P=10$ kW，转速 $n_1=1\,450$ r/min，齿轮机构的参数列于表 13.5。

解：

（1）求输出轴的功率 P_3、转速 n_3 和转矩 T

若取每级齿轮传动效率（包括轴承效率在内）$\eta=0.97$，则

$$P_3 = P\eta^2 = 10 \times 0.97^2 = 9.4 \text{(kW)}$$

$$i_{13} = \frac{z_2 z_4}{z_1 z_3} = \frac{95 \times 75}{23 \times 20} = 15.49$$

$$n_3 = \frac{n_1}{i_{13}} = \frac{1\,450}{15.49} = 93.6 \text{(r/min)}$$

$$T = 9.55 \times 10^6 \frac{P_3}{n_3} = 9.55 \times 10^6 \times \frac{9.4}{93.6}$$

$$\approx 959\,080 \text{(N·mm)}$$

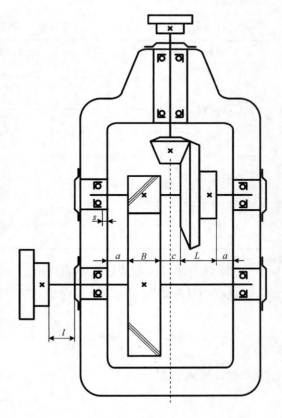

图 13.19 减速装置

表 13.5 齿轮机构的参数

级别	$z_1(z_3)$	$z_2(z_4)$	m_n/mm	m_t/mm	β	α_n	h_a^*	齿宽/mm
高速级	$z_3=20$	$z_4=75$		35		20°	1	$L=50$
低速级	$z_1=23$	$z_2=95$	4	4.040 4	8°06′34″	20°	1	$B_1=85$, $B_2=80$

（2）选择轴的材料，确定许用应力

选用 45 号钢，并经正火处理，由表 13.1 查得 $\sigma_b=590$ MPa，由表 13.4 查得其许用弯曲应力 $[\sigma_{-1}]_b=55$ MPa。

（3）按扭转刚度初步确定轴的最小直径

查表 13.3，取 $C=110$，根据式(13.2)得：

$$d \geqslant C\sqrt[3]{\frac{P_3}{n_3}} = 110 \times \sqrt[3]{\frac{9.4}{93.6}} \approx 51.2(\text{mm})$$

因为计算的截面上有键槽，需将轴径增大 4%，即 $d_{min}=51.2 \times 1.04=53.2$(mm)，输出轴的最小直径显然是安装联轴器处轴的直径 d_{I-II}，如图 13.20 所示。为了使所选轴径 d_{I-II} 与联轴器的孔径相适应，需同时选取联轴器。

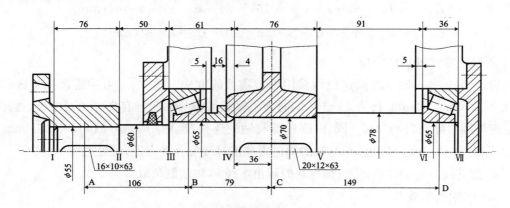

图 13.20 轴的结构与装配（尺寸单位：mm）

按转矩 $T=959\,080$ N·mm，查设计手册，选用 TL9 型弹性套柱销联轴器，其孔径 $d_1=55$ mm，故取 $d_{I-II}=55$ mm；半联轴器长 $L \leqslant 112$ mm，取 $L=112$ mm。

（4）轴的结构设计

① 拟订轴上零件的装配方案。

本题的装配方案按照图 13.20 实施。

② 根据轴向定位的要求确定轴各段的直径和长度。

a. 为了满足联轴器的轴向定位要求，I-II 轴段右端需制出一轴肩，故取 $d_{II-III}=60$ mm；左端用轴端挡圈定位，取挡圈直径 $D=65$ mm。因联轴器长 $L=112$ mm，而联轴器与轴的配合部分长度 $L_1=84$ mm，为了保证轴端挡圈只压在联轴器上而不压在轴的端面上,现取 $L_{\text{I-II}}=76$ mm。

b. 初步选择滚动轴承。因轴承同时受径向力和轴向力的作用,故选用单列圆锥滚子轴承 3313,其尺寸为 $d \times D \times T_b = 65$ mm $\times 140$ mm $\times 36$ mm,故 $d_{\text{III-IV}} = d_{\text{VI-VII}} = 65$ mm;$L_{\text{VI-VII}} = 36$ mm。

为了右端滚动轴承的轴向定位,需将 V-VI 段直径放大以构成轴肩,而轴承 3313 的定位轴肩高度最小为 6 mm,现取 $d_{\text{V-VI}} = 78$ mm。

考虑到箱体的铸造误差,装配时应留有余地,滚动轴承应距箱内边一段距离 S,取 $S = 5$ mm。

c. 取安装齿轮处的轴段 IV-V 的直径 $d_{\text{IV-V}} = 70$ mm。通过将齿轮左端用套筒顶住轴承来定位。已知齿轮轮毂长 $B_2 = 80$ mm,为了使套筒端面和齿轮轮毂端面紧贴以保证定位可靠,取 $L_{\text{IV-V}} = 76$ mm。齿轮的右端靠轴肩定位。

d. 轴承端盖的总宽度设计为 20 mm,根据轴承端盖的装拆要求,并为了方便对轴承添加润滑脂,取端盖的外端面与联轴器右端面间距为 30 mm,故取 $L_{\text{II-III}} = 50$ mm。

e. 设齿轮距箱体内壁距离为 a,圆锥齿轮与圆柱齿轮之间的距离为 c,取 $a = 16$ mm,$c = 20$ mm,则

$$L_{\text{III-IV}} = T_b + S + a + (80 - 76) = 36 + 5 + 16 + 4 = 61 \text{(mm)}$$

$$L_{\text{V-VI}} = L_{\text{II-III}} + c + a + S = 50 + 20 + 16 + 5 = 91 \text{(mm)}$$

③ 轴上零件的周向定位

齿轮、联轴器与轴的周向定位均采用平键连接的方法。按 $d_{\text{IV-V}}$ 由手册选择平键剖面 $b \times h = 20$ mm $\times 12$ mm,长为 63 mm,同时为了保证齿轮与轴配合有良好的对中性,选择齿轮轮毂与轴的配合为 H7/r6。同样,联轴器与轴的连接,选用 16 mm $\times 10$ mm $\times 63$ mm 的平键,配合为 H7/r6。滚动轴承与轴的周向定位借过渡配合来保证,此处选 m6。

④ 按前面所述的原则,定出轴肩处的圆角半径 r,轴端倒角取 $2 \times 45°$。

(5)求轴上的载荷

由所确定的轴的结构图可确定出简支梁的支承跨距为 $L_2 + L_3 = 79 + 149 = 228 \text{(mm)}$。据此求出齿轮所在截面 C 处的 M_H、M_V 及 M_e 的值。

① 确定轴上的作用力,画出轴的受力图

输出轴齿轮的分度圆直径为

$$d_2 = m_t z_4 = 4.0404 \times 95 = 383.84 \text{(mm)}$$

$$F_t = \frac{2T}{d_2} = \frac{2 \times 959\,080}{383.84} = 4\,997 \approx 5\,000 \text{(N)}$$

$$F_r = F_t \frac{\tan \alpha_n}{\cos \beta} = 5\,000 \times \frac{\tan 20°}{\cos 8°06'34''} \approx 1\,840 \text{(N)}$$

$$F_a = F_t \tan \beta = 5\,000 \times \tan 8°06'34'' \approx 715 \text{(N)}$$

式中 F_t 表示圆周力，F_r 表示径向力，F_a 表示轴向力。

圆周力 F_t、径向力 F_r 及轴向力 F_a 的方向如图 13.21(a)所示。

② 作水平面内的弯矩 M_H 图

支承反力 R_{H1} 及 R_{H2} 分别为

$$R_{H1} = F_t \frac{L_3}{L_2+L_3} = 5\ 000 \times \frac{149}{228} = 3\ 268(\text{N})$$

$$R_{H2} = 1\ 732\ \text{N}$$

则

$$M_H = R_{H1} L_2 = 3\ 268 \times 79 = 258\ 172(\text{N} \cdot \text{mm})$$

弯矩 M_H 图如图 13.21(b)所示。

③ 作垂直面内的弯矩 M_V 图[图 13.21(c)]

$$R_{V1} = F_r \frac{L_3}{L_2+L_3} + \frac{F_a d_2}{2(L_2+L_3)}$$

$$= 1\ 840 \times \frac{149}{228} + \frac{715 \times 383.84}{2 \times 228}$$

$$= 1\ 804(\text{N})$$

$$R_{V2} = F_r \frac{L_2}{L_2+L_3} - \frac{F_a d_2}{2(L_2+L_3)}$$

$$= 1\ 840 \times \frac{79}{228} - \frac{715 \times 383.84}{2 \times 228}$$

$$= 36(\text{N})$$

$$M_{V1} = R_{V1} L_2 = 1\ 804 \times 79 = 142\ 516(\text{N} \cdot \text{mm})$$

$$M_{V2} = R_{V2} L_3 = 36 \times 149 = 5\ 364(\text{N} \cdot \text{mm})$$

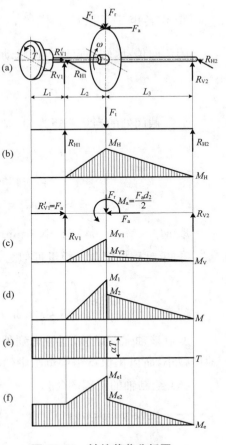

图 13.21 轴的载荷分析图

式中：R_{V1}——轴左侧支承反力；

R_{V2}——轴右侧支承反力；

M_{V1}——C 点左侧弯矩；

M_{V2}——C 点右侧弯矩。

④ 作合成弯矩图[图 13.21(d)]

截面 C 左侧的合成弯矩：

$$M_1 = \sqrt{M_H^2 + M_{V1}^2} = \sqrt{258\ 172^2 + 142\ 516^2} \approx 294\ 896(\text{N} \cdot \text{mm})$$

截面 C 右侧的合成弯矩：

$$M_2 = \sqrt{M_H^2 + M_{V2}^2} = \sqrt{258\ 172^2 + 5\ 364^2} \approx 258\ 228(\text{N} \cdot \text{mm})$$

⑤ 作转矩 T 图[以 αT 代替 T 作图 13.21(e)]

因单向传动,转矩可认为按脉动循环变化,所以校正系数 $\alpha = \dfrac{[\sigma_{-1}]_b}{[\sigma_0]_b} = 0.6$。

$$\alpha T = 0.6 \times 959\ 080 = 575\ 448(\text{N} \cdot \text{mm})$$

危险截面处的当量弯矩为

$$M_{e1} = \sqrt{M_1^2 + (\alpha T)^2} = \sqrt{294\ 896^2 + 575\ 448^2}$$
$$\approx 646\ 610(\text{N} \cdot \text{mm})$$
$$M_{e2} = M_2 = 258\ 228\ \text{N} \cdot \text{mm}$$

取 $M_e = M_{e1} = 646\ 610\ \text{N} \cdot \text{mm}$。

⑥ 单键槽抗弯截面模量近似为 $W \approx 0.1 d^3$,则由式(13.6)得

$$d \geqslant \sqrt[3]{\dfrac{M_e}{0.1[\sigma_{-1}]_b}} = \sqrt[3]{\dfrac{646\ 610}{0.1 \times 55}} \approx 50(\text{mm}) < 70\ \text{mm}$$

所以该轴强度足够,但考虑到外伸端直径为 55 mm 以及轴结构上的需要,不宜将 C 处轴径减小,所以仍保持结构草图中的尺寸,这样轴的刚度也较好。

(6) 绘制轴的工程图(略)

二、轴的刚度计算

轴在载荷作用下,将产生弯曲或扭转变形。若变形量过大而超过允许的限度,就会影响零件正常工作,甚至会破坏机器的正常工作性能。因此,轴必须具有足够的刚度。轴的刚度分为弯曲刚度和扭转刚度。

1. 轴的弯曲刚度

轴的弯曲刚度用挠度和转角来度量。例如安装齿轮上的轴时,当挠度和转角超过限度时,齿轮的正常啮合会受影响,使齿轮在齿宽和齿高方向接触不良,造成载荷集中,也会使滚动轴承内外圈相对倾斜,如内外圈相对偏转角超过轴承的允许转角,轴承寿命将显著降低。如机床主轴的过大变形会影响机床的加工精度。因此,要求轴必须有足够的弯曲刚度。

轴的挠度 y 和转角 θ 按材料力学中的公式和方法计算,且结果应满足如下条件:

$$y \leqslant [y] \tag{13.7}$$

$$\theta \leqslant [\theta] \tag{13.8}$$

式中:$[y]$——许用挠度,mm;

$[\theta]$——许用转角,rad。

一般机械制造业中所用的轴的变形许用值列于表 13.6 中。

表 13.6 轴的许用挠度和许用转角

适用范围	许用挠度$[y]$/mm	适用范围	许用转角$[\theta]$/rad
一般用途的轴	$(0.0003\sim0.0005)L$	滑动轴承处	$\leqslant 0.001$
刚度要求较高的轴	$0.0002L$	深沟球轴承处	$\leqslant 0.005$
电动机轴	0.1Δ	圆柱滚子轴承处	$\leqslant 0.0025$
安装齿轮的轴	$(0.01\sim0.05)m_n$	圆锥滚子轴承处	$\leqslant 0.0016$
安装涡轮的轴	$(0.02\sim0.05)m_t$	安装齿轮处	$\leqslant 0.002\sim0.001$

注:表中,L 表示支承间跨距;Δ 表示电动机定子与转子间的间隙;m_n 表示齿轮法面模数;m_t 表示蜗轮端面模数。

2. 轴的扭转刚度

在某些机器中,轴的扭转变形会影响机器的工作精度和性能。如车床丝杠的扭转角过大会影响加工精度;内燃机凸轮轴的扭转角过大会影响气阀的正确启闭时间;镗床主轴的扭转角过大会引起扭转振动,影响工件精度和粗糙度等。轴的扭转变形用每米轴长的扭转角 φ 来表示:

$$\varphi \leqslant [\varphi] \tag{13.9}$$

式中 $[\varphi]$ 表示许用扭转角,对于一般传动的轴,$[\varphi]$ 为 $0.5\sim1(°)/\mathrm{m}$;对于较精密的传动轴,取 $[\varphi]$ 为 $0.25\sim0.5(°)/\mathrm{m}$;对于重要传动的轴,取 $[\varphi]<0.25(°)/\mathrm{m}$。

习 题

1. 根据承载的情况,轴可分为哪三类?每一类是如何定义的?
2. 为了提高轴的刚度,将轴的材料由 45 号钢改为合金钢是否有效?为什么?
3. 轴上零件的轴向定位有哪几种方法?每种方法各有何特点?
4. 在下图所示轴系结构中,在其他错误处按示例①方式编号,并说明错误原因(不少于 7 处)。(注:不考虑轴承的润滑方式以及图中的倒角和圆角。)

示例:①—缺少调整垫片。

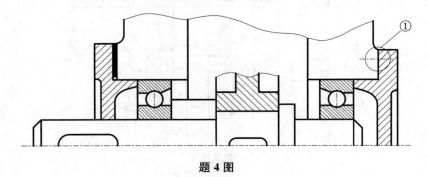

题 4 图

5. 下图所示为减速器输出轴结构,其中齿轮采用油润滑,轴承采用脂润滑。指出该结构的不合理之处,并说明原因。

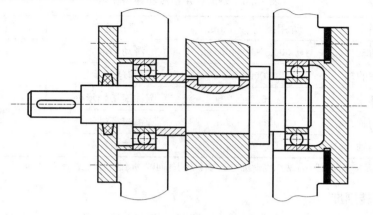

题 5 图

6. 下图所示为一轴系结构,试确定结构中的不合理之处,并说出原因。

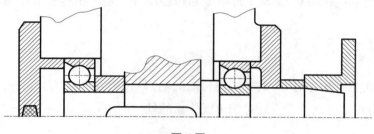

题 6 图

7. 在下图所示轴系结构不合理位置处编号(不少于 7 处),并指出其不合理原因。(注:不考虑轴承的润滑方式以及图中的倒角和圆角。)

示例:①—缺少调整垫片。

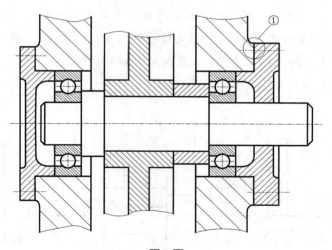

题 7 图

第十四章 轴 承

轴承是轴系中的重要部分,其功用是支承轴及轴上零件并保证轴的旋转精度,减少转动轴与固定支承间的摩擦和磨损。根据轴承中的摩擦性质不同,可把轴承分为滑动轴承和滚动轴承两大类。

滑动轴承承载能力高、噪声小、径向尺寸小,其油膜有一定的吸振能力,但一般情况下摩擦大、磨损严重。具有特殊结构的滑动轴承设计、制造、维护费用较高。滑动轴承具有的独特的优点,使得它在某些场合仍占有重要地位。目前,滑动轴承主要应用于滚动轴承难以满足工作要求的场合,如工作转速特高的场合;要求对轴的支承位置特别精确的场合;特重型的场合;承受巨大冲击的振动载荷场合;根据装配要求必须做成剖分式的场合;在特殊的工作条件下(如在水中或腐蚀性介质中)工作的场合;安装轴承的径向空间尺寸受到限制的场合等。

滚动轴承依靠主要元件间的滚动接触来支承转动零件,其摩擦方式属于滚动摩擦,而滑动轴承的摩擦方式属于滑动摩擦。滚动轴承摩擦阻力小,启动容易,功率消耗少,而且已经标准化,选用、润滑、维护都很方便,因而在一般机器中得到了广泛的应用。

第一节 滑 动 轴 承

滑动轴承的类型很多,按其受载方向的不同,可分为径向滑动轴承(承受径向载荷)和推力滑动轴承(承受轴向载荷)。根据其滑动表面间润滑状态的不同,可分为液体润滑轴承、不完全液体润滑轴承和自润滑轴承。根据液体润滑承载机理的不同,又可分为液体动力润滑轴承(简称液体动压轴承)和液体静压润滑轴承(简称液体静压轴承)。本节仅讨论径向滑动轴承和推力滑动轴承。

一、径向滑动轴承的结构

滑动轴承通常由两部分组成:由钢或铸铁等强度较高材料制成的轴承座和由铜合金、铝合金或轴承合金等减摩材料制成的轴瓦(或轴套)。

径向滑动轴承有两种结构形式:整体式和剖分式。图 14.1 所示为常见的整体式滑动轴承结构。在该轴承中,套筒式轴瓦(或轴套)压装在轴承座中(对于某些机器,也可直接压装在机体孔中),润滑油通过轴套上的油孔和内表面上的油沟进入摩擦面。这种轴承的优点是结构简单、制造方便、刚度较大;缺点是轴瓦磨损后间隙无法调整,轴颈只能从端部装入。因此,它仅适用于轴颈不大,低速轻载的机械。

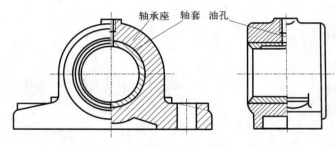

图 14.1 整体式滑动轴承

图 14.2 所示为剖分式滑动轴承结构,它由轴承座、轴承盖、剖分式轴瓦、螺栓等组成。多数轴承的剖分面是水平的,也有斜开的。选用时应保证轴承所受径向载荷的方向在垂直于剖分面的轴承中心线左右各 35°范围以内。

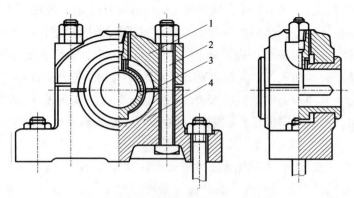

1—轴承盖;2—螺栓;3—轴瓦;4—轴承座

图 14.2 剖分式滑动轴承

为了安装时盖与座能准确定位,轴承盖和轴承座的剖分面上常做出阶梯形的榫口。剖分式滑动轴承装拆方便,轴瓦磨损后间隙可以调整,其应用广泛,并已标准化。

二、推力滑动轴承的结构

推力滑动轴承的结构形式有实心式、空心式、单环式、多环式,如图 14.3 所示。

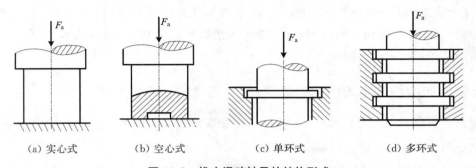

(a) 实心式　　(b) 空心式　　(c) 单环式　　(d) 多环式

图 14.3 推力滑动轴承的结构形式

(1) 实心式：支承面上各点的线速度不同，离中心越远的点，相对滑动速度越大；支承面上压强分布极不均匀，中心处压强最大，线速度为零，对润滑很不利，导致支承面磨损极不均匀。因此实心式使用较少，一般机器中多采用空心轴颈和环式轴颈。

(2) 空心式：支承面上压强分布较均匀，润滑条件有所改善。

(3) 单环式：利用轴环的端面止推，结构简单，可以利用纵向油沟输入润滑油，润滑方便，广泛用于低速、轻载的场合。

(4) 多环式：特点同单环型，可承受较单环式更大的载荷，也可承受双向轴向载荷。

对于尺寸较大的平面推力轴承，为了改善轴承的性能，便于形成液体摩擦状态，可设计成多油楔形状结构。

三、轴瓦

1. 轴瓦的结构

轴瓦是直接与轴颈接触的部分，它的工作面既是承载表面又是摩擦表面，故轴瓦是滑动轴承中最重要的零件，它的结构形式和性能将直接影响轴承的寿命、效率和承载能力。

径向滑动轴承轴瓦的结构如图14.4所示，分为整体式、剖分式和分块式轴瓦三种。整体式轴瓦(也称轴套)用于整体式滑动轴承；剖分式轴瓦用于剖分式滑动轴承；分块式轴瓦便于运输、装配和调整，因此一般适用于大型滑动轴承。

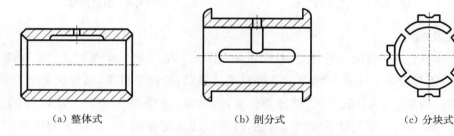

图 14.4　径向滑动轴承轴瓦结构

整体式轴瓦按材料及制法不同，可分为整体轴套[图14.4(a)]和单层、双层或多层材料制成的卷制轴套(图14.5)。

剖分式轴瓦有厚壁轴瓦和薄壁轴瓦之分。厚壁轴瓦用铸造方法制造。精压机主机中连杆的滑动轴

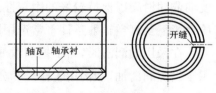

图 14.5　卷制轴套

承采用的是厚壁剖分式轴瓦，该轴瓦转速不高，采用铜基合金铸造。薄壁轴瓦采用双金属板连续轧制，其质量稳定、成本低，但刚性小，受力后其形状完全取决于轴承座的形状，因此，轴瓦和轴承座均需精密加工。薄壁轴瓦在汽车发动机、柴油机上得到了广泛应用。

要求较高的剖分式轴瓦常常在内表面附有轴承衬，如可将轴承合金用离心铸造法浇注在铸铁、钢或青铜轴瓦的内表面上。为使轴承合金与轴瓦贴附得更好，可在轴瓦内表面上

制出各种形式的榫头、凹沟或螺纹,如图 14.6 所示。

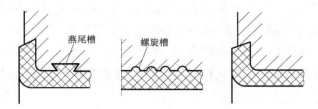

图 14.6 浇铸轴承衬的轴瓦

2. 轴瓦的定位

轴瓦和轴承座不允许有相对移动。为了防止轴瓦沿轴向和同向移动,可将其两端做出凸缘来作轴向定位,也可用紧定螺钉(图 14.7)或销钉(图 14.8)将其固定在轴承座上。

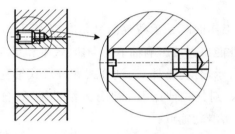
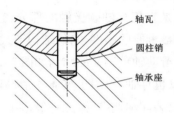

图 14.7 紧定螺钉定位　　　　　图 14.8 销钉定位

3. 油孔及油沟

滑动轴承润滑方式有油润滑、脂润滑和固体润滑剂润滑三类。润滑方式的选择除了与速度有关外,还与受载大小及其他环境条件有关。轻载、高速条件下,选黏度低的润滑油,以减少润滑油的发热。高温、重载、低速条件下,选黏度高的润滑油或润滑脂,以利于形成油膜。润滑间隙小时应选用低黏度的润滑油,以保证油能充分流入。间隙大时应选用高黏度的润滑油,以避免油的流失。对于垂直润滑面、升降丝杆、开式齿轮、链条等,可采用高黏度油或润滑脂以保持较好的附着性。多尘、潮湿环境下宜采用抗水的润滑脂。酸性化学介质环境下及真空辐射条件下常选用固体润滑剂。

在采用油润滑时,为了把润滑油导入整个摩擦面之间,轴瓦上应开有油孔和油沟,油孔用于供应润滑油,油沟用于输送和分布润滑油。油孔和油沟应开设在非承载区。

常见油沟的形状如图 14.9 所示。为了使润滑油能均匀地分布在整个轴颈长度上,油沟

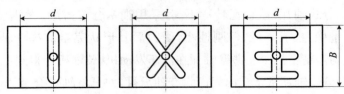

图 14.9 常用油沟形状

轴向应有足够长度,一般取轴瓦长度的80%,但不应开通,油沟的长度均较轴承宽度小,以便在轴瓦两端留出封油面,防止润滑油从端部大量流失。润滑油通过轴承盖上的油嘴、油孔和轴瓦上的油沟流入轴承的润滑摩擦面。轴瓦宽度与轴颈直径之比 B/d 称为宽径比,它是径向滑动轴承的重要参数之一。对于液体摩擦的滑动轴承,常取 $B/d=0.5\sim1$;对于非液体摩擦的滑动轴承,常取 $B/d=0.8\sim1.5$,有时可以更大些。

当载荷方向变动范围超过180°时,应采用周向油沟。它设在轴承宽度中部,把轴承分为两个独立部分。当宽度相同时,设有周向油沟轴承的承载能力低于设有轴向油沟轴承的承载能力。

四、轴瓦和轴承衬的材料

滑动轴承的轴瓦和轴承衬的材料统称为轴承材料。常用的轴承材料主要有金属材料(如轴承合金、铜合金、铝基合金和铸铁等)、粉末冶金材料和非金属材料(如工程塑料、碳-石墨等),各材料使用性能和用途如表14.1所示。

表14.1 常用轴承材料的性能及用途

材料	牌号	$[p]$/MPa	$[v]$/(m·s^{-1})	$[pv]$/(MPa·m·s^{-1})	轴颈硬度 HBS	备注
铸造青铜	ZCuSn10P1	15	10	15	300~400	磷锡青铜,用于重载、中速高温及冲击条件下工作的轴承
	CuPb5Sn5Zn5	8	3	15		锡锌铅青铜,用于中载、中速工作的轴承
	ZCuAl10Fe3	15	4	12	300	铝铁青铜,用于受冲击载荷处,轴承温度可至300℃。轴颈需淬火
	ZCuPb30	25	12	30	300	铅青铜,浇注在钢轴瓦上做轴衬,可受很大的冲击载荷
铸锡基轴承合金	ZSnSb11Cu6	25(平稳)	80	20	150	用作轴承衬,用于重载高速,温度低于110℃的重要轴承
		20(冲击)	60	15		
铸铅基轴承合金	ZPbSb16Sn16Cu2	15	12	10	150	用于不剧变的重载、高速的轴承,如车床、发电机、压缩机、轧钢机等的轴承,温度低于120℃

注:$[p]$、$[v]$、$[pv]$ 分别表示许用压强、许用速度、许用压强和许用速度的乘积。

轴承合金又称巴氏合金或白合金,是锡、铅、锑、铜的合金,它以锡或铅做基体,其内含有锑锡(Sb-Sn)、铜锡(Cu-Sn)的硬晶粒。硬晶粒起抗磨作用,软基体则能增加材料的塑性。轴承合金的弹性模量和弹性极限都很低,在所有轴承材料中,它的嵌入性及摩擦顺应性最好,很容易和轴颈磨合,也不易与轴颈发生咬粘。但轴承合金的强度很低,不能单独制作轴瓦,只能贴附在青铜、钢或铸铁轴瓦上做轴承衬。轴承合金适用于重载、中高速场合,价格较贵。

铜合金具有较高的强度,较好的减摩性和耐磨性。青铜的性能比黄铜好,是最常用的材料。青铜有锡青铜、铅青铜和铝青铜等,其中锡青铜的减摩性最好,应用较广。但锡青铜比轴承合金硬度高,磨合性及嵌入性差,适用于重载及中速场合。铅青铜抗黏附能力强,适用于高速、重载轴承。铝青铜的强度及硬度较高,抗黏附能力较差,适用于低速、重载轴承。

铝基轴承合金有相当好的耐蚀性和较高的疲劳强度,摩擦性能亦较好。这些品质使铝基合金能在部分领域取代较贵的轴承合金和青铜。铝基合金可以制成单金属零件(如轴套、轴承等),也可制成双金属零件,双金属轴瓦以铝基合金为轴承衬,以钢做衬背。

普通灰铁或球墨铸铁都可以用作轴承材料。铸铁性脆、磨合性差,故只适用于轻载低速和不受冲击载荷的场合。

粉末冶金材料是不同的金属粉末经压制烧结而成的多孔结构材料。其孔隙占体积的10%～35%,可储存润滑油,故粉末冶金材料制成的轴承又称为含油轴承。含油轴承具有自润滑性。工作时,由于轴颈转动的抽吸作用及轴承发热时油的膨胀作用,油便进入摩擦表面间起润滑作用;不工作时,因毛细管作用,油便被吸回到轴承内部,故在相当长时间内,即使不加润滑油轴承仍能很好地工作。但含油轴承韧性差,宜用于载荷平稳、低速和加油不方便的场合。

非金属材料中应用最多的是各种塑料(聚合物材料),如酚醛树脂、尼龙、聚四氟乙烯等。聚合物与许多化学物质不起反应,抗腐蚀能力特别强,也具有一定的自润滑性,可以在无润滑条件下工作,嵌入性、减摩性及耐磨性都比较好。

第二节　滚动轴承

一、滚动轴承概述

滚动轴承是现代机器中广泛应用的支承结构之一,它是依靠主要元件间的滚动接触来支承转动零件的。滚动轴承一般由内圈、外圈、滚动体、保持架等组成,如图 14.10 所示。滚动轴承的特点是旋转精度高、启动力矩小、选用方便。

按滚动体的形状分,滚动轴承可分为球轴承和滚子轴承。滚子形状又分圆柱滚子、圆锥滚子、滚针、鼓形滚子,如图 14.11 所示。

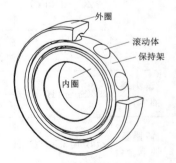

图 14.10　滚动轴承的结构

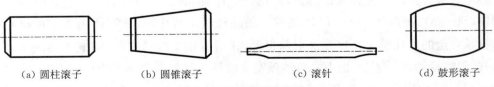

(a) 圆柱滚子　　(b) 圆锥滚子　　(c) 滚针　　(d) 鼓形滚子

图 14.11　滚子的类型

二、滚动轴承的分类

滚动轴承滚动体与外圈滚道接触点（线）处的法线 N-N 与直径方向的夹角 α 叫作轴承的接触角，如图 14.12(a) 所示。接触角 α 越大，轴承轴向承载能力也越大。根据接触角的大小，可以把滚动轴承分成两大类：向心轴承和推力轴承。

(1) 向心轴承的接触角范围是 $0° \leqslant \alpha \leqslant 45°$，其主要承受径向载荷。向心轴承如图 14.12(b) 所示。

(2) 推力轴承的接触角范围是 $45° < \alpha \leqslant 90°$，主要承受轴向载荷。推力轴承如图 14.12(c) 所示。

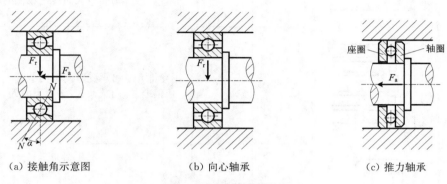

(a) 接触角示意图　　　　(b) 向心轴承　　　　(c) 推力轴承

图 14.12　滚动轴承分类

三、滚动轴承的结构和代号

在实际应用中，滚动轴承的结构形式有很多。在国家标准中，标准的滚动轴承分为 13 类，表 14.2 中列出了常用的几种滚动轴承。

表 14.2　常用滚动轴承

轴承类型	轴承类型简图	类型代号	极限转速	允许角偏差	特性
深沟球轴承		6	高	$8'\sim10'$	主要承受径向载荷，也可同时承受少量双向轴向载荷；摩擦阻力小，结构简单，价格便宜，应用最广泛
圆锥滚子轴承		3	中	$2'$	能承受较大的径向载荷和轴向载荷；内、外圈可分离，故轴承游隙可在安装时调整，通常成对使用，对称安装

(续表)

轴承类型	轴承类型简图		类型代号	极限转速	允许角偏差	特性
角接触球轴承			7	较高	2′～10′	能同时承受径向载荷与轴向载荷,接触角有 15°、25°、40°三种;适用于转速较高、同时承受径向载荷和轴向载荷的场合
推力球轴承	单向		5(5100)	低	不允许有角偏差	只能承受单向轴向载荷,适用于轴向力大而转速较低的场合
	双向		5(5200)	低	不允许有角偏差	可承受双向轴向载荷,常用于轴向载荷大、转速不高处
圆柱滚子轴承			N	较高	2′～4′	只能承受径向载荷,不能承受轴向载荷;承受载荷能力比同尺寸的球轴承大,尤其是承受冲击载荷能力大
调心球轴承			1	中	2°～3°	主要承受径向载荷,也可同时承受少量的双向轴向载荷,外圈滚道为球面,具有自动调心性能;适用于弯曲刚度小的轴
滚针轴承	(a)		(a) NA	低	不允许有角偏差	只能承受径向载荷,承载能力大,径向尺寸小;一般无保持架,因而滚针间有摩擦,轴承极限转速低。这类轴承不允许有角偏差,图(a)带内圈,图(b)不带内圈
	(b)		(b) RA			

常用的各类滚动轴承中的每一种类型又可有几种不同的结构尺寸和公差等级,以适应不同的技术要求。为了统一表征各类轴承的特点,便于组织生产和选用,GB/T 272—2017 规定了轴承代号的表示方法。滚动轴承的代号由基本代号、前置代号、后置代号组成,用字母和数字表示,如表 14.3 所示。

表 14.3 滚动轴承代号的排列顺序

前置代号	基本代号					后置代号						
	五	四	三	二	一							
		尺寸系列代号										
轴承的分部件代号	类型代号	宽度系列代号	直径系列代号	内径代号		内部结构代号	密封与防尘结构代号	保持架及其材料代号	特殊轴承材料代号	公差等级代号	游隙代号	多轴承配置代号	其他代号

(1) 基本代号:表示轴承的类型与尺寸等主要特征。基本代号共五位,分别表示轴承的内径、尺寸系列和类型。

① 内径代号用两个数字表示,一般内径代号×5=内径。特殊情况:代号 00、01、02、03 分别表示内径为 10 mm、12 mm、15 mm、17 mm。

② 尺寸系列代号用于区别内径相同但外径和宽度不同的轴承,如图 14.13 所示。其中,直径系列代号:0、1 表示特轻系列,2 表示轻系列,3 表示中系列,4 表示重系列。宽度系列代号:0 表示窄系列,1 表示正常系列,2 表示宽系列。宽度系列为"0"时,通常不标注。但对于圆锥滚子轴承(3 类)和调心滚子轴承(2 类),不能省略"0"。

例如代号 6206 中,06 为内径代号,表示该轴承内径为 30 mm;尺寸系列代号为 02,其中,宽度系列代号为 0(代号中已省略),直径系列代号 2,表示该轴承为轻系列。

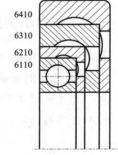

图 14.13 相同内径下的滚动轴承直径系列对比

③ 类型代号用基本代号右起第五位数字或字母表示。

(2) 前置代号:表示轴承的分部件,用字母表示。如 L 表示分离轴承的可分离套圈;K 表示轴承的滚动体与保持架组件等。例如 LNU207,K81107。

(3) 后置代号:表示轴承的精度与材料结构的特征。在后置代号中,应该掌握下面几类常用代号。

① 内部结构代号:表示同一类型轴承的不同内部结构,用字母紧跟着基本代号表示。如:接触角为 15°、25°和 40°的角接触球轴承分别用 C、AC 和 B 表示。

② 公差等级代号:/P2、/P4、/P5、/P6(P6x)和 P0,分别表示轴承的公差等级为 2 级、4 级、5 级、6 级(6x 级)和 0 级,共 5 个级别,依次由高级到低级。6x 级仅适用于圆锥滚子轴承。0 级为普通级,在轴承代号中常不标出。

③ 游隙代号:/C1、/C2、/C0、/C3、/C4、/C5 分别表示轴承径向游隙系列为 1 组、2 组、0

组、3组、4组和5组,共6个组别,径向游隙依次由小到大。0组游隙是常用的游隙组别,在轴承代号中常不标出。

举例说明:

6308:6表示深沟球轴承,3表示中系列,08表示内径$d=40$ mm,公差等级为"0"级,游隙组为"0"组。

N105/P5:N表示圆柱滚子轴承,1表示特轻系列,05表示内径$d=25$ mm,公差等级为5级,游隙组为"0"组。

7214C/P4:7表示角接触球轴承,2表示轻系列,14表示内径$d=70$ mm,公差等级为4级,游隙组为"0"组,公称接触角$\alpha=15°$。

滚动轴承代号比较复杂,上述代号仅为最常用的、最有规律的部分。具体应用时,若遇到看不懂的代号,可查阅相关轴承手册。

第三节　滚动轴承的选择计算

滚动轴承是标准零件,机械设计时应正确选择滚动轴承的类型与规格。

一、滚动轴承类型选择

选择滚动轴承类型时应考虑以下几方面因素。

1. 轴承所受的载荷大小、方向

这是选择轴承类型的主要依据。通常,球轴承主要元件间的接触方式是点接触,其适用于中小载荷及载荷波动较小的场合;滚子轴承主要元件间的接触是线接触,其宜用于承受较大载荷的场合。

若轴承承受纯轴向载荷,一般选用推力轴承;若轴承承受纯径向载荷,一般选用深沟球轴承、圆柱滚子轴承或滚针轴承;当轴承在承受径向载荷的同时,还承受较小的轴向载荷,可选用深沟球轴承或接触角不大的角接触球轴承或圆锥滚子轴承;当轴向载荷较大时,可选用接触角较大的角接触球轴承或圆锥滚子轴承,或者选用向心轴承和推力轴承组合在一起的结构,向心轴承和推力轴承分别承担径向载荷和轴向载荷。

2. 轴承的转速

转速较高、载荷较小、要求旋转精度较高时,宜选用球轴承;转速较低、载荷较大、有冲击载荷时,宜选用滚子轴承。

推力轴承的极限转速很低。工作转速较高时,若轴向载荷不是很大,可采用角接触球轴承承受纯轴向载荷。

3. 轴承的调心性能

当轴的中心线与轴承座中心线不重合而有角度误差时,或轴受力弯曲或倾斜使轴承的内外圈轴线发生偏斜时,应采用有一定调心性能的调心球轴承或调心滚子轴承。对于支点跨距大、轴的弯曲变形大或多支点轴,也可考虑选用调心轴承。

4. 轴承的安装和拆卸

当轴承座没有剖分面而必须沿轴向安装和拆卸轴承部件时,应优先选用内外圈可分离的轴承(如圆柱滚子轴承、滚针轴承、圆锥滚子轴承等)。当轴承在长轴上安装时,为了便于装拆,可以选用内圈孔为圆锥孔的轴承。

5. 经济性要求

一般情况下,滚子轴承比球轴承价格高,深沟球轴承价格最低,常被优先选用。轴承精度愈高,则价格愈高,若无特殊要求,轴承的公差等级一般选用普通级。

二、滚动轴承失效形式

滚动轴承最常见的失效形式是滚动体或内外圈滚道上的疲劳点蚀破坏。实践证明,有适当的润滑和密封,安装和维护条件正常时,绝大多数轴承由于滚动体沿着内外圈滚道滚动,在相互接触的表层会产生变化的接触应力,经过一定次数循环后,此应力会导致表层微观裂缝扩展,微观裂缝被渗入润滑油挤裂会引起点蚀。轴承发生点蚀破坏后,在运转时会出现较强的振动、噪声并出现发热现象。通常我们将点蚀作为滚动轴承校核计算的依据。此外,轴承还可能发生其他多种形式的失效,如磨损、塑性变形(静载荷和冲击载荷下)等,这些一般可以通过合理使用与维护来避免。

三、滚动轴承疲劳寿命的校核计算

1. 基本额定寿命和基本额定动载荷

滚动轴承的任一个套圈或滚动体的材料首次出现疲劳扩展迹象前,轴承转过的总转数或在某一转速下的工作小时数,称为轴承的寿命。对同一批生产的同一型号的轴承,由于材料、热处理和工艺等很多随机因素的影响,即使在相同条件下运转,轴承寿命也不一样,有的可相差几十倍。因此,对一个具体轴承,很难预知其确切的寿命,但通过大量的轴承寿命试验可以得到可靠性与寿命之间的关系。可靠性常用可靠度 R 度量。一组相同轴承能达到或超过规定寿命的百分率,称为轴承寿命的可靠度。图 14.14 所示为某型号滚动轴承的寿命曲线,当寿命 L 为 1×10^6 r 时可靠度 R 为 90%;L 为 5×10^6 r 时,可靠度 R 为 50%。

在相同的工作条件下对同一批轴承(结构、尺寸、材料及加工工艺完全相同)进行寿命试验

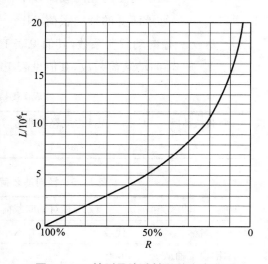

图 14.14 某型号滚动轴承的寿命曲线

时,可能每个滚动轴承的疲劳寿命会相差很大,但总有一个寿命,是其中 90% 的轴承都能达到的,工程上把这个寿命称为轴承的基本额定寿命。即基本额定寿命是指 90% 的轴承在发生点蚀破坏前所能运转的总转数(以 10^6 r 为单位)。对每一个具体的轴承,它在基本额定寿命期内能正常工作的概率是 90%。所以,也可以说基本额定寿命是具有 90% 可靠度的轴承寿命。

滚动轴承的承载能力计算主要是指轴承的寿命计算,轴承的寿命值与所受载荷的大小密切相关。在工程实际中,通常以轴承的基本额定动载荷来衡量轴承的承载能力。轴承的基本额定动载荷是指使轴承的基本额定寿命恰好为 100 万 r 时,轴承所能承受的最大载荷值。基本额定动载荷是通过试验得出来的,不同轴承的基本额定动载荷定义分别为:对于向心轴承或向心推力轴承,指内圈旋转、外圈静止时的纯径向载荷,称为径向基本额定动载荷,用 C_r 表示;对于推力轴承,指过轴承中心的纯轴向载荷,称为轴向基本额定动载荷,用 C_a 表示。不同型号的轴承有不同的基本额定动载荷值,它表征了不同型号轴承承载能力的大小,其值可在滚动轴承手册中查得。

2. 滚动轴承的当量动载荷

轴承在基本额定动载荷下所具有的基本额定寿命为 100 万 r,那么轴承在实际载荷下所具有的实际基本额定寿命是多少呢?显然,二者的寿命换算比较,必须在相同的载荷条件下进行。为此,必须将轴承的实际载荷换算成与基本额定动载荷试验条件相同情况下的载荷。

换算后的载荷称为当量动载荷,是一个假想载荷,用 P 表示。当量动载荷 P 的计算公式是:

$$P = f_p(XF_r + YF_a) \tag{14.1}$$

式中:f_p——载荷修正系数,其值见表 14.4;

F_r——轴承所受的径向载荷,N;

F_a——轴承所受的轴向载荷,N;

X——径向动载荷系数,其值见表 14.5;

Y——轴向动载荷系数,其值见表 14.5。

表 14.4 载荷修正系数

载荷性质	无冲击或轻微冲击	中等冲击或中等惯性力	较大冲击
f_p	1.0~1.2	1.2~1.8	1.8~3.0

表 14.5 径向动载荷系数 X 和轴向动载荷系数 Y

轴承类型		相对轴向载荷	$F_a/F_r \leq e$		$F_a/F_r > e$		判断系数 e
名称	代号	F_a/C_{0r}	X	Y	X	Y	
圆锥滚子轴承	30000	—	1	0	0.4	(Y)	(e)

(续表)

轴承类型		相对轴向载荷	$F_a/F_r \leq e$		$F_a/F_r > e$		判断系数 e
名称	代号	F_a/C_{0r}	X	Y	X	Y	
深沟球轴承	60000	0.014 0.028 0.056 0.084 0.11 0.17 0.28 0.42 0.56	1	0	0.56	2.30 1.99 1.71 1.55 1.45 1.31 1.15 1.04 1.00	0.19 0.22 0.26 0.28 0.30 0.34 0.38 0.42 0.44
角接触球轴承	70000C	0.015 0.029 0.058 0.087 0.120 0.170 0.290 0.440 0.580	1	0	0.44	1.47 1.40 1.30 1.23 1.19 1.12 1.02 1.00 1.00	0.38 0.40 0.43 0.46 0.47 0.50 0.55 0.56 0.56
	70000AC		1	0	0.41	0.87	0.68
	70000B		1	0	0.35	0.57	1.14

注：1. C_{0r} 为轴承的径向基本额定静载荷，可从轴承手册中查取。
2. 表中括号内的系数 Y 和 e 的详值应查轴承手册，对不同型号的轴承，有不同的值。

3. 滚动轴承疲劳寿命计算

根据对滚动轴承寿命试验数据的拟合处理，可得滚动轴承的寿命计算公式为

$$L_h = \frac{10^6}{60n}\left(\frac{f_t C}{P}\right)^\varepsilon \qquad (14.2)$$

式中：L_h——滚动轴承寿命，h；
C——滚动轴承的基本额定动载荷，N；
P——滚动轴承的当量动载荷，$P = f_p(XF_r + YF_a)$，N；
n——滚动轴承的工作转速，r/min；
ε——计算指数，对于球轴承 $\varepsilon = 3$，对于滚子轴承 $\varepsilon = 10/3$；
f_t——温度修正系数，其值见表 14.6。

表 14.6 温度修正系数

轴承工作温度/℃	≤120	125	150	175	200	225	250	300	350
f_t	1.00	0.95	0.90	0.85	0.80	0.75	0.70	0.60	0.50

向心推力轴承在承受径向载荷时,轴承内部会产生附加轴向力,应成对使用。向心推力轴承有两种不同的安装方式:(1)正装,又称"面对面"安装,如图14.15(a)所示;(2)反装,又称"背靠背"安装,如图14.15(b)所示。

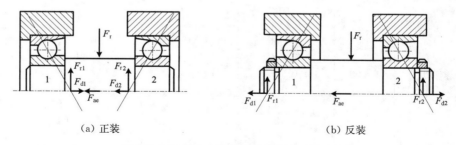

(a) 正装　　　　　　　　　　　　　　(b) 反装

图 14.15　向心推力轴承载荷的分布

为了分析方便,可绘制轴承的正装或反装简化示意图,图14.16(a)和(b)为角接触球轴承的安装方式简化示意图,图14.16(c)和(d)为圆锥滚子轴承的安装方式简化示意图。

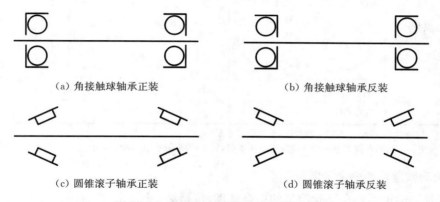

(a) 角接触球轴承正装　　　　　　　　(b) 角接触球轴承反装

(c) 圆锥滚子轴承正装　　　　　　　　(d) 圆锥滚子轴承反装

图 14.16　各类轴承安装方式简化示意图

4. 向心推力轴承的轴向载荷 F_a

现以"面对面"安装方式为例,说明轴向载荷的计算方式。图14.15(a)中,F_{ae}为外加轴向力,F_{d1}、F_{d2}为派生的内部轴向力,按表14.7进行计算。轴和轴承内圈一般采用紧配合,故可视为一体,轴承外圈与机架为一体。

表 14.7　向心推力轴承的派生轴向力

轴承类型	圆锥滚子轴承	角接触球轴承		
		70000C($\alpha=15°$)	70000AC($\alpha=25°$)	70000B($\alpha=40°$)
派生轴向力	$F_d = F_r/(2Y)$	$F_d = eF_r$	$F_d = 0.68F_r$	$F_d = 1.14F_r$

注:Y是对应表14.5中$F_a/F_r > e$的Y值;e值查表14.5;α是接触角。

假设$F_{d2} + F_{ae} > F_{d1}$,则轴有左移的趋势。在轴承1处,轴与轴承内圈将滚动体向轴承外圈挤压,压紧力为$(F_{d2} + F_{ae} - F_{d1})$,此时,轴承1被压紧,可称其为压紧端,压紧端的轴向力为外部压紧力与内部轴向力之和,即 $F_{a1}=(F_{d2}+F_{ae}-F_{d1})+F_{d1}=F_{d2}+F_{ae}$；而轴承2的滚动体未受到任何外部轴向压力,与轴承外圈有分离的趋势,此时,轴承2被放松,可称其为放松端,放松端的轴向力仅为其内部轴向力,即 $F_{a2}=F_{d2}$。

同理,假设 $F_{d2}+F_{ae}<F_{d1}$,则轴有右移的趋势。在轴承2处,轴与轴承内圈将滚动体向轴承外圈挤压,压紧力为 $F_{d1}-(F_{d2}+F_{ae})$,轴承2为压紧端,其轴向力为外部压紧力与内部轴向力之和,即 $F_{a2}=[F_{d1}-(F_{d2}+F_{ae})]+F_{d2}=F_{d1}-F_{ae}$；轴承1是放松端,放松端的轴向力仅为其内部轴向力,即 $F_{a1}=F_{d1}$。

综上,计算向心推力轴承轴向力 F_a 的方法可以归纳为：根据左右两个方向轴向力合力的大小,判断在合力指向下轴的移动趋势,找出压紧端、放松端；压紧端轴承的轴向力为除去本身内部轴向力后其余各轴向力的代数和；放松端轴承的轴向力仅为其本身的内部轴向力。

以上方法也适用于两轴承"背靠背"安装的情况。

第四节　滚动轴承装置的设计

轴承装置设计是指在对轴进行支承设计时,要确定轴承的配置、定位和固定,考虑轴承的调节、配合、装拆及轴承的润滑与密封等一系列问题。

一、滚动轴承的配置

正常的滚动轴承支承应能使轴正常传递载荷而不发生轴向窜动,以及避免轴受热膨胀后出现卡死等现象。常用的滚动轴承支承结构形式有三种。

1. 双支点单向固定

这种配置形式是指让每个支点都对轴系进行一个方向的轴向固定。如图14.17所示,向右的轴向载荷由右边的轴承承担,向左的轴向载荷由左边的轴承承担。这种配置形式的缺陷是：由

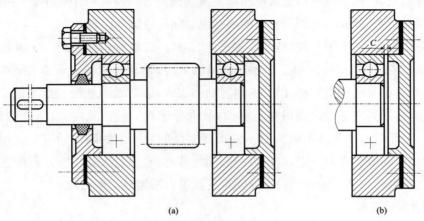

图14.17　轴承双支点单向固定的配置

于两支点均被轴承盖固定,故当轴受热伸长时,势必会使轴承受到附加载荷的作用,影响使用寿命。因此,这种配置形式仅适合于工作温升不高且轴较短(跨距 $L \leqslant 400$ mm)的场合。

对于深沟球轴承,还应在轴承外圈与轴承盖之间留出热补偿间隙 $C(C=0.2\sim 0.4$ mm),以补偿轴受热伸长后对结构的影响,由于间隙较小,图上可不画出。对于向心推力轴承,热补偿间隙靠轴承内部的游隙保证。

2. 一支点双向固定,另一支点游动

这种配置形式是指将一个轴承作为固定支点,承受双向轴向力,而另一个轴承作为游动支点,只承受径向力,使其在轴受热伸长时可作轴向游动。该配置形式如图 14.18 所示,左端为固定支点,右端为游动支点。

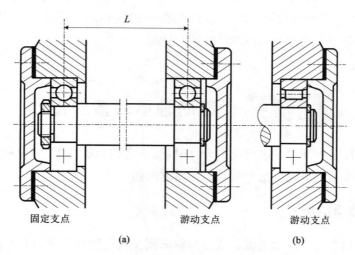

图 14.18 一支点双向固定,另一支点游动配置

对于固定支点,轴向力不大时可采用深沟球轴承,如图 14.18(a)所示,其外圈左右两面均被固定。图中左端上半部分显示了外圈用轴承座孔凸肩固定的情况,这种结构会使座孔不能一次镗削完成,从而影响加工效率和同轴度。轴向力较小时可用孔用弹性挡圈固定外圈。为了承受向右的轴向力,固定支点的内圈也必须进行轴向固定。

对于游动支点,常采用深沟球轴承,如图 14.18(a)右侧所示。径向力大时也可采用圆柱滚子轴承,如图 14.18(b)所示。选用深沟球轴承时,轴承外圈与轴承盖之间应留有较大间隙,使轴热膨胀时能自由伸长,但其内圈需轴向固定,以防轴承松脱。当游动支点选用圆柱滚子轴承时,因其内外圈轴向可相对移动,故内外圈均应轴向固定,以免外圈移动,造成过大错位。设计时应注意轴承内外圈不要出现多余的或不足的轴向固定。选用圆柱滚子轴承时,轴承外圈应做双向固定,以免内外圈同时移动,造成过大错位。这种配置方式适用于温度变化较大的长轴。轴向力较大时固定支点可以采用双向推力轴承。

3. 两端游动支承

这种配置形式下两支点均设计为游动支承。图 14.19 所示为支承人字齿轮的轴系部件,轴承的位置根据人字齿轮的几何形状确定,这时必须将两个支点设计为游动支承(图 14.19 上方),但应保证与之相配的另一轴系部件必须是两端固定的(图 14.19 下方),以便两轴都得到轴向定位。

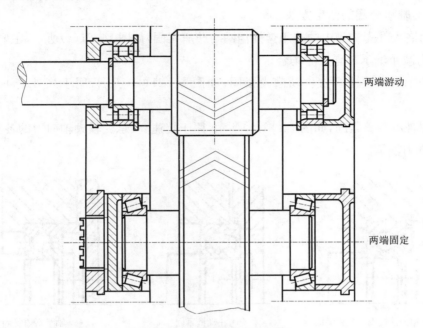

图 14.19　两端游动支承配置

二、滚动轴承的轴向定位

滚动轴承的轴向定位问题实际上是轴承内外圈的定位与固定问题,轴承内外圈定位与固定的方法很多,下面列举几种常用的方法。

1. 滚动轴承内圈的固定方法

(1) 将轴用弹性挡圈嵌在轴的沟槽内紧固,如图 14.20(a)所示,主要用于轴向力不大及转速不高情况。

(2) 用螺钉固定的轴端挡圈紧固,如图 14.20(b)所示,可用于在高转速下承受大的轴向力场合,螺钉应有防松措施。

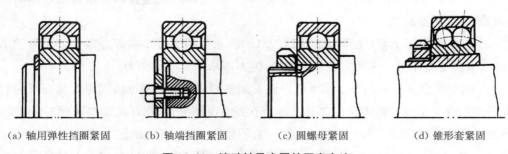

(a) 轴用弹性挡圈紧固　　(b) 轴端挡圈紧固　　(c) 圆螺母紧固　　(d) 锥形套紧固

图 14.20　滚动轴承内圈的固定方法

（3）用圆螺母及止动垫圈紧固，如图14.20(c)所示，主要用于转速高、承受较大轴向力的情况。

（4）用锥形套紧固，如图14.20(d)所示，用于光轴上内圈为圆锥孔的轴承。

2. 滚动轴承外圈的固定方法

（1）用嵌入外壳沟槽内的孔用弹性挡圈与凸肩紧固，如图14.21(a)所示，主要用于轴向力不大且需减小轴承装置尺寸场合。

（2）用轴用弹性挡圈与止动槽内紧固，如图14.21(b)所示，用于当外壳不便设凸肩场合。

（3）用轴承端盖紧固，如图14.21(c)所示，用于转速高、承受较大轴向力的各类向心、推力和向心推力轴承。

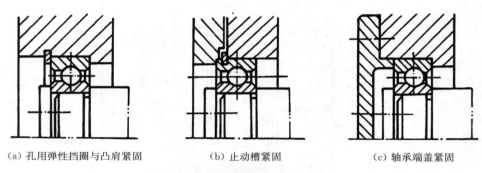

(a) 孔用弹性挡圈与凸肩紧固　　(b) 止动槽紧固　　(c) 轴承端盖紧固

图14.21　滚动轴承外圈的固定方法

三、滚动轴承的调整

轴承的调整包括轴承游隙的调整和轴上零件轴向位置的调整。为保证轴承正常运转，通常在轴承内部留有适当的轴向和径向游隙。游隙的大小对轴承的回转精度、受载情况、寿命、效率、噪声等都有很大影响。游隙过大，则轴承的旋转精度降低，噪声增大；游隙过小，则轴的热膨胀会使轴承受载加大、寿命缩短、效率降低。因此，装配轴承组合时应根据实际的工作状况适当地调整游隙，并保证能从结构上方便地进行调整。调整游隙的常用方法如下：

（1）依靠垫片调整游隙，如图14.22(a)所示。通过增加或减少轴承盖与轴承座间的垫片组的厚度来调整游隙。

（2）依靠螺旋传动调整游隙，如图14.22(b)所示。用螺钉2和碟形零件3调整轴承游隙，螺母1起锁紧作用。这种方法调整方便，但不能承受大的轴向力。

（3）轴承组合位置的调整。轴承组合位置调整的目的是使轴上传动零件具有准确的工作位置和配合关系。如锥齿轮传动要求两个节圆锥顶相重合，蜗杆传动要求蜗轮的中间平面通过蜗杆轴线，这就需要调整轴向位置。为了便于调整，可将确定轴向位置的轴承装在一个套杯中，如图14.23所示，套杯则装在机座孔中。可通过增减套杯端面与机座间的垫片

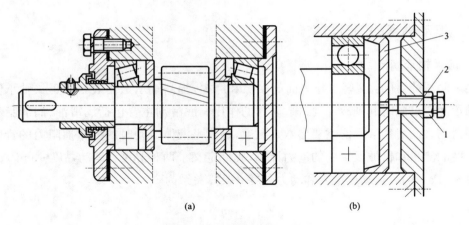

(a)　　　　　　　　(b)

图 14.22　轴承游隙调整

1 的厚度来调整锥齿轮的轴向位置,而垫片 2 则用来调整轴承游隙。

四、滚动轴承的配合与装拆

轴承的配合是指内圈与轴的配合及外圈与座孔的配合。滚动轴承是标准件,与其他零件配合时,轴承内孔为基准孔,外圈是基准轴。因此,轴承内圈与轴之间配合为基孔制,轴承外圈与轴承座孔之间配合为基轴制。

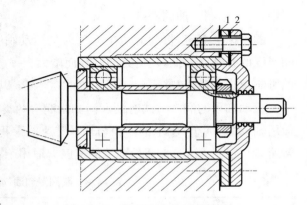

图 14.23　轴承组合位置的调整

轴承配合种类的选择应根据转速的高低、载荷的大小、温度的变化等因素来决定。配合过松,会使旋转精度降低,振动加大;配合过紧,内外圈过大的弹性变形可能会影响轴承的正常工作,也会使轴承装拆困难。一般来说,转速高、载荷大、温度变化大的轴承应选紧一些的配合,经常拆卸的轴承应选较松的配合,转动套圈配合应紧一些,游动支点的外圈配合应松一些。与轴承内圈配合的回转轴常采用 n6、m6、k5、k6、j5、js6 等配合;与不转动的外圈相配合的轴承座孔常采用 J6、J7、H7、G7 等配合。

安装轴承时,小轴承可用铜锤轻而均匀地敲击配合套圈装入,大轴承可用压力机压入。尺寸大且配合紧的轴承可将孔件加热,在其膨胀后再进行装配。装配时力应施加在被装配的套圈上,否则会损伤轴承。拆卸轴承时可采用专用工具,如图 14.24 所示的轴承拆卸器。为便于拆卸,轴承的定位轴肩高度应低于内圈高度。

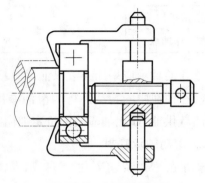

图 14.24　轴承拆卸器

五、滚动轴承的润滑与密封

1. 滚动轴承润滑

轴承润滑的目的：减轻工作表面的摩擦和磨损，提高轴承工作效率和延长轴承使用寿命。轴承润滑可同时起到冷却、吸振、防锈的作用。润滑剂主要包括润滑油、润滑脂和一些固体润滑剂。润滑剂选用的主要参数是黏度，黏度是液体流动时的内摩擦阻力的量度。为便于黏度的测量和机械设计中的动力计算，我们定义了两种黏度：运动黏度 ν（m^2/s）和动力黏度 η（$Pa \cdot s$）。运动黏度 ν 和动力黏度 η 换算关系为

$$\nu = \frac{\eta}{\rho} \tag{14.3}$$

式中：ρ ——润滑油的密度，kg/m^3。

国家标准规定，将润滑油在 40℃ 时的运动黏度的中心值作为润滑油的牌号。油的黏度随温度的升高而降低，随压力的升高而增大。一般而言，压力在 5 MPa 以下时，压力对黏度的影响很小，可以忽略不计，但压力在 100 MPa 以上时，需要考虑压力对黏度的影响。

滚动轴承的润滑方式有油润滑和脂润滑两类。润滑方式的选择与轴承的速度有关，一般用轴承的 dn 值（轴承的内径与轴承转速的乘积，d 为轴承的内径，单位为 mm；n 为轴承转速，单位为 r/min）来衡量轴承的速度。适用于脂润滑和油润滑的 dn 值界限见表 14.8。

表 14.8　脂润滑和油润滑的 dn 值界限　　　　单位：10^4 mm·r·min^{-1}

轴承类型	脂润滑 dn 值界限	油润滑 dn 值界限			
		油浴润滑	滴油润滑	喷油润滑	油雾润滑
深沟球轴承	16	25	40	60	>60
调心球轴承	16	25	40	50	
角接触球轴承	16	25	40	60	>60
圆柱滚子轴承	12	25	40	60	>60
圆锥滚子轴承	10	16	23	30	
调心滚子轴承	8	12	20	25	
推力球轴承	4	6	12	15	

重要的轴承应采用连续供油，如浸油润滑（轴颈直接浸到油池中润滑）、飞溅润滑（利用下端浸在油池中的转动件将润滑油溅出来润滑）等。对小型、低速、间歇运动的场合，则应采用间歇供油，如用油壶或油枪定期向润滑孔内注油或用黄油枪补充油脂。

2. 滚动轴承密封

轴承的密封装置是为了防止灰尘、水、酸气和其他杂物进入轴承，并防止润滑剂流失而设置的。滚动轴承的密封装置主要分为接触式密封和非接触式密封两种。

(1) 接触式密封

接触式密封的方法：在轴承盖内放置软材料(毛毡、橡胶、皮革等)或减摩性好的硬质材料(加强石墨、青铜等)，这些材料与转动轴直接接触而起密封作用。图 14.25 所示为毡圈密封，将矩形剖面的毡圈放在轴承盖上的梯形槽中，使其与轴直接接触。毡圈密封结构简单，但磨损较大，主要用于 $v<5$ m/s 的脂润滑场合。图 14.26 所示为唇形密封圈密封，唇形密封圈放在轴承盖槽中并直接压在轴上，环形螺旋弹簧压在皮碗的唇部用来增强密封效果，唇朝内可防漏油，唇朝外可防尘。唇形密封圈安装简便，使用可靠，适用于 $v<10$ m/s 的场合。左边的唇形密封圈朝里，目的是防止漏油；右边的唇形密封圈朝外，主要目的是防止灰尘、杂质进入。

图 14.25　毡圈密封　　　　图 14.26　唇形密封圈密封

(2) 非接触式密封

这类密封多用于密封的材料不与轴直接接触，速度较高的场合。图 14.27(a)所示为油沟式密封，具体方法为：在轴与轴承盖的通孔壁间留 0.1～0.3 mm 的窄缝隙，并在轴承盖上车出沟槽，在槽内充满油脂。油沟式密封结构简单，适用于 $v<6$ m/s 的场合。

图 14.27(b)所示为迷宫式密封，具体方法为：将旋转和固定的密封零件间的间隙制成迷宫形式，缝隙间填入润滑油脂以加强密封效果。迷宫式密封适用于油润滑和脂润滑的场合。

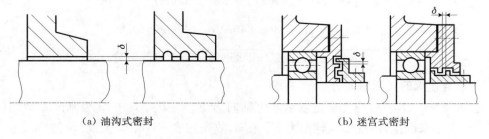

(a) 油沟式密封　　　　(b) 迷宫式密封

图 14.27　非接触式密封

除以上两种密封方式外，还可以采用组合式密封方式，在油沟密封区内的轴上装上一个甩油环，当油落在环上时可靠离心力的作用将其甩掉再导回油箱。采用组合式密封在高速时密封效果好。

例 14.1　根据工作条件决定在轴的两端反装两个角接触球轴承，如图 14.28(a)所示。已知轴上齿轮所受切向力 $F_{te}=2\,200$ N，径向力 $F_{re}=900$ N，轴向力 $F_{ae}=400$ N，齿轮分度圆直径 $d=314$ mm，齿轮转速 $n=520$ r/min，运转中有中等冲击载荷，轴承预期计算寿命 $L'_h=$

15 000 h。设初选两个轴承型号均为7207C,试验算轴承是否可达到预期计算寿命的要求。

解:

查滚动轴承样本可知7207C轴承的$C=30.5\text{ kN}$,$C_0=20\text{ kN}$。

1. 求两轴承受到的径向载荷F_{r1}和F_{r2}

将轴系部件受到的空间力系[图14.28(a)]分解为铅垂面和水平面两个平面力系,如图14.28(b)和(c)所示。图14.28(c)中的切向力F_{te}通过另加转矩而平移到指向轴线,图14.28(a)中的轴向力F_{ae}亦应通过另加弯矩而平移作用于轴线上(上述两步转化图中均未画出)。

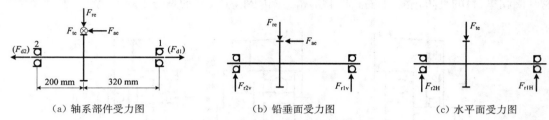

图 14.28 轴承安装及受力分析

由力分析可得出轴承径向力的计算式:

$$F_{r1v}=\frac{F_{re}\times 200-F_{ae}\times\dfrac{d}{2}}{200+320}=\frac{900\times 200-400\times\dfrac{314}{2}}{520}=225.38(\text{N})$$

$$F_{r2v}=F_{re}-F_{r1v}=900-225.38=674.62(\text{N})$$

$$F_{r1H}=\frac{200}{200+320}F_{te}=\frac{200}{520}\times 2\,200=846.15(\text{N})$$

$$F_{r2H}=F_{te}-F_{r1H}=2\,200-846.15=1\,353.85(\text{N})$$

$$F_{r1}=\sqrt{F_{r1v}^2+F_{r1H}^2}=\sqrt{225.38^2+846.15^2}=875.65(\text{N})$$

$$F_{r2}=\sqrt{F_{r2v}^2+F_{r2H}^2}=\sqrt{674.62^2+1\,353.85^2}=1\,512.62(\text{N})$$

2. 求两轴承的实际轴向力

对于7207C型轴承,应先确定轴承派生轴向力$F_d=eF_r$,其中,e为判断系数,其值由F_a/C_0的大小来确定,但现轴承轴向力F_a未知,故先估取$e=0.4$,因此,可估算

$$F_{d1}=0.4F_{r1}=0.4\times 875.65=350.26(\text{N})$$

$$F_{d2}=0.4F_{r2}=0.4\times 1\,512.62=605.05(\text{N})$$

按轴承实际所受轴向力分析方法可得:

$$F_{a1}=F_{ae}+F_{d2}=400+605.05=1\,005.05(\text{N})$$

$$F_{a2}=F_{d2}=605.05\text{ N}$$

$$\frac{F_{a1}}{C_0}=\frac{1\,005.05}{20\,000}=0.050\,3$$

$$\frac{F_{a2}}{C_0} = \frac{605.05}{20\ 000} = 0.030\ 3$$

查 X、Y 系数表并进行插值计算可得：$e_1 = 0.422$，$e_2 = 0.401$，再计算

$$F_{d1} = e_1 F_{r1} = 0.422 \times 875.65 = 369.52(\text{N})$$

$$F_{d2} = e_2 F_{r2} = 0.401 \times 1\ 512.62 = 606.56(\text{N})$$

$$F_{a1} = F_{ae} + F_{d2} = 400 + 606.56 = 1\ 006.56(\text{N})$$

$$F_{a2} = F_{d2} = 606.56\ \text{N}$$

$$\frac{F_{a1}}{C_0} = \frac{1\ 006.56}{20\ 000} = 0.050\ 33$$

$$\frac{F_{a2}}{C_0} = \frac{606.56}{20\ 000} = 0.030\ 33$$

上述两次计算的 F_a/C_0 值相差不大，因此，确定 $e_1 = 0.422$，$e_2 = 0.401$，$F_{a1} = 1\ 006.56\ \text{N}$，$F_{a2} = 606.56\ \text{N}$。

3. 求轴承当量动载荷 P_1 和 P_2

$$\frac{F_{a1}}{F_{r1}} = \frac{1\ 006.56}{875.65} = 1.149 > e_1$$

$$\frac{F_{a2}}{F_{r2}} = \frac{606.56}{1\ 512.62} = 0.401 = e_2$$

查 X、Y 系数表或插值计算得径向载荷系数和轴向载荷系数：(1) 对于轴承 1，$X_1 = 0.44$，$Y_1 = 1.327$；(2) 对于轴承 2，$X_2 = 1$，$Y_2 = 0$。

因轴承运转中有中等冲击载荷，按载荷系数表，$f_p = 1.2 \sim 1.8$，取 $f_p = 1.5$，则：

$$P_1 = f_p(X_1 F_{r1} + Y_1 F_{a1}) = 1.5 \times (0.44 \times 875.65 + 1.327 \times 1\ 006.56) = 2\ 581.49(\text{N})$$

$$P_2 = f_p(X_2 F_{r2} + Y_2 F_{a2}) = 1.5 \times (1 \times 1\ 512.62 + 0 \times 606.56) = 2\ 268.93(\text{N})$$

4. 验算轴承寿命

因为 $P_1 > P_2$，按轴承 1 的受力大小验算：

$$L_h = \frac{10^6}{60n}\left(\frac{C}{P_1}\right)^\varepsilon = \frac{10^6}{60 \times 520} \times \left(\frac{30\ 500}{2\ 581.49}\right)^3 = 52\ 860.78(\text{h}) > L_h'$$

故所选轴承(7207C)满足寿命要求。

习　题

1. 滚动轴承是由哪几个部分组成的？它们各起什么作用？

2. 分别说明滚动轴承 61208/P6/C2、7216B、30207、N316/P4 代号的含义。

3. 简单叙述滚动轴承的主要失效形式和计算准则。

4. 何为滚动轴承的基本额定动载荷？

5. 什么是滚动轴承的当量动载荷？

6. 选择滚动轴承类型时，要考虑哪些因素？

7. 安装滚动轴承时，为什么要施加预紧力？

8. 轴承常用密封装置有哪些？它们各适用于什么场合？

9. 某轴承的预期寿命为 L_h，当量动载荷为 P，基本额定动载荷为 C。若转速不变，当量动载荷由 P 增大到 $2P$，其寿命有何变化？若当量动载荷不变，转速由 n 增大到 $2n$（不超过极限转速），其寿命有何变化？

10. 有一深沟球轴承，受径向载荷 $F_r=2\,000\,\mathrm{N}$，在常温下工作，载荷平稳，转速 $n=3\,000\,\mathrm{r/min}$，要求预期寿命 $L_h'=6\,000\,\mathrm{h}$，试计算此轴承所要求的额定动载荷。

11. 下图所示为一对 7307AC 型角接触球轴承，轴承所受径向载荷 $F_{r1}=4\,000\,\mathrm{N}$，$F_{r2}=4\,250\,\mathrm{N}$，轴向外载荷 $F_{ae}=560\,\mathrm{N}$，轴的工作转速 $n=960\,\mathrm{r/min}$，工作温度低于 120 ℃，冲击载荷系数 $f_d=1.5$。轴承的基本额定动载荷 $C=34\,200\,\mathrm{N}$，$e=0.68$，派生轴向力与径向力之间的关系为：$F_d=0.68F_r$。当 $F_a/F_r \leqslant e$ 时，$X=1.0$，$Y=0$；当 $F_a/F_r > e$ 时，$X=0.41$，$Y=0.87$。试求该轴承的寿命。

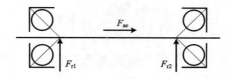

题 11 图

12. 某齿轮轴由一对 30208 轴承支承，其轴向外载荷 $F_{ae}=600\,\mathrm{N}$，方向如下图所示，轴承所受径向载荷 $F_{r1}=5\,200\,\mathrm{N}$，$F_{r2}=3\,800\,\mathrm{N}$，轴的工作转速 $n=960\,\mathrm{r/min}$，冲击载荷系数 $f_d=1.3$，工作温度低于 120℃。轴承的基本额定动载荷 $C=59\,800\,\mathrm{N}$，$e=0.37$，$Y=1.6$，派生轴向力与径向力之间的关系为：$F_d=F_r/(2Y)$。当 $F_a/F_r \leqslant e$ 时，$X=1.0$，$Y=0$；当 $F_a/F_r > e$ 时，$X=0.4$，$Y=1.6$。试求：

(1) 两个轴承的当量动载荷 P_1 和 P_2；

(2) 若轴承的预期寿命为 25 000 h，该轴承是否满足要求；若不满足要求，可采用哪些措施延长轴承的寿命。

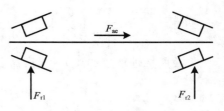

题 12 图

第十五章 联轴器和离合器

第一节 概述

联轴器和离合器主要是用来连接两轴、传递运动和转矩的部件,如汽车发动机与变速箱之间的联轴器,汽车换挡离合器、机床换挡离合器等,它们在机械传动中较为常见。

联轴器与离合器的主要区别在于:采用联轴器连接两根轴或两传动件时,只有当机器静止时,才能连接或拆卸;采用离合器连接两轴或传动件时,在机器运转过程中就能方便地分开或接合,以便变速和换向等。

有的联轴器与离合器还有安全保护功能,它们也称为安全联轴器和安全离合器。机器如采用了这类部件,在工作时,如果转矩超过规定值它们会自行断开或打滑,保证机器的主要零件不致因过载而损坏。此外还有具有特殊功用的联轴器和离合器,它们一般用于某些有特殊要求处,如超越离合器等。

联轴器和离合器的类型很多,本章仅对其中少数类型典型结构及有关知识作介绍,以便为选用标准件提供必要的基础。联轴器和离合器大都已标准化了。一般可先依据机器的工作条件从机械设计手册选择合适类型,然后按照计算转矩、轴的转速和轴端直径从标准中选取所需的型号和尺寸。必要时应对主要零件和易损件强度进行验算。出于工作要求的特殊性,亦可参考同类的联轴器和离合器的主要尺寸自行设计联轴器和离合器。

考虑机器启动时的惯性力和工作中的过载等因素,联轴器和离合器的计算转矩 T_C 可按下式确定:

$$T_C = K_A T \tag{15.1}$$

式中:T——名义转矩;

K_A——工作情况系数,K_A 值列于表 15.1 中。

表 15.1 工作情况系数 K_A

工作机	原动机为电动机时的 K_A
转矩变化很小的机械,如发电机、小型通风机、小型离心泵	1.3

(续表)

工作机	原动机为电动机时的 K_A
转矩变化较小的机械,如透平压缩机、木工机械、输送机	1.5
转矩变化中等的机械,如搅拌机、增压机、有飞轮的压缩机	1.7
转矩变化和冲击载荷中等的机械,如织布机、水泥搅拌机、拖拉机	1.9
转矩变化和冲击载荷大的机械,如挖掘机、起重机、碎石机、造纸机械	2.3

第二节 联 轴 器

联轴器连接两轴时,由于制造及安装误差、工作过程中的温度变化和承载后的变形等影响,两轴的轴线常会产生轴向、径向或偏角等相对位移,如图 15.1 所示。这就要求联轴器在结构上具有补偿一定范围位移量的性能。

根据对位移有无补偿能力,联轴器可分为刚性联轴器和挠性联轴器两大类,刚性联轴器无补偿能力,挠性联轴器有补偿能力。挠性联轴器又可按是否存在弹性元件分为无弹性元件的挠性联轴器和有弹性元件的挠性联轴器两类。

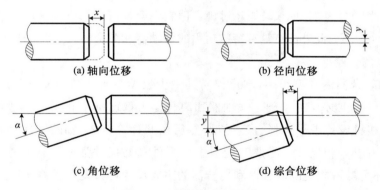

(a) 轴向位移　　(b) 径向位移
(c) 角位移　　(d) 综合位移

图 15.1 轴线的相对位移

一、刚性联轴器

这类联轴器分套筒式、夹壳式和凸缘式等,本章只介绍较常用的凸缘联轴器。采用凸缘联轴器时,要将两个带凸缘的半联轴器分别与两轴连在一起,再用螺栓组把两个半联轴器连成一体,以传递运动和转矩。常用的凸缘联轴器结构型式有两种,一种是普通凸缘联轴器[图 15.2(a)],它利用铰制孔用螺栓对中和连接两个半联轴器,靠螺栓杆承受挤压与剪切来传递转矩;另一种是对中榫凸缘联轴器[图 15.2(b)],它靠凹凸榫对中,用普通螺栓来连接两个半联轴器,靠两个半联轴器接合面间产生的摩擦力来传递转矩。

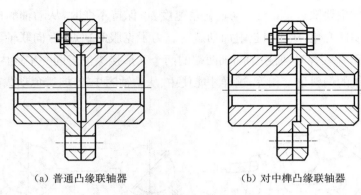

(a) 普通凸缘联轴器　　　　(b) 对中榫凸缘联轴器

图 15.2　凸缘联轴器

凸缘联轴器结构简单,成本低,能传递较大的转矩,装拆较方便,但它对两轴的对中性要求高,主要用于轴刚性好、转速低、载荷平稳的连接中。

二、挠性联轴器

1. 无弹性元件的挠性联轴器

这类联轴器具有挠性,可补偿两轴的相对位移。但因无弹性元件,故不能缓冲、减振。常用的无弹性元件的挠性联轴器有十字滑块联轴器、万向联轴器、齿式联轴器三种。

（1）十字滑块联轴器

如图 15.3 所示,十字滑块联轴器由两个端面上开有凹槽的半联轴器 1、3 和一个两侧都有凸块的中间盘 2 组成。中间盘两侧的凸块相互垂直(故又称十字滑块),并在安装时分别嵌入两个半联轴器的凹槽中,构成移动副。当联轴器工作时,十字滑块随两轴转动,同时又可补偿两轴的径向和角度位移。

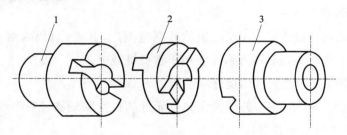

图 15.3　十字滑块联轴器

十字滑块联轴器结构简单、制造方便、径向尺寸小,但不耐冲击、易磨损,适用于低速、载荷平稳、径向偏移 y 小于等于 $0.04d$（d 为轴径）、角向偏移小于 $0.5°$ 的场合。

（2）万向联轴器

如图 15.4(a)所示,万向联轴器由叉形接头 1、2 和中间连接件 3 组成。由于叉形接头、中间连接件和销轴之间构成铰链连接,这种联轴器允许两轴之间有较大的偏斜角(夹角 α 最大可达 $35°\sim 45°$),而且在机器运转时,夹角发生改变时仍可正常传动。

这种联轴器的主要缺点是：当主动轴的角速度 ω_1 保持不变时，从动轴的角速度 ω_2 将在一定范围内作周期性变化，从而引起附加动载荷。为了克服此缺点，万向联轴器常成对使用，如图 15.4(b) 所示，在安装时，要使中间轴两端的两个叉形接头位于同一平面内，且主、从动轴线与中间轴的轴线的偏斜角 α 相等，这样才能使主、从动轴同步转动，避免动载荷的产生。

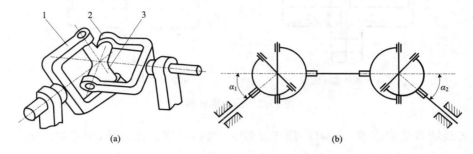

图 15.4　万向联轴器

（3）齿式联轴器

如图 15.5 所示，齿式联轴器由两个带有外齿的半联轴器 1、4 和两个带有内齿的外壳 2、3 组成。两半联轴器分别通过键与主、从动轴相连，而两外壳则通过螺栓连成一体，两半联轴器和两外壳之间通过内外齿相互啮合而实现连接。内外齿的齿廓均为渐开线，半联轴器的外齿齿面沿齿宽方向被制成鼓形，齿顶被加工成球面，球面中心位于轴线上，且啮合齿间具有较大的顶隙和侧隙，从而使得齿式联轴器具有良好的补偿综合位移的能力。

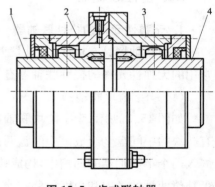

图 15.5　齿式联轴器

齿式联轴器能传递较大的转矩，适用的速度范围广，其工作可靠，对安装精度要求不高，但结构复杂，重量较大，制造较难，主要用于重型机械中。

（4）常用的其他无弹性元件的挠性联轴器

除上面介绍的三种外，常用的其他无弹性元件的挠性联轴器还有滑块联轴器、十字轴式万向联轴器、滚子链联轴器等。

2. 有弹性元件的挠性联轴器

这类联轴器拥有弹性元件，其不仅能补偿两轴的相对位移，而且具有缓冲、减振能力。弹性元件所能储蓄的能量愈多，则联轴器的缓冲能力愈强。弹性元件的弹性滞后性能及弹性变形时零件间的摩擦功愈大，则联轴器的减振能力愈好。这类联轴器目前应用很广，品种也愈来愈多，常见的有弹性套柱销联轴器、弹性柱销联轴器等。

（1）弹性套柱销联轴器

如图 15.6 所示，该类联轴器结构类似于凸缘联轴器，也有两个带凸缘的半联轴器分别与主、从动轴相连,但连接两个半联轴器的不是螺栓而是带弹性套的柱销。弹性套为橡胶制品,柱销用45号钢制成。

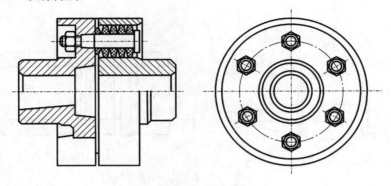

图15.6 弹性套柱销联轴器

弹性套柱销联轴器结构简单、易于制造、安装方便,能吸振缓冲,且使用中不用润滑,但弹性套工作时受挤压产生的变形量不大且易磨损、寿命较短。所以,该类联轴器补偿相对位移量不大,缓冲吸振性能不良,适用于经常正反转、启动频繁、载荷较平稳和传递转矩较小的场合。

(2) 弹性柱销联轴器

如图15.7所示,该类联轴器结构类似于弹性套柱销联轴器,不同的是其仅采用弹性柱销将两个半联轴器连接起来。为了防止柱销滑出,使用螺钉将挡板固定在半联轴器的两外侧。柱销常用尼龙制造,具有一定的弹性和耐磨性。这种联轴器结构更简单、耐用性好、传递转矩的能力更强,适用于轴向窜动量较大、经常正反转、启动频繁和转速较高的场合。

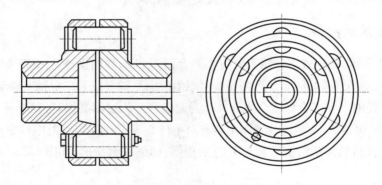

图15.7 弹性柱销联轴器

(3) 其他有弹性元件的挠性联轴器

除上面介绍的两种外,有弹性元件的挠性联轴器主要还有梅花形弹性联轴器、轮胎式联轴器、膜片联轴器等。

三、安全联轴器

安全联轴器除了具有连接轴的功能以外,还有过载保护作用,常见的剪切销安全联轴器如图 15.8 所示,传递的转矩超过规定值时销钉会被剪断,从而中断连接,这对其他零件能起到保护作用。

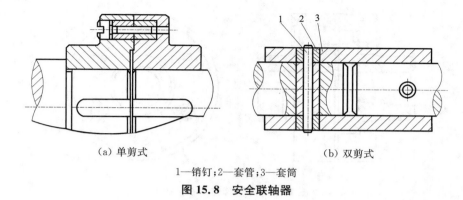

(a) 单剪式　　　　　　　　　　(b) 双剪式

1—销钉;2—套管;3—套筒

图 15.8　安全联轴器

第三节　离　合　器

离合器一般由主动件、从动件、接合件(接合部分)、操纵件等组成。按照工作原理的不同,离合器分为操纵离合器和自动离合器两类。根据不同的操纵方法,操纵离合器又分为机械离合器、电磁离合器、液压离合器和气压离合器等几种。自动离合器根据某些参数(如转速、转矩)变化自行接合或分离,其可分为超越离合器、离心离合器和安全离合器等。按接合件的传力原理,离合器又可分为牙嵌式和摩擦式两类。

一、牙嵌式离合器

如图 15.9 所示,牙嵌式离合器主要由半离合器 1 和 2、导向平键 3、滑环 4 和对中环 5 组成。半离合器 1 紧配在轴上,而半离合器 2 可以沿导向平键 3 在另一根轴上移动,利用操纵杆移动滑环 4,可使两个半离合器接合或分离。为避免滑环的过量磨损,可动半离合器应装在从动轴上。为便于两轴对中,半离合器 1 中装有对中环 5,从动轴端可在对中环中自由转动。

牙嵌式离合器的齿形沿圆柱面展开有三角形、梯形和锯齿形,如图 15.10 所示。三角形

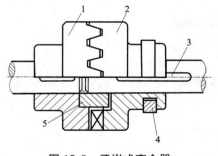

图 15.9　牙嵌式离合器

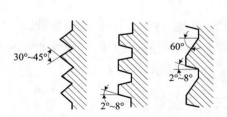

图 15.10　牙嵌式离合器的齿形

齿接合和分离容易，但齿的强度较弱，传递的转矩较小。梯形和锯齿形齿强度较高，接合和分离也较容易，多用于传递大转矩的场合，但锯齿形齿只能单向工作，反转时工作面将受较大的轴向分力，这会迫使离合器自行分离。

牙嵌式离合器的常用材料为低碳合金钢（如 20Cr20MnB），这种材料经渗碳等处理后牙面硬度可达到 56～62HRC。有时牙嵌式离合器也采用中碳合金钢（如 40Cr45MnB），这种材料经表面淬火等处理后牙面硬度可达到 48～58HRC。

牙嵌式离合器结构简单，外廓尺寸小，接合后两半离合器没有相对滑动，但只宜在两轴的转速差较小或相对静止的情况下接合，否则齿与齿之间会发生很大冲击，从而影响离合器的寿命。牙嵌式离合器一般用于转矩不大，低速接合处。牙嵌式离合器的主要尺寸可从有关手册中选取，必要时应对牙的工作面的压力及牙根弯曲应力进行验算。

二、摩擦式离合器

摩擦式离合器是靠两接触面之间的摩擦力使主、从动轴接合并传递转矩的，因此其能在不停车或两轴转速相差较大的情况下进行平稳接合，过载时，摩擦面间将打滑，可避免其他零件的损坏。摩擦式离合器种类很多，下面主要介绍应用较广的两种。

1. 单片摩擦离合器

单片摩擦离合器如图 15.11 所示，圆盘 1 固连于主动轴上，圆盘 2 可沿导向键在从动轴上移动，利用操纵杆（图中未画出）可带动滑环 3 使两圆盘接合或分离。在轴向力 F_a 作用下，两圆盘接合面间将产生摩擦力，从而可传递转矩。单片摩擦离合器多用于传递转矩较小的轻型机械中。

2. 多片摩擦离合器

为提高传动能力，通常采用多片摩擦离合器，它有两组交错排列的摩擦片，如图 15.12 所示，外摩擦片 7 通过外圆周上的花键与外壳 2（它与主动轴 1 固连）相连，内摩擦片 6 通过内圆周上的花键与套筒 4（它与从动轴 3 固连）相连，移动滑环 9，通过杠杆 10 可使压板 5 压紧（或放松）摩擦片，使离合器处于接合（或分离）状态。圆螺母 8 用来调节内外摩擦片间的间隙大小。

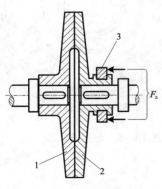

图 15.11 单片摩擦离合器

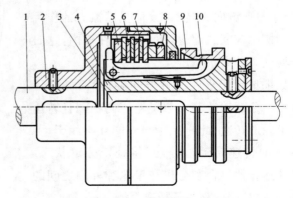

图 15.12 多片摩擦离合器

三、其他离合器

1. 安全离合器

具有过载保护作用的离合器称为安全离合器。图 15.13 所示为牙嵌式安全离合器，它和牙嵌式离合器很相似，不同的是牙嵌式安全离合器牙的倾斜角 α 较大。过载时，接合牙上的轴向力将克服弹簧推力和摩擦阻力使离合器分离。牙嵌式安全离合器可利用螺母调节弹簧推力的大小来控制传递转矩大小。

如图 15.14 所示为摩擦式安全离合器，它和一般摩擦离合器的结构基本相同，只是没有操纵机构，而是利用调整螺钉紧压弹簧并将摩擦片压紧。过载时，摩擦片间将打滑，从而限制了离合器传递的最大转矩。

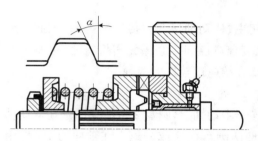

图 15.13 牙嵌式安全离合器

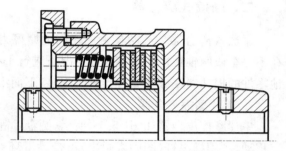

图 15.14 摩擦式安全离合器

2. 超越离合器

超越离合器只能按一个转向传递转矩，反方向转动时传动件能自动分离，如图 15.15 所示，它由星轮 1、外圈 2、滚柱 3、弹簧顶杆 4 等组成。当星轮 1 为主动件且按顺时针方向转动时，滚柱 3 受摩擦力作用被楔紧在槽内，因而外圈 2 将随星轮一同回转，离合器即处于接合状态；当星轮反方向旋转时，滚柱受摩擦力的作用被推到槽中较宽的部分，不再楔紧在槽内，这时离合器处于分离状态。

如果星轮仍沿顺时针方向旋转，而外圈还能从另一条运动链获得与星轮转向相同且转速大于星轮的转速，此时星轮与外圈互不相干，各以自己的转速转动，离合器将处于分离状态。由于该离合器接合和分离与星轮和外圈之间的转速差有关，因此称为超越离合器。

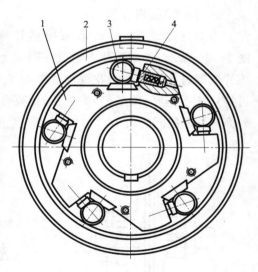

图 15.15 超越离合器

习 题

1. 联轴器和离合器的主要功能是什么？两者功能的主要区别是什么？
2. 刚性联轴器和挠性联轴器的主要区别是什么？
3. 在载荷具有冲击、振动，且轴的转速较高时应选何种联轴器？
4. 有弹性元件挠性联轴器中的弹性元件都具有什么样的功能？
5. 牙嵌式离合器和摩擦式离合器各有何优缺点？它们各适用于什么场合？

第十六章 弹 簧

第一节 弹簧的作用和类型

弹簧是一种弹性元件,其刚性小、弹性大,受外力作用后能产生较大的弹性变形,在机械设备中被广泛应用。使用场合不同,弹簧在机器中所起的作用也不同,其主要功用有:(1)缓冲及吸振,如车辆弹簧和各种缓冲器中的弹簧;(2)储存能量,如钟表、仪器中的弹簧;(3)测量力的大小,如弹簧秤中的弹簧;(4)控制机构的运动或零件的位置,如凸轮机构、离合器、阀门以及各种调速器中的弹簧。

弹簧的种类很多,从外形看,有螺旋弹簧、板弹簧、平面涡卷弹簧、环形弹簧和碟形弹簧等。螺旋弹簧是用金属丝(条)按螺旋线卷绕而成,由于制造简便,所以应用最广。螺旋弹簧按其形状可分为圆柱形[图 16.1(a)、(b)、(c)]、圆锥形[图 16.1(d)]弹簧等;按受载情况又可分为拉伸弹簧[图 16.1(b)]、压缩弹簧[图 16.1(a)、(d)]和扭转弹簧[图 16.1(c)]。板弹簧[图 16.2(a)]由许多长度不同的钢板叠合而成,其主要用作各种车辆的减振装置。平面涡卷弹簧也称盘簧[图 16.2(b)],它的轴向尺寸很小,常用作仪器和钟表的储能装置。环形弹

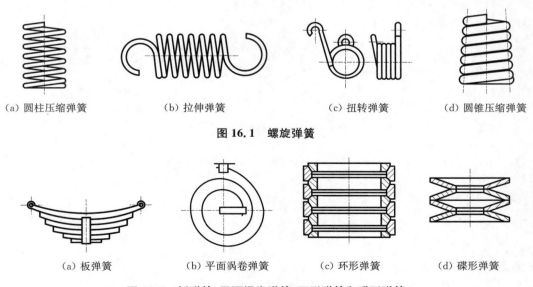

(a) 圆柱压缩弹簧　　(b) 拉伸弹簧　　(c) 扭转弹簧　　(d) 圆锥压缩弹簧

图 16.1　螺旋弹簧

(a) 板弹簧　　(b) 平面涡卷弹簧　　(c) 环形弹簧　　(d) 碟形弹簧

图 16.2　板弹簧、平面涡卷弹簧、环形弹簧和碟形弹簧

簧[图16.2(c)]和碟形弹簧[图16.2(d)]都是压缩弹簧,在工作过程中,一部分能量消耗在各圈之间的摩擦上,因此具有很高的缓冲吸振能力,多用于重型机械的缓冲装置。

本章主要介绍圆柱形螺旋拉伸和压缩弹簧的结构形式及设计。

第二节 圆柱形螺旋弹簧的结构和几何尺寸

一、圆柱形螺旋弹簧的结构形式

如图16.3所示,弹簧的节距为t,在自由状态下,各圈应有适当的间隙δ,以使弹簧受压时,有产生相应变形的可能。为了使弹簧在压缩后仍能保持一定的弹性,设计时还应考虑在最大工作载荷的作用下,各圈之间仍需保留一定的余留间隙δ_1。一般推荐$\delta_1 = 0.1d \geqslant 0.2$ mm(d为弹簧丝的直径)。

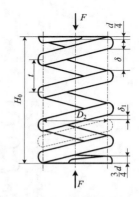

图16.3 圆柱形螺旋压缩弹簧

弹簧两端各有3/4~5/4圈与邻圈并紧,称为死圈,死圈不参加弹簧变形,其端面应垂直于弹簧轴线。常用的端部结构有并紧磨平的YⅠ型和并紧不磨平的YⅡ型两种,如图16.4所示。在重要场合应采用YⅠ型端部结构,以保证两支承端面与弹簧的轴线垂直,从而使弹簧受压时不致歪斜。端部磨平部分的长度应不小于3/4圈,弹簧丝末端厚度一般为$d/4$。

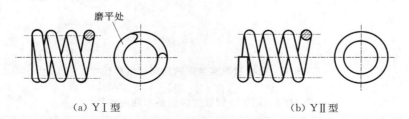

(a) YⅠ型　　　　　　(b) YⅡ型

图16.4 圆柱形螺旋压缩弹簧的端部结构

拉伸弹簧的端部制有挂钩,以便安装和加载。常用的端部结构形式如图16.5所示,其中LⅠ型和LⅡ型制造方便,应用广泛,但因挂钩过渡处会产生很大的弯曲应力,故只宜用于弹簧丝直径$d \leqslant 10$ mm的弹簧。LVⅡ型和LVⅢ型挂钩受力情况较好,且可转向任何位置,因而便于安装。对于受力较大的重要弹簧,最好采用LVⅡ型挂钩,但其制造成本较高。

二、圆柱形螺旋弹簧的几何尺寸

如图16.6所示,圆柱形螺旋弹簧的主要参数和几何尺寸有:弹簧丝直径d、弹簧外径D、内径D_1和中径D_2、节距t、螺旋升角α、弹簧工作圈数n和弹簧自由高度H_0等。圆柱形螺旋弹簧各参数间的关系列于表 16.1 之中。

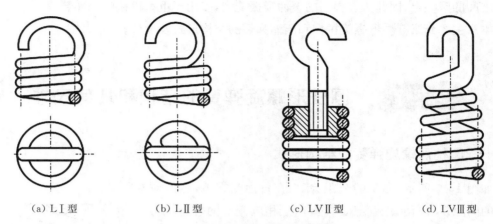

(a) LⅠ型　　(b) LⅡ型　　(c) LVⅡ型　　(d) LVⅢ型

图 16.5　圆柱形螺旋拉伸弹簧的端部结构

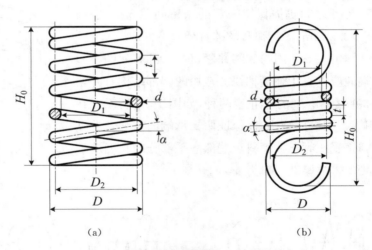

(a)　　　　　　　　(b)

图 16.6　圆柱形螺旋弹簧的几何参数和尺寸

表 16.1　圆柱形螺旋弹簧的基本几何参数

参数名称	压缩弹簧	拉伸弹簧
弹簧丝直径 d	\multicolumn{2}{c}{d 由强度计算确定}	
中径 D_2	\multicolumn{2}{c}{$D_2 = Cd$，C 为弹簧指数（旋绕比）}	
外径 D	\multicolumn{2}{c}{$D = D_2 + d = (C+1)d$}	
内径 D_1	\multicolumn{2}{c}{$D_1 = D_2 - d = (C-1)d$}	
螺旋升角 α	\multicolumn{2}{c}{$\alpha = \arctan \dfrac{t}{\pi D_2} \approx 5° \sim 9°$}	
节距 t	$t = d + \dfrac{f_2}{n} + \delta' \approx (0.28 \sim 0.5)D_2$	$t = d$

(续表)

参数名称	压缩弹簧	拉伸弹簧
有效工作圈数 n	\multicolumn{2}{c}{n 根据工作条件确定}	
死圈圈数 n_2	1.5~2.5	—
弹簧总圈数 n_1	$n_1 = n + n_2$	$n_1 = n$
弹簧自由高度 H_0	两端并紧、磨平： $H_0 = nt + (n_2 - 0.5)d$ 两端并紧不磨平： $H_0 = nt + (n_2 + 1)d$	$H_0 = nd +$ 挂钩展开尺寸
弹簧丝展开长度 L	$L = \dfrac{\pi D_2 n_1}{\cos \alpha}$	$L = \pi D_2 n_1 +$ 钩环部分长度

注：δ' 为弹簧在最大工作载荷下，相邻两圈弹簧丝之间的间隙，通常取 $\delta' \geqslant 0.1d$；f_2 为工作变形量。

第三节　圆柱形螺旋弹簧的制造、材料和许用应力

一、弹簧的制造

螺旋弹簧的制造过程包括：卷绕、两端面加工（指压簧）或挂钩的制造（指拉簧和扭簧）、热处理和工艺性试验等。

大批生产时，弹簧的卷制是在自动机床上进行的，小批生产则常在普通机床上卷制或者手工卷制。弹簧的卷绕方法可分为冷卷和热卷两种。当弹簧丝直径小于 10 mm 时，常用冷卷法。冷卷时，一般用冷拉的碳素弹簧钢丝在常温下卷成，不再淬火，只经低温回火消除内应力。热卷的弹簧卷成后须经过淬火和回火处理。弹簧在卷成和热处理后要进行表面检验及工艺性试验，以鉴定其质量。

弹簧制成后，如再进行强压处理，可提高承载能力。强压处理是将弹簧预先压缩到超过材料的屈服极限，并保持一定时间后卸载，使弹簧表面层产生与工作应力相反的残余应力，弹簧受载时残余应力会抵消部分工作应力，因此提高了弹簧的承载能力。经强压处理的弹簧，不宜在高温、变载荷及有腐蚀性介质的条件下应用。因为在上述情况下，强压处理产生的残余应力是不稳定的。受变载荷的压缩弹簧，可采用喷丸处理提高其疲劳寿命。

二、弹簧的材料

弹簧在机械中常承受具有冲击性的变载荷，弹簧材料应具有高的弹性极限、疲劳极限，一定的冲击韧性、塑性和良好的热处理性能等。常用的弹簧材料有优质碳素弹簧钢、合金弹簧钢和有色金属合金。

碳素弹簧钢：含碳量在0.6%～0.9%之间，如65、70、85等碳素弹簧钢。这类钢价廉易得，热处理后具有较高的强度、适宜的韧性和塑性，但当弹簧丝直径大于12 mm时，不易淬透，故仅适用于小尺寸的弹簧。

合金弹簧钢：承受变载荷、冲击载荷或工作温度较高的弹簧需采用合金弹簧钢。常用的合金弹簧钢有硅锰钢和铬矾钢等。

有色金属合金：在潮湿、酸性或其他腐蚀性介质中工作的弹簧宜采用有色金属合金，如硅青铜、锡青铜、铍青铜等。

常用弹簧材料的性能列于表16.2和表16.3中。选择弹簧材料时应充分考虑弹簧的工作条件（载荷的大小及性质、循环特性、工作温度和周围介质的情况）、功用及经济性等因素，一般应优先采用碳素弹簧钢丝。

表16.2　螺旋弹簧的常用材料和许用应力

材料		许用切应力$[\tau]$/MPa			推荐使用温度/℃	推荐硬度范围	特性及用途
名称	牌号	Ⅰ类弹簧	Ⅱ类弹簧	Ⅲ类弹簧			
优质碳素弹簧钢丝	65、70	$0.3\sigma_b$	$0.4\sigma_b$	$0.5\sigma_b$	$-40\sim130$		强度高，但尺寸大则不易淬透。B、C、D级分别适用于低、中、高应力弹簧
	65Mn	340	455	570	$-40\sim130$		
合金弹簧钢丝	60Si2Mn 60Si2MnA	480	640	800	$-40\sim200$	$45\sim50$HRC	弹性好，回火稳定性好，易脱碳，用于重载弹簧
	65Si2MnWA	570	760	950	$-40\sim250$	$47\sim52$HRC	强度高，耐高温，弹性好
	50CrVA 30W4Cr2VA	450	600	750	$-40\sim210$	$43\sim47$HRC	高温时强度高，淬透性好
不锈钢丝	1Cr18Ni9 1Cr18Ni9Ti	330	440	550	$-200\sim300$		耐腐蚀，耐高温，工艺性好，适用于做小弹簧（$d<10$ mm）
	4Cr13	450	600	750	$-40\sim300$	$48\sim53$HRC	耐腐蚀，耐高温，适用于做大尺寸弹簧
	Cr17Ni7Al Cr15 Ni-Mo2Al	480	640	800	$-200\sim300$		强度、硬度很高，耐腐蚀，耐高温，加工性能好，适用于形状复杂、表面状态要求高的弹簧
铜合金丝	QSi3-1	196	250	333	$-40\sim120$	$90\sim100$HBS	耐腐蚀，防磁
	QSi4-3	196	250	333	$-250\sim120$		

注：1. 钩拉式拉伸弹簧因钩环过渡部分存在附加应力，其许用切应力取表中数值的80%。
2. 对重要的、损坏会引起整个机械损坏的弹簧，许用切应力$[\tau]$应适当降低。例如受静载荷的重要弹簧，可按Ⅱ类选取许用应力。
3. 经强压、喷丸处理的弹簧，许用切应力可提高约20%。
4. 极限切应力取值：Ⅰ类$\tau_s=1.67[\tau]$；Ⅱ类$\tau_s=1.25[\tau]$；Ⅲ类$\tau_s=1.12[\tau]$。

表 16.3　碳素弹簧钢丝的抗拉强度极限 σ_b

级别	抗拉强度极限 σ_b/MPa											
	$d=$0.5 mm	$d=$0.8 mm	$d=$1.0 mm	$d=$1.2 mm	$d=$1.6 mm	$d=$2.0 mm	$d=$2.5 mm	$d=$3.0 mm	$d=$3.5 mm	$d=$4.0 mm	$d=$4.5 mm	$d=$5.0 mm	$d=$6.0 mm	$d=$8.0 mm
B级	1 860	1 710	1 660	1 620	1 570	1 470	1 420	1 370	1 320	1 320	1 320	1 320	1 220	1 170
C级	2 200	2 010	1 960	1 910	1 810	1 710	1 660	1 570	1 570	1 520	1 520	1 470	1 420	1 370
D级	2 550	2 400	2 300	2 250	2 110	1 910	1 760	1 710	1 660	1 620	1 620	1 570	1 520	

注：d 表示钢丝直径。按力学性能的不同，碳素弹簧钢丝分为 B、C、D 三级。表中的 σ_b 为下限值。

三、弹簧的许用应力

影响弹簧许用应力的因素有很多，除了材料品种外，材料质量、热处理方法、载荷性质、弹簧的工作条件和重要程度以及弹簧丝的尺寸等，都是确定许用应力时应予以考虑的因素。

通常，弹簧按其载荷性质分为三类：Ⅰ类弹簧为受变载荷作用次数在 10^6 次以上或很重要的弹簧，如内燃机气门弹簧、电磁制动器弹簧；Ⅱ类弹簧为受变载荷作用次数在 $10^3 \sim 10^5$ 次，受冲击载荷的弹簧，或受静载荷的重要弹簧，如调速器弹簧、安全阀弹簧、一般车辆弹簧；Ⅲ类弹簧为受变载荷作用次数在 10^3 次以下的弹簧，即基本上受静载荷的弹簧，如摩擦式安全离合器弹簧等。弹簧的许用应力如表 16.2 所示，设计时可参考此表。

第四节　圆柱形螺旋弹簧的设计

一、圆柱形螺旋弹簧的工况分析

1. 圆柱形螺旋弹簧的应力

圆柱形螺旋拉伸及压缩弹簧的外载荷（轴向力）均沿弹簧的轴线作用，它们的应力和变形计算是相同的。现以圆柱形螺旋压缩弹簧为例进行分析。图 16.7(a) 所示为一圆柱形螺旋压缩弹簧，轴向力 F 作用在弹簧的轴线上，弹簧丝的截面是圆形的，其直径为 d，弹簧中径为 D_2，螺旋升角为 α。一般情况下 $\alpha < 90°$，可以认为通过弹簧轴线的截面就是弹簧丝的法截面。由力的平衡可知，此截面上存在剪力 F 和扭矩 $T = FD_2/2$。

如果不考虑弹簧丝的弯曲，按直杆计算，以 W_T 表示弹簧丝的抗扭截面系数，则扭矩 T 在截面上引起的最大切应力[图 16.7(b)] τ' 为

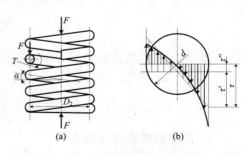

图 16.7　圆柱形螺旋弹簧的受力和应力分析

$$\tau' = \frac{T}{W_T} = \frac{F\dfrac{D_2}{2}}{\dfrac{\pi d^3}{16}} = \frac{8FD_2}{\pi d^3} \qquad (16.1)$$

若剪力引起的切应力均匀分布,则切应力 τ'' 为

$$\tau'' = \frac{4F}{\pi d^2} \qquad (16.2)$$

弹簧丝截面上的最大切应力 τ 发生在内侧,即靠近弹簧轴线的一侧,其值为

$$\tau = \tau' + \tau'' = \frac{8FD_2}{\pi d^3} + \frac{4F}{\pi d^2} = \frac{8FD_2}{\pi d^3}\left(1 + \frac{d}{2D_2}\right) \qquad (16.3)$$

令 $C = D_2/d$,则弹簧丝截面上的最大切应力 $\tau_{\max}$ 为

$$\tau_{\max} = \frac{8FD_2}{\pi d^3}\left(1 + \frac{1}{2C}\right) = \frac{8FC}{\pi d^2}\left(1 + \frac{1}{2C}\right) \qquad (16.4)$$

式中:C 为旋绕比或弹簧指数,它是衡量弹簧曲率的重要参数。在弹簧丝材料和直径相同的情况下,弹簧指数 C 越小,弹簧就越硬,曲率也越大,曲绕就越困难;C 值越大,弹簧就越软,卷制虽易,但容易出现颤动。故 C 既不能过大,也不能过小。表 16.4 给出了弹簧指数 C 的推荐值,常用值为 5~8。

表 16.4 弹簧指数 C 的推荐值

弹簧丝直径/mm	0.2~0.4	0.5~1	1.1~2.2	2.5~6	7~16	18~50
C	7~14	5~12	5~10	4~9	4~8	4~6

实际上弹簧丝是一个曲杆,取一端弹簧丝进行分析,弹簧受载后,弹簧丝内外侧的纤维长度不等。在转矩的作用下,内侧的变形要大于外侧的变形,内侧应力大于外侧应力。试验证明,弹簧的破坏大多从内侧开始。考虑到曲率和螺旋升角的影响,引入弹簧的曲度系数 K,对式(16.4)进行修正,得到弹簧丝截面上的最大切应力计算式为

$$\tau_{\max} = K\frac{8FC}{\pi d^2} \qquad (16.5)$$

曲度系数 K 的计算式为

$$K = \frac{4C-1}{4C-4} + \frac{0.615}{C} \qquad (16.6)$$

2. 圆柱形螺旋弹簧的变形

如图 16.8(a)所示,在轴向载荷作用下,弹簧产生轴向变形量 λ。截取微段弹簧丝 $\mathrm{d}s$,

如图16.8(b)所示,当弹簧螺旋升角 α 很小时,可认为半径 OC_1、OC_2 和微段弹簧丝的轴线 ds 在同一平面内。微段 ds 受扭矩 T 后,两端截面相对扭转了 $d\varphi$ 角,于是半径 OC_2 也相对于半径 OC_1 扭转了一个角度 $d\varphi$,使 O 移到 O',从而使弹簧产生相应的轴向变形 $d\lambda$:

$$d\lambda = \frac{D_2}{2}d\varphi = \frac{D_2}{2} \times \frac{Tds}{GI_P} = \frac{8FD_2^2 ds}{G\pi d^4}$$

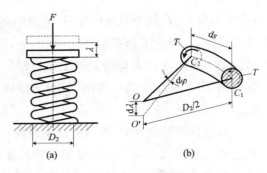

图 16.8 圆柱形螺旋弹簧的变形

式中:I_P——截面极惯性矩。

上式两边同时积分得到:

$$\lambda = \int_0^l d\lambda = \int_0^l \frac{8FD_2^2 ds}{G\pi d^4}$$

式中:G——弹簧材料的切变模量(钢:$G=8\times 10^4$ MPa;青铜:$G=4\times 10^4$ MPa)。

$\int_0^l ds$——弹簧丝的长度 l,若弹簧的有效圈数(参与变形的圈数)为 n,则 $l \approx \pi D_2 n$,由此可得弹簧的轴向变形量为

$$\lambda = \frac{8FD_2^3 n}{Gd^4} = \frac{8FC^3 n}{Gd} \quad (16.7)$$

使弹簧产生单位变形量所需的载荷称为弹簧刚度 k(也称为弹簧常数),且

$$k = \frac{F}{\lambda} = \frac{Gd^4}{8D_2^3 n} = \frac{Gd}{8C^3 n} \quad (16.8)$$

从式(16.8)可看出,当其他条件相同时,旋绕比 C 越小,弹簧刚度越大;反之,则弹簧刚度越小。

3. 圆柱形螺旋弹簧的特性线

弹簧的特性线是表示弹簧所受载荷与变形的关系线图。图16.9所示为圆柱形螺旋压缩弹簧及其特性曲线。这种弹簧的载荷与变形成正比,特性线为一直线。弹簧的自由高度为 H_0(未受载时的高度),在安装弹簧时一般要使弹簧预受一压缩力 F_{min},使它能稳定地安装在规定的位置。F_{min} 称为弹簧的最小载荷

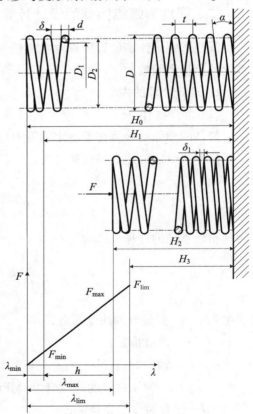

图 16.9 圆柱形螺旋压缩弹簧的特性线

(安装载荷)。在最小载荷作用下,弹簧的高度由 H_0 减为 H_1,其压缩变形量为 λ_{min}。当弹簧工作时,在最大工作载荷 F_{max} 作用下,弹簧的高度被压缩到 H_2,相应的压缩变形量为 λ_{max}。λ_{max} 与 λ_{min} 之差即弹簧的工作行程 h,$h = \lambda_{max} - \lambda_{min}$。$F_{lim}$ 为弹簧的极限载荷,在该力的作用下,弹簧丝中的应力刚好达到材料的弹性极限,与 F_{lim} 对应的高度为 H_3,变形量为 λ_{lim}。

在进行弹簧设计时,弹簧的最小载荷通常取为 $F_{min} = (0.1 \sim 0.5) F_{max}$;最大工作载荷 F_{max} 由工作要求而定。为了保证弹簧的载荷和变形的线性关系,要求 $F_{max} \leqslant 0.8 F_{lim}$。

4. 失效形式

弹簧的失效形式可分为断裂失效和过量变形失效。过载是弹簧失效的一个重要原因,松弛和其他形式的损坏,一般都是弹簧应力高于许用应力所引起的。另外,设计缺陷、材料缺陷、工艺不当和非正常工作条件,也是引起弹簧失效的普遍原因。但是在许多条件下,这些因素是通过疲劳作用而使弹簧失效的。所以,疲劳也是引起弹簧失效的一个主要原因。

5. 设计准则

对于一般弹簧,在设计时需要进行强度和刚度计算;对于高径比较大的弹簧,还要进行稳定性的校核;对于承受变载荷的重要弹簧,还要校核其疲劳强度。

二、圆柱形螺旋弹簧的设计计算

圆柱形螺旋弹簧设计计算的主要任务是:计算在满足强度、特性曲线的前提下所需弹簧丝的直径和圈数。

1. 设计计算的内容

(1) 静强度计算

弹簧的静强度计算在于确定弹簧中径 D_2 和弹簧丝直径 d。

根据式(16.5)建立强度条件为

$$\tau_{max} = K \frac{8FC}{\pi d^2} \leqslant [\tau] \tag{16.9}$$

则弹簧丝直径的计算公式为

$$d \geqslant \sqrt{\frac{8KFC}{\pi [\tau]}} = 1.6 \sqrt{\frac{KFC}{[\tau]}} \tag{16.10}$$

式中:K——弹簧丝的曲度系数;

C——弹簧指数;

F——轴向载荷,N;

$[\tau]$——弹簧材料的许用应力,MPa;

d——弹簧丝的直径,mm。

应用式(16.10)进行计算时,如材料选用优质碳素弹簧钢,则其许用应力 $[\tau]$ 与弹簧丝直径有关,故需采用试算法。求得的弹簧丝直径 d 应圆整为标准值,其值可查相关的设计手册。

弹簧中径 D_2 为

$$D_2 = Cd \tag{16.11}$$

(2) 有效圈数计算

弹簧的刚度计算是为了求出满足变形量要求的弹簧圈数 n。由式(16.7)可得所需弹簧的有效圈数 n 为

$$n = \frac{Gd\lambda}{8FC^3} = \frac{Gd}{8kC^3} \tag{16.12}$$

为了制造方便,求出的 $n<15$ 时,取 n 为 0.5 的倍数;当 $n>15$ 时,取 n 为整数。弹簧的有效圈数最少不能少于 2 圈。

(3) 弹簧的几何参数计算

弹簧的几何参数可根据表 16.1 进行计算。

(4) 弹簧的稳定性计算

对于圈数较多的压缩弹簧,当高径比 $b=H_0/D_2$ 较大,且载荷 F 又达到一定值时,弹簧就会因发生侧向弯曲而丧失稳定性,如图 16.10(a)所示,为此应检验其稳定性指标。为保证压缩弹簧能正常工作,建议一般压缩弹簧的高径比 b 按下列情况选取:

① 当两端固定时,取 $b \leqslant 5.3$;
② 当一端固定,一段回转时,取 $b \leqslant 3.7$;
③ 当两端均为回转端时,取 $b \leqslant 2.6$。

如果 b 值超过规定范围,又不能修改有关设计参数,应设置导杆或导套以保持弹簧的稳定性,如图 16.10(b)所示,导杆和导套与弹簧的间隙不应过大,工作时需加油润滑。

2. 设计步骤

(1) 根据工作条件选择材料,并查取其机械性能数据。

(2) 选择弹簧指数 C,并计算曲度系数 K 值。

(3) 根据弹簧指数 C 值估取弹簧丝直径 d_0,并查取弹簧丝的许用应力。

(4) 试算弹簧丝直径 d。

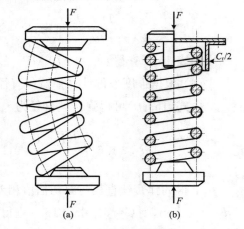

图 16.10 压缩弹簧的稳定性

要注意的是,必须将试算所得的 d 值与原来估取的 d_0 值进行比较,如果两者相等或很接近,即可按标准将其圆整为邻近的标准弹簧丝直径 d,并按 $D_2=Cd$ 求出 D_2;如果两者相差较大,则应参考计算结果重估 d 值,再进行试算,直至满足要求。

(5) 根据变形条件求出弹簧有效圈数和总圈数。

(6) 求出弹簧的尺寸 D、D_1、t、α、H_0 和弹簧丝的展开长度 L，并检查其是否符合安装要求，如不符合，则应改选有关参数重新设计。

(7) 验算弹簧的稳定性。

(8) 进行弹簧的结构设计。

(9) 绘制弹簧的工作图。

例题 16.1 试设计一纺织机上的压缩弹簧，已知最小载荷 $F_1=200$ N，最大载荷 $F_{max}=500$ N，工作行程 $\lambda_0=10$ mm，要求弹簧外径不超过 28 mm，端部并紧磨平，弹簧安装后两端固定。

解：

(1) 选定弹簧丝材料

该弹簧载荷属于Ⅱ类载荷，选用弹簧丝材料为Ⅱ类 C 级碳素弹簧钢丝，查表 16.2 可得许用切应力 $[\tau]=0.4\sigma_b$，由相关机械设计手册查得 $G=80\,000$ N/mm^2。

(2) 初选弹簧指数 C，并算出曲度系数 K

现选取 $C=7$，由式(16.6)得

$$K=\frac{4C-1}{4C-4}+\frac{0.615}{C}=\frac{4\times7-1}{4\times7-4}+\frac{0.615}{7}=1.21$$

(3) 根据 C 值估取弹簧丝直径 d_0，并由表 16.2 查出弹簧丝的许用应力。

由 $C=\dfrac{D_2}{d}=\dfrac{D-d}{d}$ 可得 $d_0=3.5$ mm。

由表 16.3 查得 $\sigma_b=1\,570$ MPa，故 $[\tau]=0.4\sigma_b=628$ MPa。

(4) 根据强度条件计算弹簧丝直径 d 和中径 D_2

由式(16.10)可得弹簧丝直径为

$$d\geqslant 1.6\sqrt{\frac{KF_{max}C}{[\tau]}}=1.6\times\sqrt{\frac{1.21\times 500\times 7}{628}}=4.15(\text{mm})$$

求得的弹簧丝直径与原初估值相差较大，需重新计算。改选 $d_0=4$ mm，此时 $D_2=D-d_0=24$ mm，则 $C=6$。由表 16.3 查得 $\sigma_b=1\,520$ MPa，故 $[\tau]=0.4\sigma_b=608$ MPa，此时 $K=1.253$。得弹簧丝直径为

$$d\geqslant 1.6\sqrt{\frac{KF_{max}C}{[\tau]}}=1.6\times\sqrt{\frac{1.253\times 500\times 6}{608}}=3.98(\text{mm})$$

与改选的弹簧丝直径 $d_0=4$ mm 基本一致，故可确定弹簧丝的直径 $d=4$ mm，弹簧中径 $D_2=24$ mm。

由于碳素弹簧钢丝的许用应力与钢丝直径有关，而钢丝的直径是未知量，故需初定弹

簧丝的直径 d_0，查出许用应力后再计算 d，并应进行反复试算，直到所得的 d 值与初估值基本一致为止，且 d 的值应符合标准规定。

(5) 求弹簧的有效圈数

弹簧的刚度为

$$k = \frac{F}{\lambda} = \frac{F_{\max} - F_1}{\lambda_{\max} - \lambda_1} = \frac{500 - 200}{10} = 30(\text{N/mm})$$

由式(16.12)得

$$n = \frac{Gd}{8kC^3} = \frac{80\,000 \times 4}{8 \times 6^3 \times 30} = 6.17$$

取 $n = 6.5$ 圈，考虑两端各并紧一圈，则弹簧的总圈数 $n_1 = n + 2 = 8.5$。

(6) 确定弹簧的实际刚度，并计算其变形量 λ_1、$\lambda_{\max}$

由式(16.12)计算弹簧的实际刚度为

$$k_s = \frac{Gd}{8C^3 n} = \frac{80\,000 \times 4}{8 \times 6^3 \times 6.5} = 28.49(\text{N/mm})$$

弹簧的实际变形量

$$\lambda_{\max} = \frac{F_{\max}}{k_s} = \frac{500}{28.49} = 17.55(\text{mm})$$

$$\lambda_1 = \lambda_{\max} - \lambda_0 = 17.55 - 10 = 7.55(\text{mm})$$

(7) 求弹簧的其他参数

内径 $D_1 = (C-1)d = (6-1) \times 4 = 20(\text{mm})$。

在最大载荷 $F_{\max}$ 作用下相邻两圈间的间距 $\delta' \geq 0.1d = 0.1 \times 4 = 0.4(\text{mm})$，取 $\delta' = 1\,\text{mm}$，则无载荷作用下弹簧的节距 t 为

$$t = d + \frac{\lambda_{\max}}{n} + \delta' = 4 + \frac{17.55}{6.5} + 1 = 7.7(\text{mm})$$

t 在 $(0.28 \sim 0.5)D_2$ 的范围内，满足要求。

弹簧自由高度 H_0（端部并紧磨平）为

$$H_0 = n(t-d) + (n_1 - 0.5)d = 6.5 \times (7.7 - 4) + (8.5 - 0.5) \times 4 = 56.05(\text{mm})$$

螺旋升角 α 为

$$\alpha = \arctan \frac{t}{\pi D_2} = 5.83°$$

满足 α 的取值范围。

弹簧丝的展开长度 L 为

$$L = \frac{\pi D_2 n_1}{\cos \alpha} = \frac{\pi \times 24 \times 8.5}{\cos 5.83°} = 643.8 \text{(mm)}$$

(8) 稳定性计算

$$b = \frac{H_0}{D_2} = \frac{56.05}{24} = 2.3$$

采用两端固定支座，$b = 2.3 < 5.3$，故不会失稳。

(9) 弹簧的结构设计（略）

(10) 绘制弹簧的工作图

经过设计计算后，必须绘制弹簧的工作图，并标注技术要求，作为制造和检验弹簧的依据，该题中弹簧工作图如图 16.11 所示。

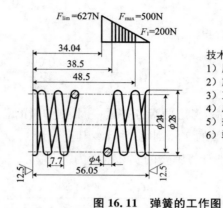

图 16.11　弹簧的工作图

第五节　其他类型弹簧简介

一、圆柱形螺旋扭转弹簧

圆柱形螺旋扭转弹簧的外形和拉压弹簧相似，但其承受的是绕弹簧轴线的外加力矩，主要用于压紧和储能，例如使门上铰链复位，电机中保持电刷的接触压力等。为了便于加载，其端部常做成图 16.12 所示的结构形式。当扭转弹簧受外加力矩 M 时，若弹簧的螺旋

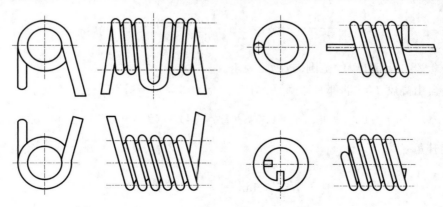

图 16.12　圆柱形螺旋扭转弹簧

升角 α 很小,可以认为弹簧丝只承受弯矩,其值等于外加力矩 M。应用曲梁受弯的理论,可求得圆截面弹簧丝的最大弯曲应力 σ 及强度条件为

$$\sigma = K_1 \frac{M}{W} = K_1 \frac{32M}{\pi d^3} \leqslant [\sigma] \tag{16.13}$$

式中：K_1——曲度系数，$K_1 = \dfrac{4C-1}{4C-4}$；

W——抗弯截面系数；

d——弹簧丝直径；

$[\sigma]$——材料的许用弯曲应力,可取 $[\sigma] \approx 1.25[\tau]$，$[\tau]$ 值见表 16.2。

扭转弹簧受外加力矩作用后会产生扭转变形,设其扭转角为 φ。与圆柱形拉压弹簧类似,圆柱形扭转弹簧的扭转角 φ 与载荷 M 成正比。根据曲梁受弯时的偏转角方程式可求得弹簧扭转角的计算式为

$$\varphi = \frac{Ml}{EI} = \frac{\pi M D_2 n}{EI} \tag{16.14}$$

式中：E——材料的弹性模量；

I——弹簧丝截面的惯性矩；

D_2——弹簧的中径；

n——弹簧的有效圈数；

l——弹簧丝展开长度。

精度要求高的扭转弹簧,圈与圈之间应有一定的间隙,以免载荷作用时,因圈间摩擦而影响其特性曲线。扭转弹簧的旋向应与外加力矩的方向一致。这样,位于弹簧内侧的最大工作应力(压应力)与卷绕时产生的残余应力(拉应力)方向相反,从而可提高承载能力。扭转弹簧受载后,其平均直径 D_2 会缩小。对于有心轴的扭转弹簧,为了避免受载后"抱轴",心轴和弹簧内径间必须留有足够的间隙。

二、碟形弹簧

碟形弹簧是用薄钢板冲制而成的,其外形像碟子。当它受到沿周边均匀分布的轴向力时,内锥高度变小,会相应地产生轴向变形。这种弹簧具有变刚度的特性。

在实际应用时,往往把碟形弹簧片组合起来使用。为了增大变形量,可以采用对合式组合碟形弹簧[图 16.13(a)],这时变形量随着弹簧片片数的增加而增加,但弹簧承载能力不变。在工作过程中碟形弹簧片间有摩擦损失,其加载和卸载的特性线是不重合的[图 16.13(b)]。加载特性曲线与卸载特性曲线所包围的面积,就代表阻尼所消耗的能量,此能量越大说明弹簧的吸振能力越强。为了增加承载量,可以采用叠合式组合碟形弹簧[图 16.14(a)],这时承载能力随着弹簧片片数的增加而增加,但其变形量不变。这种结构的碟形弹簧片间的

摩擦阻尼较大。叠合式组合碟形弹簧特别适用于缓冲和吸振。如欲同时增加变形量和承载能力,则可以采用复合式组合碟形弹簧[图 16.14(b)]。同样尺寸的碟形弹簧片,在不同组合时也能获得许多不同的弹簧特性,以适应不同的使用要求。

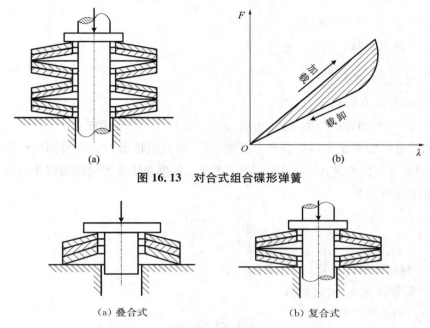

图 16.13 对合式组合碟形弹簧

（a）叠合式　　　　　（b）复合式

图 16.14 叠合式和复合式组合碟形弹簧

碟形弹簧除了具有上述特点外,还具有变形量小、承载能力大、在受载方向空间尺寸小等显著优点。目前,碟形弹簧常用作重型机械、飞机等的强力缓冲弹簧,其还广泛应用于离合器、减压阀、密封圈和自动化控制机构中。

碟形弹簧的缺点是,用作高精密控制弹簧时,对材料和制造工艺(加工精度、热处理)等要求比较严,制造困难。关于碟形弹簧的设计计算可参阅相关的设计手册。

三、涡卷弹簧

涡卷弹簧是阿基米德涡线形的结构,如图 16.15(a)所示。它的外端固定在活动构件或

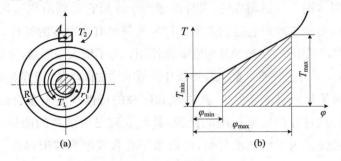

图 16.15 涡卷弹簧

壳体上,内端固定在心轴上。它主要用来积蓄能量,带动活动构件运动,完成机构所需要的动作。涡卷弹簧常用作仪表机构的发条及武器的发射弹簧。

涡卷弹簧所受的外载荷是扭矩,但弹簧丝的每一个截面都承受相同的弯矩,其受力状态与螺旋扭转弹簧基本相同,设计方法也类似。

涡卷弹簧的特性曲线如图 16.15(b)所示,它在工作过程中所受的扭矩 T 与其扭转角 φ 基本上成正比,但其特性曲线的两端不是直线,这与涡卷弹簧本身的结构有关。在涡卷弹簧工作的开始和终止阶段,并不是所有弹簧丝都参与工作,而是它的一部分。因为涡卷弹簧外层几圈是逐渐松开的,当各圈完全松离内轴后,涡卷弹簧才能在全长度内变形。

习 题

1. 按承载性质和外形,弹簧可分为哪几种主要类型?
2. 请列举一种有弹簧的常用机器,观察弹簧的种类及其功能。
3. 什么是弹簧的刚度?什么是弹簧的旋绕比?
4. 增大圆柱形螺旋弹簧中径和弹簧丝直径对弹簧的强度和刚度有什么影响?

第十七章　机械的调速与平衡

第一节　机械的运转及速度波动的调节

一、机械运转的三个阶段

机械在外力作用下从开始运动到终止运动所经历的过程称为机械的运转过程,根据能量守恒定律,作用在机械上的力在任一时间间隔内所做的功应等于机械动能的增量,即

$$W_\mathrm{d} - W_\mathrm{r} = E_2 - E_1 \tag{17.1}$$

式中：W_d——驱动力所做的功；

W_r——阻力所做的功；

E_1、E_2——分别为机械系统在该时间间隔开始和终止时的动能。

如图17.1所示,机械的运转过程可以分为以下三个阶段：

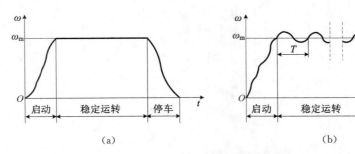

图 17.1　机械的运转过程

(1) 启动阶段：该阶段原动件的速度从零逐渐上升到正常工作速度。在此阶段,由于原动件的速度增加,故机械的动能增加,即 $E_2 - E_1 > 0$。

(2) 稳定运转阶段：该阶段原动件的速度保持不变[匀速稳定运转,如图17.1(a)]或在正常工作速度的平均值上下作周期性波动[变速稳定运转,如图17.1(b)]。图中 T 为稳定运转阶段速度波动的周期,ω_m 为原动件的平均角速度。在此阶段,若机械做匀速稳定运转,则 ω 为常数,$W_\mathrm{d} - W_\mathrm{r} = E_2 - E_1 = 0$；若机械做变速稳定运转,由于每一个运动周期的末速

度等于初速度,故在一个运动循环或整个稳定运转阶段,输入功均与总耗功相等,即 $W_d - W_r = E_2 - E_1 = 0$。在一个周期内任一时间间隔中,输入功与总耗功不一定相等。

(3) 停车阶段:该阶段原动件的速度从正常工作速度降为零。在停车阶段,随着原动件的速度由平均值降为零,机械的动能逐渐减小,即 $W_d - W_r = E_2 - E_1 < 0$。由于驱动力通常在此阶段已经撤去,即输入功 $W_d = 0$,故当总耗功逐渐将机械具有的动能消耗殆尽时,机械便停止运转。

启动阶段和停车阶段统称为机械运转的过渡阶段。由于机械通常是在稳定运转阶段进行工作的,因此应尽量缩短过渡阶段时间。在启动阶段,一般常使机械在空载下启动,或者另加一个启动马达来加大输入功,以达到快速启动的目的;在停车阶段,通常在机械上安装制动装置以增加摩擦阻力从而达到缩短停车时间的目的。

二、机械速度波动及其调节

机械是在外力(驱动力和阻力)的作用下运转的。在机械的运转阶段,如果驱动力所做的功(输入功)等于阻力所做的功(输出功),则机械的主轴将保持匀速转动。但驱动力所做的功并不一直与阻力所做的功相等。若 $W_d > W_r$,机械动能将增加,机械主轴转速将升高。若 $W_d < W_r$,机械动能将减小,机械主轴转速将下降。所以,机械动能的增减会使机械主轴速度发生变化,从而造成机器运转时速度发生波动。这种速度波动会使运动副中产生附加的动压力,引起振动和噪声,影响零件的强度和寿命,降低机械的效率和工作可靠性,使产品质量下降。因此,必须对速度波动加以调节,使其控制在允许的范围之内。

机械运转的速度波动分为两类:周期性速度波动和非周期性速度波动。

1. 周期性速度波动

机械运转时,当外力作周期性变化时,其动能的增减作周期性变化,机械主轴的角速度也作周期性的波动。如图 17.2 所示,在一个运动周期中,主轴的角速度由某一原始值开始变化,然后又恢复到该原始值,其动能没有增减。但是,在周期中的某段时间内,驱动力所做的功与阻力所做的功是不相等的,因而会出现速度波动。这种呈周期性的速度波动,称为周期性速度波动。

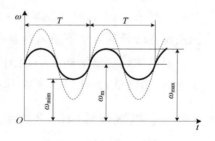

图 17.2 周期性速度波动

调节周期性速度波动的方法是在机械系统中加上一个转动惯量很大的回转件,一般是飞轮。飞轮相当于一个能量储存器,当机械系统的驱动功大于阻力功时,机械系统增加的能量被飞轮以动能的形式储存起来,从而使机械速度上升的幅度减小。反之,当机械系统的驱动功小于阻力功时,飞轮又可释放出其储存的能量,以弥补能量的不足,从而使机械速度下降的幅度减小。因此,采用飞轮可以减轻机械系统周期性的速度波动,使运转趋于均匀。

2. 非周期性速度波动

机械工作时,如果输入功在很长一段时间内总是大于输出功,则机械运转速度将不断升高,以致出现"飞车"现象而导致机械损坏。反之,若输入功总是小于输出功,则机械运转速度将不断下降,直至停车。汽轮发电机组在供气量不变而用电量突然增减时就会出现这类情况。这种速度波动是随机的,不规则的,没有一定的周期,因此称为非周期性速度波动。

对于非周期性速度波动,安装飞轮是不能达到调节目的的,这是因为飞轮的作用只是"吸收"和"释放"能量,它既不能创造能量,也不能消耗能量。非周期性速度波动的调节可分为以下两种情况:

(1)当机械的原动机所发出的驱动力矩 M_d 是速度的函数且具有下降的趋势时,机械具有自动调节非周期性速度波动的能力,如电动机具有自调性。

(2)对于没有自调性的机械系统,如采用蒸汽机、汽轮机或内燃机为原动机的机械系统,只能采用特殊的装置使输入功与输出功趋于平衡,以达到新的稳定运转,这种特殊装置称为调速器。调速器的种类很多,图17.3所示为机械式离心调速器的工作原理图,当机械系统的工作负荷减小时,其主轴转速升高,调速器本体的中心轴的转速也随之升高,由于离心力的作用,两重球 K 将张开并带动滑块和滚子 M 上升,最后通过连杆机构关小节流阀 G,以减少进入原动机的工作介质(煤气、燃油等),从而使系统的输入功与输出功相等,以便使机械系统在较高的转速下重新达到稳定状态。反之,当机械系统的工作负荷增大时,其主轴转速降低,调速器本体的中心轴的转速也随之降低,两重球 K 将下落并带动滑块和滚子 M 下降,最后通过连杆机构开大节流阀 G,以增加进入原动机的工作介质。经上述调节,系统的输入功与输出功相平衡,机械系统在较低的转速下重新达到稳定状态。

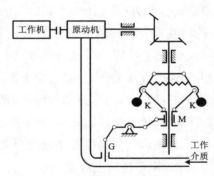

图 17.3 机械式离心调速器工作原理图

机械式调速器结构简单,工作可靠,成本低,在内燃机等机械上应用较广。但它的体积庞大,灵敏度低,近代机器多采用电子调速装置实现自动调节。

三、机械运转时的平均角速度和不均匀系数

对于具有周期性速度波动的机械来说,其实际平均角速度 ω_m 可由下式求出:

$$\omega_m = \frac{1}{T}\int_0^T \omega \, dt \tag{17.2}$$

这个实际平均值称为机械的名义角速度或额定角速度。

由于 ω_m 的变化规律很复杂,故在工程计算中,通常以算术平均值代替实际平均值,即

$$\omega_m = \frac{\omega_{max} + \omega_{min}}{2} \tag{17.3}$$

式中，ω_{max}、ω_{min} 分别为一个周期内机械主轴的最大和最小角速度。

为了衡量机械速度波动的不均匀程度，可引入不均匀系数 δ，其定义为

$$\delta = \frac{\omega_{max} - \omega_{min}}{\omega_m} \tag{17.4}$$

若 ω_m 和 δ 已知，由上式整理得：

$$\omega_{max} = \omega_m \left(1 + \frac{\delta}{2}\right) \tag{17.5}$$

$$\omega_{min} = \omega_m \left(1 - \frac{\delta}{2}\right) \tag{17.6}$$

由式(17.5)和式(17.6)可知，δ 越小，角速度波动也越小。不同类型的机器对于运转速度均匀程度的要求是不同的，表17.1列出了一些常用机械运转速度不均匀系数的许用值。

表 17.1　常用机械运转速度不均匀系数的许用值

机械的名称	[δ]	机械的名称	[δ]
碎石机	1/20～1/5	水泵、鼓风机	1/50～1/30
冲床、剪床	1/10～1/7	造纸机、织布机	1/50～1/40
轧压机	1/25～1/10	纺纱机	1/100～1/60
汽车、拖拉机	1/60～1/20	直流发电机	1/200～1/100
金属切削机床	1/40～1/30	交流发电机	1/300～1/200

四、飞轮设计简介

1. 飞轮设计的基本原理

飞轮设计的核心问题就是在满足 $\delta \leqslant [\delta]$ 的情况下确定它的转动惯量，并以此确定飞轮的结构和尺寸。

在一般机械中，其他构件所具有的动能与飞轮相比，其值甚小，近似设计中可以用飞轮的动能代替整个机械的动能。当机械主轴角速度为最大角速度 ω_{max} 时，飞轮动能具有最大值 E_{max}；反之，当主轴角速度为最小角速度 ω_{min} 时，飞轮动能具有最小值 E_{min}。E_{max} 和 E_{min} 之差即为一个周期内动能的最大变化量，简称最大盈亏功，以 ΔW_{max} 表示，即

$$\Delta W_{max} = E_{max} - E_{min} = \frac{1}{2} J_F (\omega_{max}^2 - \omega_{min}^2) = J_F \omega_m^2 \delta \tag{17.7}$$

式中：ΔW_{max} ——最大盈亏功；

J_F ——飞轮转动惯量。

将 $\omega_m = \pi n / 30$ 代入上式，可得到安装在主轴上飞轮的转动惯量：

$$J_F = \frac{\Delta W_{\max}}{\omega_m^2 \delta} = \frac{900 \Delta W_{\max}}{\pi^2 n^2 \delta} \tag{17.8}$$

由式(17.8)可知：

(1) 当 $\Delta W_{\max}$ 和 ω_m 一定时，飞轮的转动惯量 J_F 与速度不均匀系数 δ 成反比，因此增大飞轮的转动惯量可使机械的主轴速度波动程度减小。但当 δ 很小时，略微减小 δ 的值会使飞轮的转动惯量激增，从而导致机械笨重，成本增加。因此，不能过分追求机械运转速度的均匀性。

(2) 当 J_F 与 ω_m 一定时，$\Delta W_{\max}$ 与 δ 成正比，即最大盈亏功越大，机械运转越不均匀。

(3) 当 $\Delta W_{\max}$ 与 δ 一定时，J_F 与 ω_m 的平方成反比。因此，为了减小飞轮的转动惯量 J_F，最好将飞轮安装在机械的高速轴上。

2. 最大盈亏功 $\Delta W_{\max}$ 的确定

通过式(17.8)计算 J_F 时，由于 ω_m 和 δ 均为已知量，因此，计算飞轮的转动惯量的关键在于确定最大盈亏功 $\Delta W_{\max}$。图 17.4(a)所示为机械在一个稳定运转周期内驱动力矩 M_d 和阻力矩 M_r 分别随角位移 φ 变化的曲线，两曲线所包围的面积代表相应区间驱动功与阻力功差值的大小。在相应区间上，若驱动力矩大于阻力矩，则出现盈功，若驱动力矩小于阻力矩，则出现亏功。最大盈亏功 $\Delta W_{\max}$ 为机械主轴角速度从 $\omega_{\min}$ 变化到 $\omega_{\max}$ 过程中功的变化量。可用图 17.5 所示的能量指示图来帮助确定 $\omega_{\max}$ 和 $\omega_{\min}$。任选一水平基线代表运动循环开始时机械的动能，依次作向量 ab、bc、cd、de、ea 分别代表盈亏功 W_1、W_2、W_3、W_4、W_5，其中盈功为正，箭头向上，亏功为负，箭头向下，各段首尾相连，构成一封闭向量图。由图中可以看出点 e 处具有最大动能 $E_{\max}$，对应于 $\omega_{\max}$，点 b 处具有最小动能，对应于 $\omega_{\min}$，则最大盈亏功 $\Delta W_{\max}$ 为

$$\Delta W_{\max} = W_2 + W_3 + W_4 \tag{17.9}$$

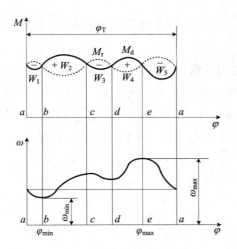

图 17.4 最大盈亏功的确定

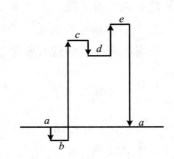

图 17.5 能量指示图

例 17.1 在一个用电动机作原动机的剪床机械系统中,电动机的转速为 $n_m = 1\,500$ r/min。已知折算得电机轴上的等效阻力矩 M_r 的变化曲线如图 17.6 所示,电动机的驱动力矩为常数,机械系统本身各构件的转动惯量均忽略不计。当要求该系统的速度不均匀系数 $\delta \leqslant 0.05$ 时,求安装在电机轴上的飞轮所需的转动惯量 J_F。

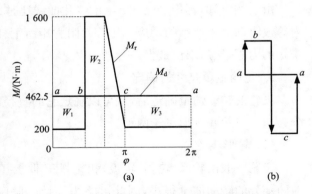

图 17.6 剪床机械系统的等效力矩与能量指示图

解:

(1) 求最大盈亏功 W_{max}

图中只给出了力矩 M_r 的变化曲线,并知道电动机的驱动力矩为常数,但不知其具体数值。根据一个周期内等效驱动力矩 M_d 所做功等于等效阻力矩 M_r 所消耗功的原则,即

$$M_d \times 2\pi = 200 \times 2\pi + \frac{1}{2} \times (0.25\pi + 0.5\pi) \times (1\,600 - 200)$$

可得 $M_d = 462.5$ N·m。

在图 17.6(a)中画出等效驱动力矩 $M_d = 462.5$ N·m 的直线,它与 M_r 曲线之间所夹的各单元面积即为对应的盈功或亏功,它们分别为

$$W_1 = (462.5 - 200) \times \frac{\pi}{2} = 412.3 \text{(J)}$$

$$W_2 = \left[(1\,600 - 462.5) \times \frac{\pi}{4} + \frac{1}{2} \times (1\,600 - 462.5) \times \frac{1\,600 - 462.5}{1\,600 - 200} \times \frac{\pi}{4} \right]$$
$$= 1\,256.3 \text{(J)}$$

$$W_3 = \frac{1}{2} \times (462.5 - 200) \times \left(1 - \frac{1\,600 - 462.5}{1\,600 - 200}\right) \times \frac{\pi}{4} + (462.5 - 200) \times \pi$$
$$= 844 \text{(J)}$$

根据上述结果绘出能量指示图,如图 17.6(b)所示,可见,最大盈亏功即为 W_2 或 $W_1 + W_3$,即

$$\Delta W_{max} = 1\,256.3 \text{ J}$$

(2) 求飞轮的转动惯量

将 ΔW_{max} 代入飞轮转动惯量计算式,可得

$$J_F = \frac{\Delta W_{max}}{\omega_m^2 \delta} = \frac{900 \Delta W_{max}}{\pi^2 n_m^2 \delta} = \frac{90 \times 1\,256.3}{1\,500^2 \times 0.05} = 1.005 \text{(kg·m}^2\text{)}$$

由上例可知,不论是已知 M_d 的变化曲线还是 M_r 的变化曲线,总可以运用在一个周期内等效驱动力矩所做的功应等于等效阻力矩所消耗的功(输入功等于输出功)的原则,求出未知的力矩,然后求出最大盈亏功 ΔW_{max}。

3. 飞轮主要尺寸的确定

飞轮的转动惯量确定后,就可以确定它的直径、宽度、轮缘厚度等尺寸。飞轮按其形状分为轮形飞轮和盘形飞轮两种。

(1) 轮形飞轮

飞轮一般由轮缘、轮辐(辐板)和轮毂三部分组成。与轮缘相比,其他两部分的转动惯量很小,因此可略去不计。假设飞轮外径为 D_1,轮缘内径为 D_2,轮缘质量为 m,则轮缘的转动惯量为

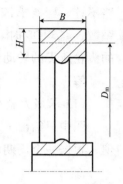

$$J_F = \frac{m}{2}\left(\frac{D_1^2 + D_2^2}{4}\right) = \frac{m}{8}(D_1^2 + D_2^2) \qquad (17.10)$$

飞轮结构如图 17.7 所示,当轮缘厚度 H 较小时,可近似认为飞轮质量集中于其平均直径为 D_m 的圆周上,于是可得

图 17.7 飞轮结构

$$J_F = \frac{m}{4}D_m^2 \qquad (17.11)$$

式中 mD_m^2 称为飞轮矩,单位为 $kg \cdot m^2$。

知道飞轮的转动惯量后,就可以求得其飞轮矩。可根据飞轮在机械系统中的安装空间来选择轮缘的平均直径 D_m,再用式(17.11)计算出飞轮的质量 m。

若设飞轮宽度为 $B(m)$,轮缘厚度为 $H(m)$,平均直径为 $D_m(m)$,材料密度为 ρ (kg/m^3),则

$$m = \rho \pi D_m H B \qquad (17.12)$$

在选定 D_m 并由式(17.11)计算出 m 后,便可根据飞轮的材料和选定的比值 H/B 再由式(17.12)求出飞轮的剖面尺寸 H 和 B。对于较小的飞轮,通常取 $H/B=2$;对于较大的飞轮,通常取 $H/B=1.5$。

由式(17.11)可知,当飞轮的转动惯量一定时,选择的飞轮直径愈大,则质量愈小。但直径太大,会增加制造和运输困难,且直径大的飞轮占据空间大,同时轮缘的圆周速度增加,会使飞轮受过大离心力的作用而有破裂的危险。因此,在确定飞轮尺寸时应校核飞轮的最大圆周速度,应使圆周速度小于安全极限值。

(2) 盘形飞轮

当飞轮的转动惯量不大时,可采用形状简单的盘形飞轮,如图 17.8 所示。设 m、D 和 B 分别为其质量、外径及宽度,由理论力学可知,整个飞轮的转动惯量 J_F 为

$$J_F = \frac{m}{2}\left(\frac{D}{2}\right)^2 = \frac{mD^2}{8} \quad (17.13)$$

根据安装空间选定飞轮直径 D 后,可由式(17.13)计算出飞轮质量 m。根据所选飞轮材料,即可求出飞轮的宽度 B 为

$$B = \frac{4m}{\pi D^2 \rho} \quad (17.14)$$

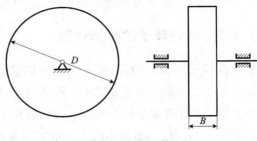

图 17.8　盘形飞轮

飞轮的转速越高,其轮缘产生的离心力也越大,一旦其超过材料的强度极限,轮缘便会破裂。安全起见,在选择平均直径和外圆直径时,应对飞轮外圆的圆周速度加以限制。对于铸铁飞轮,$v_{max} < 36$ m/s;对于铸钢飞轮,$v_{max} < 50$ m/s。应当指出,飞轮不一定是外加的专门构件。实际机械中往往用增大带轮(或齿轮)的尺寸和质量的方法,使带轮(或齿轮)兼起飞轮的作用。这种带轮(或齿轮)也就是机器中的飞轮。应当指出,本章所介绍的飞轮设计方法,没有考虑除飞轮以外的其他构件动能的变化,因而是近似设计。机械运转速度的不均匀系数 δ 允许有一个变化范围,所以这种近似设计可以满足一般使用要求。

第二节　回转件的平衡

一、机械平衡的目的

机械运转时,由于构件的质心与回转中心不重合,将产生离心惯性力,它会使运动副产生附加动压力,增加摩擦磨损,降低机械效率和缩短使用寿命。惯性力的不断变化会使机械和基础产生有害振动,从而使机械的工作可靠性和安全性降低,使机械的精度降低,噪声增大,严重时会造成机械的破坏。机械平衡的目的是完全或部分地消除惯性力给机械带来的不良影响。

机械中绕固定轴线转动的构件称为回转件(或转子)。机械的平衡包括转子的平衡和机构的平衡。根据转子工作转速的不同,转子的平衡又包括以下两类:

1. 刚性转子的平衡

当刚性转子的工作转速低于一阶临界转速时,其旋转轴线挠曲变形可忽略不计,对其进行平衡时,可以不考虑其弹性变形。可以通过重新调整转子上质量的分布,使其质心位于旋转轴线,以实现刚性转子的平衡。本节主要介绍此类转子的平衡问题。

2. 挠性转子的平衡

当挠性转子的工作转速大于一阶临界转速时,其旋转轴线挠曲变形不可忽略。挠性转子在运转过程中会产生较大的弯曲变形,且由此所产生的离心惯性力也会随之明显增大,

所以此类转子的平衡问题比较复杂,必须考虑变形对平衡的影响,本节不作介绍。

二、刚性转子的平衡计算

在转子的设计阶段,尤其是在对高速转子及精密转子进行结构设计时,除应保证其满足工作要求及制造工艺要求外,还必须对其进行平衡计算,以检查其惯性力和惯性力矩是否平衡。若不平衡,还应在结构上采取相应措施,以消除或减少导致有害振动产生的不平衡惯性力和惯性力矩的影响。根据不平衡质量分布情况,将刚性转子的平衡分为静平衡和动平衡,两种平衡分析如下。

1. 静平衡计算

对于宽径比 $b/D \leqslant 0.2$ 的转子,例如砂轮、飞轮、齿轮、带轮等,由于其轴向尺寸较小,故可近似地认为其不平衡质量分布在同一回转平面内。在这种情况下,若转子的质心不在其回转轴线上,当转子转动时,偏心质量就会导致离心惯性力的产生,从而在运动副中引起附加动压力。为了消除离心惯性力的影响,设计时应首先根据转子结构确定各偏心质量的大小和方位,然后计算出为平衡偏心质量需添加的平衡质量的大小和方位,以使设计出来的转子在理论上达到平衡。

图 17.9(a)所示为一盘形转子,已知分布于同一回转平面内的偏心质量分别为 m_1、m_2 和 m_3,从回转中心到各偏心质量中心的矢径分别为 r_1、r_2 和 r_3。当转子以等角速度 ω 转动时,各偏心质量所产生的离心惯性力分别为 F_1、F_2 和 F_3。为了平衡上述离心惯性力,可在此平面内增加一个平衡质量 m_b,从回转中心到该平衡质量的矢径记为 r_b,其产生的离心惯性力为 F_b。要使转子达到平衡,根据平面汇交力系平衡的条件,F_b、F_1、F_2 和 F_3 所形成的合力 F 应为零,即

$$F = F_1 + F_2 + F_3 + F_b = 0 \tag{17.15}$$

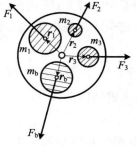

(a) 偏心质量的分布

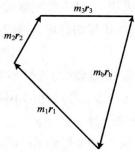

(b) 质径积矢量多边形

图 17.9 刚性转子的静平衡计算

若转子的总质量和总质心的矢径分别为 m 和 e,则

$$m\omega^2 e = m_1\omega^2 r_1 + m_2\omega^2 r_2 + m_3\omega^2 r_3 + m_b\omega^2 r_b = 0 \tag{17.16}$$

消去 ω^2 后可得

$$me = m_1 r_1 + m_2 r_2 + m_3 r_3 + m_b r_b = 0 \tag{17.17}$$

式(17.17)中,质量与矢径的乘积称为质径积,它用来表示同一转速下转子上各离心惯性力的相对大小和方位。从式(17.17)可以看出,转子平衡后,其总质心将与其回转中心重合,即 $e = 0$。

在转子的设计阶段,若各偏心质量的大小 m_i 和方位 r_i 均已知,则由式(17.17)即可求出需增加的平衡质量的质径积 $m_b r_b$。

由上述分析可得如下结论:

(1) 刚性转子静平衡的条件:转子上各个偏心质量的离心惯性力的合力为零或质径积的矢量和为零。

(2) 对于静不平衡的刚性转子,无论其有多少偏心质量,均只需增加一个平衡质量即可使其达到静平衡。因此,对于静不平衡的刚性转子,所需增加的最少平衡质量数目为1。

图 17.9(b)所示为采用图解法求 $m_b r_b$。当求出平衡质量的质径积 $m_b r_b$ 后,可以根据转子结构的特点来选择 r_b,r_b 确定后,所需的平衡质量大小也就随之确定,安装方向与 r_b 所指的方向一致。一般情况下,应尽可能将 r_b 选大些,这样可使设计出来的转子质量 m_b 不致过大。若转子的实际结构不允许在矢径 r_b 的方向上安装平衡质量,也可以在矢径 r_b 的相反方向上去掉相等质量来使转子得到平衡。

2. 动平衡计算

对于宽径比 $b/D > 0.2$ 的转子,由于其轴向宽度较大,其质量分布在几个不同的回转平面内。此时,即使转子的质心在回转轴线上,但由于各偏心质量所产生的离心惯性力不在同一回转平面内,所形成的惯性力偶仍使转子处于不平衡状态。为了消除刚性转子的不平衡现象,设计时应首先根据转子的结构确定各个回转平面内偏心质量的大小和方位,然后计算所需增加的平衡质量的数目、大小及方位,以使设计出来的转子在理论上达到平衡。

图 17.10(a)和图 17.10(b)所示为一转子及其质量分布简图,设转子的偏心质量 m_1、m_2 和 m_3 分别位于不同的回转平面1、2、3内,其质心的矢径分别为 r_1、r_2、r_3。如果任选两个垂直转子回转轴线的平面 T'、T'',并设 T' 与 T'' 相距 l,平面1、2、3到平面 T'、T'' 的距离如图所示,将各偏心质量分别用两平衡基面内的两个质量等效代替,且使各替代质量在平衡基面内的向径与原来所在的平面相同。在平衡基面内的替代质量可根据平行力合成与分解的原理推得,为

$$\begin{cases} m'_1 = \dfrac{l''_1}{l} m_1, & m''_1 = \dfrac{l'_1}{l} m_1 \\[2mm] m'_2 = \dfrac{l''_2}{l} m_2, & m''_2 = \dfrac{l'_2}{l} m_2 \\[2mm] m'_3 = \dfrac{l''_3}{l} m_3, & m''_3 = \dfrac{l'_3}{l} m_3 \end{cases} \tag{17.18}$$

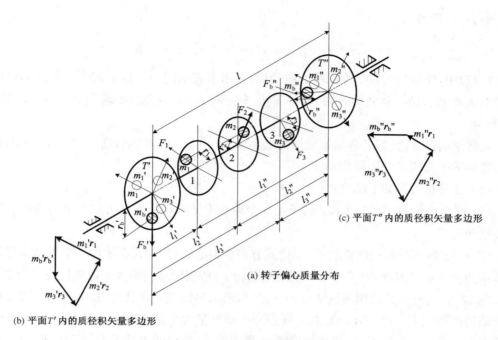

(c) 平面 T'' 内的质径积矢量多边形

(a) 转子偏心质量分布

(b) 平面 T' 内的质径积矢量多边形

图 17.10 刚性转子的动平衡计算

上述分析表明：平面 1、2、3 上的偏心质量 m_1、m_2、m_3，完全可以用平面 T'、T'' 上的 m_1' 和 m_1''，m_2' 和 m_2''，m_3' 和 m_3'' 所代替，它们所产生的不平衡效果是一样的。因此，刚性转子的动平衡设计问题就等同于 T'、T'' 平面内的静平衡设计问题。只需用静平衡计算方法，在 T'、T'' 平面上分别加（或减）1 个平衡质量，使其达到静平衡，转子即可达到动平衡状态。

由上述分析可得如下结论：

（1）刚性转子动平衡的条件是转子上分布在不同平面内的各偏心质量所产生的空间离心惯性力系的合力及合力矩均为零。

（2）对于动不平衡的刚性转子，无论它有多少个偏心质量，均只需要在任选的两个平衡平面内各增加或减少相应的平衡质量即可使转子达到动平衡。即对于动不平衡的刚性转子，需要增加的平衡质量的数目最少为 2。因此，动不平衡又称为双面平衡，而静平衡则称为单面平衡。

（3）由于动平衡同时满足静平衡条件，所以经过动平衡设计的转子一定是静平衡的；反之，经过静平衡设计的转子则不一定是动平衡的。

3. 刚性转子的平衡试验

经平衡设计后的刚性转子在理论上已经达到平衡，但由于制造误差和装配误差及材质不均匀等原因，实际生产出的转子在运转时还可能出现不平衡现象。由于这种不平衡现象在设计阶段是无法确定和消除的，因此需要采用试验的方法对其做进一步的平衡。

（1）静平衡试验

由前文可知，对于 $b/D \leqslant 0.2$ 的回转件，通常只需要进行静平衡试验。常用的静平衡架如图 17.11 所示。图 17.11(a)所示为导轨式静平衡架,试验时,首先应将两导轨调整为水平且互相平行,然后把需要平衡的回转件放在导轨上让其自由滚动。如果回转件的质心 S 不在轴线上,由于重力的作用,当滚动停止时,其质心 S 必在轴心的正下方,此时可在轴心的正上方加平衡质量(一般用橡皮泥),且应反复试验,加减平衡质量,直至回转件在任何位置都能保持静止。根据所加橡皮泥的质量和位置,可得到回转件的质径积,再根据回转件的结构,在合适的位置上增加或减少相应的平衡质量,可使回转件达到平衡。导轨式静平衡架结构简单,平衡精度较高,但不能用来平衡两端轴径不等的回转件。图 17.11(b)所示为圆盘式静平衡架,其平衡方法与导轨式静平衡架相同。它的主要优点是可以平衡两端轴径不等的回转件,且设备安装、调整简单,但其摩擦阻力较大,对平衡精度有一定影响。

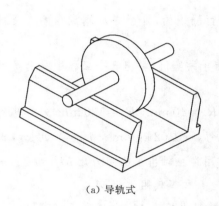 

(a) 导轨式　　　　　　　　　　　　(b) 圆盘式

图 17.11　静平衡架

(2) 动平衡试验

对于 $b/D>0.2$ 的回转件或有特殊要求的重要回转件,一般都要进行动平衡试验。动平衡试验一般是在专用的动平衡试验机上进行的。动平衡试验机的种类很多,除机械式动平衡机外,还有电测式动平衡试验机、激光自动去重动平衡试验机以及硬支承动平衡试验机等。各种形式的动平衡试验机的结构、工作原理等详细内容,可参阅相关资料。各类机器所使用的平衡方法较多,如单面平衡(又称为静平衡)常使用平衡架,双面平衡(又称为动平衡)常使用各类动平衡试验机。静平衡精度太低,平衡时间长。动平衡试验机虽能较好地对转子本身进行平衡,但当转子尺寸相差较大时(如大修后的汽轮机转子),往往需要不同规格尺寸的动平衡机,而且试验时仍需将转子从机器上拆下来,这样明显既不经济,又十分费工夫。特别是动平衡试验机无法消除由装配或其他随动元件引发的系统振动。使转子在正常安装与运转条件下进行平衡通常称为"现场平衡"。现场平衡可以减少拆装转子的劳动量,不再需要动平衡试验机,且由于试验的状态与实际工作状态一致,现场平衡有利于提高测算不平衡量的精度,降低系统振动。

习 题

1. 机器的运转过程通常分为几个阶段？各阶段的功能特征是什么？何谓等速稳定运转和周期变速稳定运转？

2. 何谓机器的周期性速度波动？波动幅度大小应如何调节？周期性速度波动能否完全消除？为什么？

3. 进行机械平衡的目的是什么？机械平衡有几种类型？

4. 为什么要进行平衡试验？

5. 为什么说经过静平衡的转子不一定是动平衡的，而经过动平衡的转子必定是静平衡的？

6. 要求进行动平衡的回转构件，如果只进行静平衡，是否一定能减轻偏心质量造成的不良影响？

7. 举出两个工程中需满足静平衡条件的转子的实例；举出三个工程中需满足动平衡条件的转子的实例。

8. 图示机械系统中，两个带轮半径分别为 $R_0=40\text{ mm}$，$R_1=120\text{ mm}$，若各齿轮齿数为 $z_1'=z_2'=20$，$z_2=z_3=40$，各轮转动惯量分别为 $J_0=0.02\text{ kg}\cdot\text{m}^2$，$J_1=0.08\text{ kg}\cdot\text{m}^2$，$J_1'=J_2'=0.01\text{ kg}\cdot\text{m}^2$，$J_2=J_3=0.04\text{ kg}\cdot\text{m}^2$，作用在主轴Ⅲ上的阻力矩 $M_3=80\text{ N}\cdot\text{m}$。当取轴Ⅰ为等效构件时，试求机构的等效转动惯量 J 和等效阻力矩 M_r。

9. 已知某机械在一个稳定运动循环内的等效阻力矩为 M_r，如图所示，等效驱动力矩 M_d 为常数，等效构件的最大及最小角速度分别为：$\omega_{\max}=240\text{ rad/s}$ 及 $\omega_{\min}=200\text{ rad/s}$。试求：

(1) 等效驱动力矩 M_d 的大小；

(2) 运转的速度不均匀系数 δ；

(3) 当要求 δ 在 0.05 范围内，并不计其余构件的转动惯量时，应装在等效构件上的飞轮的转动惯量 J_F。

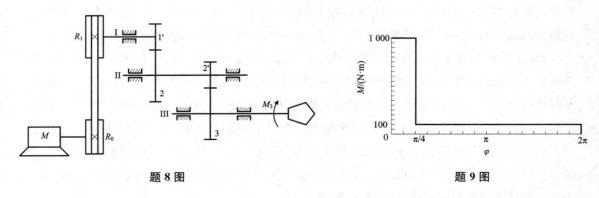

题 8 图　　　　　　　　　　　　题 9 图

10. 如图所示,某机器在一个稳定运转的周期中的等效驱动力矩为 M_d,等效阻力矩为 M_r。由 M_d 和 M_r 所围成的各块面积所代表的功分别为 $W_1 = 1\,000$ J, $W_2 = 1\,100$ J, $W_3 = 700$ J, $W_4 = 850$ J, $W_5 = 250$ J,设等效转动惯量为常数,试确定:

(1) 最大及最小角速度 $\omega_{\max}$ 和 $\omega_{\min}$ 对应的等效构件的转角 φ 在什么位置?

(2) 机器的最大盈亏功 $\Delta W_{\max}$ 是多少?

11. 如图所示的盘形回转件上存在三个偏置质量:$m_1 = m_3 = 100$ g, $m_2 = 150$ g, $r_1 = 50$ mm, $r_2 = 100$ mm, $r_3 = 70$ mm,设回转件径宽比为 6,问应在什么方位上加多大的平衡质径积该回转件才能达到平衡?

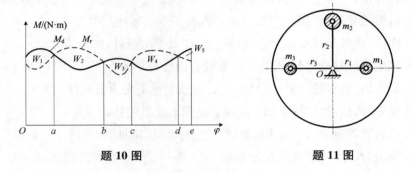

题 10 图　　　　　　　　　题 11 图

12. 一回转体上有三质量:$m_1 = 3$ kg, $m_2 = 1$ kg, $m_3 = 4$ kg, $r_1 = 60$ mm, $r_2 = 140$ mm, $r_3 = 90$ mm,绕 z 轴等角速度旋转,其余尺寸如图所示,试用图解法求解应在平面 Ⅰ 和 Ⅱ 处各加多大平衡质量该回转体才能得到动平衡(设平衡质量为 m_{b1} 和 m_{b2},离转动轴线的距离 $r_{b1} = r_{b2} = 100$ mm)。

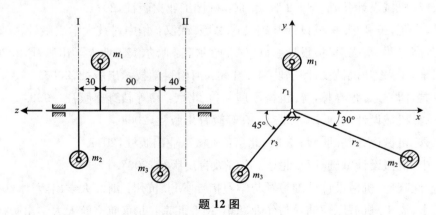

题 12 图

参 考 文 献

[1] 濮良贵,陈国定,吴立言.机械设计[M].9版.北京:高等教育出版社,2013.
[2] 杨可桢,程光蕴,李仲生.机械设计基础[M].5版.北京:高等教育出版社,2006.
[3] 朱龙英.机械设计基础[M].3版.北京:机械工业出版社,2017.
[4] 钟礼东,许玢.机械设计基础[M].杭州:浙江大学出版社,2014.
[5] 徐钢涛.机械设计基础[M].北京:高等教育出版社,2007.
[6] 万苏文,张涛川.机械设计基础[M].4版.重庆:重庆大学出版社,2021.
[7] 许玢,钟礼东.机械设计基础[M].北京:化学工业出版社,2011.
[8] 申永胜.机械原理教程[M].2版.北京:清华大学出版社,2005.
[9] 钟礼东,张柏清,徐广红.机械设计基础[M].南昌:江西高校出版社,2010.
[10] 孙桓,陈作模,葛文杰.机械原理[M].7版.北京:高等教育出版社,2006.
[11] 郑文纬,吴克坚.机械原理[M].7版.北京:高等教育出版社,1997.
[12] 成大先.机械设计手册[M].北京:化学工业出版社,2004.
[13] 宋亚林,熊国全,刘全心.机械设计基础[M].武汉:华中科技大学出版社,2008.
[14] 张久成.机械设计基础[M].2版.北京:机械工业出版社,2011.
[15] 刘静,朱花,王利华.机械设计基础[M].2版.武汉:华中科技大学出版社,2020.
[16] 张南,高启明,宿强.机械设计基础[M].哈尔滨:哈尔滨工业大学出版社,2020.
[17] 康保来,于兴芝.机械设计基础[M].郑州:河南科学技术出版社,2006.
[18] 邹慧君,傅祥志,张春林,等.机械原理[M].北京:高等教育出版社,1999.
[19] 陈立德.机械设计基础[M].北京:高等教育出版社,2004.
[20] 胡家秀.机械设计基础[M].3版.北京:机械工业出版社,2017.
[21] 张建中.机械设计基础[M].北京:高等教育出版社,2007.
[22] 许玢,沈晓玲.机械设计基础习题与学习指导[M].杭州:浙江大学出版社,2014.
[23] 钟礼东,孟飞.机械原理辅导与作业题集[M].北京:北京航空航天大学出版社,2018.
[24] 刘莹,吴宗泽.机械设计教程[M].3版.北京:机械工业出版社,2019.
[25] 邱宣怀.机械设计[M].4版.北京:高等教育出版社,1997.
[26] 于惠力,潘承怡,冯新敏,等.机械设计学习指导[M].2版.北京:科学出版社,2013.